U0183469

内 容 简 介

本书是初等数论入门教材.全书共分三十六节,内容包括:整除、不定方程、同余、指数与原根、连分数、数论函数等.每节配备适量习题,书末附有提示与解答.本书积累了作者数十年的教学经验,它是在作者编写的《初等数论》(北京大学出版社,1992)基础上,经过几年的教学实践,认真听取各方面意见,将精选的内容加以重新组织并作必要的修改、补充而成.使其内容更成熟,结构更合理,具有选择面宽,适用范围广等特点.

本书选材精练,推理严谨,重点突出,例题丰富,习题难易适度,对重点内容从不同侧面和不同角度进行论述,使读者能在较短时间内窥见数论的一些真髓.

读者对象为综合性大学、中、高等师范学校数学系、计算机系及其相关专业师生、教师进修学院师生、数学爱好者、中学数学教师、高中学生.

简明数论

潘承洞　潘承彪　著

北京大学出版社
北　京

图书在版编目(CIP)数据

简明数论/潘承洞,潘承彪著.—北京:北京大学出版社,1998.1
ISBN 978-7-301-03528-3

Ⅰ.简… Ⅱ.①潘… ②潘… Ⅲ.数论 Ⅳ.O156

书　　名:简明数论
著作责任者:潘承洞　潘承彪　著
责 任 编 辑:王　艳
标 准 书 号:ISBN 978-7-301-03528-3/O·0403
出 版 发 行:北京大学出版社
地　　址:北京市海淀区成府路 205 号　100871
网　　址:http://www.pup.cn
电　　话:邮购部 62752015　发行部 62750672　理科部 62752032
出版部 62754962
电 子 邮 箱:zpup@pup.pku.edu.cn
印　刷　者:三河市博文印刷有限公司
经　销　者:新华书店
850mm×1168mm　32 开本　10.75 印张　280 千字
1998 年 1 月第 1 版　2024 年 5 月第 13 次印刷
定　　价:42.00 元

一 点 说 明

1992年，北京大学出版社出版了我们的《初等数论》，五年来，一些老师采用本书作为教材，他们和其他读者提出了不少宝贵意见．教学实践中，我们共同感到的问题是：作为基础课，初等数论一般只有60学时左右，该书中有些内容、习题、以及从不同角度所作的讨论，显然超出了这要求．这在使用上带来了一些不便，也加重了学生的经济负担．在出版社的支持下，根据各方面的意见，我们以原书为基础，选择适当的内容，加以重新组织和必要的修改补充，写成了这一本《简明数论》，可在60～70学时内全部讲完．

本书共三十六节，分为三大部分．(一)整除理论：§1～§14；(二)同余理论：§15～§31；(三)连分数：§32～§36．在安排上的改动主要是把《初等数论》的第八、九章中关于素数分布、数论函数的最基本内容改写后提到了§10～§14，这样对教学是有利的．此外，§24 Jacobi符号和§29二项同余方程是作为学生的自学内容．本书的习题则从《初等数论》的768道减少为390道．为了使用方便，书末给出了习题的提示与解答．《初等数论》可作为教师的教学参考书．我们觉得，对数论有兴趣的读者、有条件的师范数学系学生(因为他们以后要当老师)，还是读《初等数论》为好．

本书是采用《初等数论》作为教材的老师、热心的读者和北大出版社数理编辑室，特别是《初等数论》的责任编辑刘勇同志，共同关心初等数论教学和教材建设的结果．本书责任编辑王艳同志提出了不少有益的意见和更正．我们谨致以由衷的感谢！

由于我们水平有限，错误不当之处一定仍有不少，切望大家批评指正．

作 者

一九九七年夏

目　录

符 号 说 明

书中未加说明的字母均表整数.以下是全书通用符号,如在个别地方有不同含义则将明确说明.其他符号在所用章节说明.

$a\mid b$	a 整除 b, §2 定义 1
$a\nmid b$	a 不整除 b, §2 定义 1
$p,p',p_1,p_2,\cdots$	表素数, §2 定义 2
$a^k\parallel b$	$a^k\mid b, a^{k+1}\nmid b$
(a_1,a_2)	a_1 和 a_2 的最大公约数, §4 定义 2
$(a_1,\cdots,a_k)$	$a_1,\cdots,a_k$ 的最大公约数, §4 定义 2
$[a_1,a_2]$	a_1 和 a_2 的最小公倍数, §4 定义 5
$[a_1,\cdots,a_k]$	$a_1,\cdots,a_k$ 的最小公倍数, §4 定义 5
$[x]$	实数 x 的整数部分, §6 定义 1
$\{x\}$	实数 x 的小数部分, §6 定义 1
$\sum\limits_{n\leqslant x}\left(\sum\limits_{n<x}\right)$	对不超过(小于)实数 x 的正整数 n 求和
$\sum\limits_{p\leqslant x}\left(\sum\limits_{p<x}\right)$	对不超过(小于)实数 x 的素数 p 求和
$\sum\limits_{d\mid n}\left(\prod\limits_{d\mid n}\right)$	对 n 的所有正除数 d 求和(求积)
$\sum\limits_{p\mid n}\left(\prod\limits_{p\mid n}\right)$	对 n 的所有素除数 p 求和(求积)
$a\equiv b \pmod m$	a 同余于 b 模 m, §15 定义 1
$a\not\equiv b \pmod m$	a 不同余于 b 模 m, §15 定义 1
$a^{-1}\pmod m$ 或 a^{-1}	a 对模 m 的逆, §15 性质Ⅷ
$r \bmod m$	包含 r 的模 m 的同余类, §16 定义 1

$\sum_{x \bmod m}\left(\sum_{x \bmod m}{}'\right)$	对模 m 的任意取定的一组完全(既约)剩余系(见§16定义2(定义4))求和
$\tau(n)$	除数函数,§5推论6
$\sigma(n)$	除数和函数,§11例3
$\varphi(n)$	Euler 函数,§13,§16定义3
$\left(\frac{d}{p}\right)$	Legendre 符号,§23定义1
$\left(\frac{d}{P}\right)$	Jacobi 符号,§24定义1
$\pi(x)$	不超过 x 的素数个数
$\mu(n)$	Möbius 函数,§12式(1)
$\Lambda(n)$	Mangoldt 函数,§14式(5)
$\omega(n)$	n 的不同的素因数个数,§11式(3)
$\Omega(n)$	n 的全部素因数个数,§11式(4)
$\delta_m(a)$	a 对模 m 的指数,§27定义1

§1 整　数

以 $\boldsymbol{N}$ 表示由全体正整数(即自然数)

$$1,2,3,4,5,\cdots,n,\cdots$$

所组成的集合,以 $\boldsymbol{Z}$ 表示由全体整数

$$\cdots,-n,\cdots,-3,-2,-1,0,1,2,3,\cdots$$

所组成的集合. 在整数集合中可以作加法、减法和乘法运算,整数有大小关系(即可以比较大小),有绝对值概念. 我们对整数的这些运算、关系、概念,及它们满足的性质是十分熟悉的. 两个整数不一定能作除法,即它们的商不一定是整数.

自然数及其运算源于经验,它最本质的属性(用我们熟悉的话来表述)是:

归纳公理　设 S 是 $\boldsymbol{N}$ 的一个子集,满足条件: (i) $1\in S$; (ii) 如果 $n\in S$,则 $n+1\in S$. 那么,$S=\boldsymbol{N}$.

这公理是我们常用的数学归纳法的基础.

定理 1 (数学归纳法)　设 $P(n)$是关于自然数 n 的一个命题. 如果

(i) 当 $n=1$ 时,$P(1)$成立;

(ii) 由 $P(n)$成立必可推出 $P(n+1)$成立,

那么,$P(n)$对所有自然数 n 成立.

证　设使 $P(n)$成立的所有自然数 n 组成的集合是 S. S 是 $\boldsymbol{N}$ 的子集. 由条件(i)知 $1\in S$;由条件(ii)知,若 $n\in S$,则 $n+1\in S$. 所以由归纳公理知 $S=\boldsymbol{N}$. 证毕.

由归纳公理还可推出两个在数学中,特别是初等数论中常用的自然数的重要性质.

定理 2 (最小自然数原理)　设 T 是 $\boldsymbol{N}$ 的一个非空子集. 那

么，必有 $t_0 \in T$，使对任意的 $t \in T$ 有 $t_0 \leqslant t$，即 t_0 是 T 中的最小自然数.

证 考虑由所有这样的自然数 s 组成的集合 S：对任意的 $t \in T$ 必有 $s \leqslant t$. 由于 1 满足这样的条件，所以 $1 \in S$，S 非空. 此外，若 $t_1 \in T$（因 T 非空所以必有 t_1），则 $t_1 + 1 > t_1$，所以 $t_1 + 1 \notin S$. 用反证法，由这两点及归纳公理就推出：必有 $s_0 \in S$ 使得 $s_0 + 1 \notin S$（为什么）. 我们来证明必有 $s_0 \in T$. 因若不然，则对任意的 $t \in T$ 必有 $t > s_0$，因而 $t \geqslant s_0 + 1$. 这表明 $s_0 + 1 \in S$，矛盾. 取 $t_0 = s_0$ 就证明了定理.

定理 3（最大自然数原理） 设 M 是 $\boldsymbol{N}$ 的非空子集. 若 M 有上界，即存在 $a \in \boldsymbol{N}$，使对任意的 $m \in M$ 有 $m \leqslant a$，那么，必有 $m_0 \in M$，使对任意的 $m \in M$ 有 $m \leqslant m_0$，即 m_0 是 M 中的最大自然数.

证 考虑由所有这样的自然数 t 组成的集合 T：对任意的 $m \in M$ 有 $m \leqslant t$. 由条件知 $a \in T$，所以 T 非空. 由定理 2 知，集合 T 中有最小自然数 t_0. 我们来证明 $t_0 \in M$. 若不然，则对任意的 $m \in M$ 必有 $m < t_0$，因而 $m \leqslant t_0 - 1$. 这样就推出 $t_0 - 1 \in T$，但这和 t_0 的最小性矛盾. 取 $m_0 = t_0$ 就证明了定理.

最小自然数原理是我们常用的第二种数学归纳法的基础.

定理 4（第二种数学归纳法） 设 $P(n)$ 是关于自然数 n 的一个命题. 如果

(i) 当 $n=1$ 时，$P(1)$ 成立；

(ii) 设 $n>1$. 若对所有的自然数 $m<n$，$P(m)$ 成立，则必可推出 $P(n)$ 成立，

那么，$P(n)$ 对所有自然数 n 成立.

证 用反证法. 若定理不成立，设 T 是使 $P(n)$ 不成立的所有自然数组成的集合，T 非空. 由定理 2 知集合 T 必有最小自然数 t_0. 由于 $P(1)$ 成立，所以 $t_0 > 1$. 由条件(ii)（取 $n = t_0$）知，必有自然数 $m < t_0$ 使 $P(m)$ 不成立. 由 T 的定义知 $m \in T$，但这和 t_0 的最小性矛盾. 证毕.

以上四个定理在应用中有时需作适当变形，这些将安排在习

题中.初等数论中还要经常用到熟知的盒子原理(即鸽巢原理):

定理 5(盒子原理) 设 n 是一个自然数.现有 n 个盒子和 $n+1$ 个物体.无论怎样把这 $n+1$ 个物体放入这 n 个盒子中,一定有一个盒子中被放了两个或两个以上的物体.

证 用反证法.假设结论不成立,即每个盒子中至多有一个物体,那么,这 n 个盒子中总共有的物体个数 $\leqslant n$.这和有 $n+1$ 个物体放到了这 n 个盒子中相矛盾.证毕.

习 题 一[①]

1. 设 k_0 是给定的正整数,$P(n)$ 是关于正整数 n 的一个命题.如果

(i) 当 $n=k_0$ 时,$P(k_0)$ 成立;

(ii) 由 $P(n)$ 成立可推出 $P(n+1)$ 成立,

那么,$P(n)$ 对所有正整数 $n\geqslant k_0$ 成立.

2. 在上题的条件下,如果

(i) 当 $n=k_0$ 时 $P(k_0)$ 成立;

(ii) 设 $n>k_0$.由对所有的 $m(k_0\leqslant m<n)P(m)$ 成立可推出 $P(n)$ 成立,

那么,$P(n)$ 对所有正整数 $n\geqslant k_0$ 成立.

3. 设 T 是一个由整数组成的集合.若 T 中有正整数,则 T 中必有最小正整数.

4. 设 T 是一个由整数组成的集合,若 T 有下界,即存在整数 a 使对所有的 $t\in T$,有 $t\geqslant a$,那么,必有 $t_0\in T$,使对所有的 $t\in T$ 有 $t\geqslant t_0$.

5. 设 M 是一个由整数组成的集合.若 M 有上界,即存在整数 a,使对所有的 $m\in M$ 有 $m\leqslant a$,那么,必有 $m_0\in M$,使对所有的

---

① 做本书的习题必须按照以下要求:只能用这道题之前讲过的内容和做过的题去做,而不许用这道题以后讲的内容.这是为了更好的理解理论体系的逻辑结构.

$m\in M$有 $m\leqslant m_0$.

6. 设 $a\geqslant 2$ 是给定的正整数. 证明：对任一正整数 n 必有唯一的整数 $k\geqslant 0$，使 $a^k\leqslant n<a^{k+1}$.

§2 整除、素数与合数

定义 1 设 $a,b\in\mathbf{Z},a\neq 0$. 如果存在 $q\in\mathbf{Z}$ 使得 $b=aq$,那么就说 b **可被** a **整除**,记作 $a|b$,且称 b 是 a 的**倍数**,a 是 b 的**约数**(也可称为**除数**、**因数**). b 不能被 a 整除就记作 $a\nmid b$.

由定义及乘法运算的性质,立即可推出整除关系有下面性质(注意: 符号 $a|b$ 本身包含了条件 $a\neq 0$).

定理 1 (i) $a|b\Longleftrightarrow -a|b\Longleftrightarrow a|-b\Longleftrightarrow |a|\,|\,|b|$;

(ii) $a|b$ 且 $b|c\Longrightarrow a|c$;

(iii) $a|b$ 且 $a|c\Longleftrightarrow$ 对任意的 $x,y\in\mathbf{Z}$ 有 $a|bx+cy$;

(iv) 设 $m\neq 0$. 那么,$a|b\Longleftrightarrow ma|mb$;

(v) $a|b$ 且 $b|a\Longrightarrow b=\pm a$;

(vi) 设 $b\neq 0$. 那么,$a|b\Longrightarrow |a|\leqslant|b|$.

证 (i) 由以下各式两两等价推出:

$$b=aq,\quad b=(-a)(-q),\quad -b=a(-q),\quad |b|=|a|\,|q|.$$

(ii) 因由 $b=aq_1,c=bq_2$ 推出 $c=a(q_1q_2)$.

(iii) 必要性. 因由 $b=aq_1,c=aq_2$ 推出 $bx+cy=a(q_1x+q_2y)$. 取 $x=1,y=0$,及 $x=0,y=1$ 就推出充分性.

(iv) 由乘法相消律知,$m\neq 0$ 时,$b=aq$ 等价于 $mb=(ma)q$.

(v) 由 $b=aq_1,a=bq_2$ 知 $a=aq_1q_2$. $a\neq 0$ 所以 $q_1q_2=1,q_1=\pm 1$.

(vi) 由(i)知 $|b|=|a|\,|q|$. 当 $b\neq 0$ 时,$|q|\geqslant 1$. 证毕.

这些看来十分简单的性质是非常有用的.

例 1 证明: 若 $3|n$ 且 $7|n$,则 $21|n$.

由 $3|n$ 知 $n=3m$,所以 $7|3m$. 由此及 $7|7m$ 得 $7|(7m-2\cdot 3m)=m$. 因而有 $21|n$.

例 2 设 $a=2t-1$. 若 $a\mid 2n$, 则 $a\mid n$.

由 $a\mid 2tn$ 及 $2tn=an+n$ 得 $a\mid(2tn-an)$, 即 $a\mid n$.

例 3 设 a,b 是两个给定的非零整数, 且有整数 x,y, 使得 $ax+by=1$. 证明: 若 $a\mid n$ 且 $b\mid n$, 则 $ab\mid n$.

由 $n=n(ax+by)=(na)x+(nb)y$, 及 $ab\mid na, ab\mid nb$ 即得所要结论. 注意到 $7\cdot 1+3\cdot(-2)=1$, 由此也证明了例 1.

例 4 设 $f(x)=a_nx^n+a_{n-1}x^{n-1}+\cdots+a_1x+a_0$ 是整系数多项式. 若 $d\mid b-c$, 则 $d\mid f(b)-f(c)$.

我们有

$$f(b)-f(c)=a_n(b^n-c^n)+a_{n-1}(b^{n-1}-c^{n-1})+\cdots+a_1(b-c),$$

由此及 $d\mid b^j-c^j$, 就推出所要结论.

例 4 常用的形式是: 若 $b=qd+c$, 那么 $d\mid f(b)$ 的充要条件是 $d\mid f(c)$.

由定义知, 一个整数 $a\neq 0$, 它的所有倍数是

$$qa,\quad q=0,\pm 1,\pm 2,\cdots,$$

这个集合是完全确定的. 零是所有非零整数的倍数. 但对于一个整数 $b\neq 0$, 关于它的约数一般就知道得不多了. 显见, $\pm 1, \pm b$(当 $b=\pm 1$时只有两个)一定是 b 的约数, 它们称为是 b 的**显然约(因、除)数**; b 的其他的约数(如果有的话)称为是 b 的**非显然约(因、除)数**, 或**真约(因、除)数**. 由定理 1(vi)知, $b\neq 0$ 的约数个数只有有限个. 例如, $b=12$ 时, 它的全体约数是:

$$\pm 1,\pm 2,\pm 3,\pm 4,\pm 6,\pm 12,$$

其中非显然约数有 8 个. $b=7$ 时, 它的全体约数是:

$$\pm 1,\pm 7,$$

它没有非显然约数. 下面关于约数的性质是有用的.

定理 2 设整数 $b\neq 0, d_1,d_2,\cdots,d_k$ 是它的全体约数. 那么, $b/d_1,b/d_2,\cdots,b/d_k$ 也是它的全体约数. 也就是说, 当 d 遍历 b 的全体约数时, b/d 也遍历 b 的全体约数. 此外, 若 $b>0$, 则当 d 遍历 b 的全体正约数时, b/d 也遍历 b 的全体正约数.

证 当 $d_j|b$ 时，b/d_j 是整数，$b=d_j(b/d_j)$，所以 b/d_j 也是 b 的约数，且当 $d_i\neq d_j$ 时，$b/d_i\neq b/d_j$. 这样，$b/d_1,\cdots,b/d_k$ 是 k 个两两不同的 b 的约数. 由于 b 的约数的个数是一定的，这就证明了第一个结论. 由此及 d_j 是正的当且仅当 b/d_j 也是正的，就推出第二个结论. 证毕.

显见 $b\neq 0$ 的全体约数中，一半是正的，一半是负的.

例如，$b=12$ 时，我们有

$$d=\pm 1,\ \pm 2,\ \pm 3,\ \pm 4,\ \pm 6,\ \pm 12.$$

$$b/d=\pm 12,\ \pm 6,\ \pm 4,\ \pm 3,\ \pm 2,\ \pm 1.$$

上面已经看到，有的数(例如 7)只有显然约数. 这种数在整数中有特别重要的作用. 为此引进

定义 2 设整数 $p\neq 0,\pm 1$. 如果它除了显然约数 $\pm 1,\pm p$ 外没有其他的约数，那么，p 就称为是**素数(或质数)**. 若 $a\neq 0,\pm 1$ 且 a 不是素数，则 a 称为**合数**.

当 $p\neq 0,\pm 1$ 时，由于 p 和 $-p$ 必同为素数或合数，所以，以后若没有特别说明，**素数总是指正的**. 例如

$$2,3,5,7,11,13,17,19,23,29,31$$

都是素数. 由定义立即推出(读者自己证明)：

定理 3 (i) $a>1$ 是合数的充要条件是 $a=de,1<d<a,1<e<a$；

(ii) 若 $d>1,q$ 是素数且 $d|q$，则 $d=q$.

定理 4 若 a 是合数，则必有素数 $p|a$.

证 由定义知 a 必有除数 $d\geqslant 2$. 设集合 T 由 a 的所有除数 $d\geqslant 2$ 组成. 由最小自然数原理知集合 T 中必有最小的自然数，设为 p. p 一定是素数. 若不然，$p\geqslant 2$ 是合数，由定理 3(i)知 p 必有除数 d'：$2\leqslant d'<p$. 显然 d' 属于 T，这和 p 的最小性矛盾. 证毕.

一个整数的除数如果是素数，那么这个除数就称为**素除(因)数**.

定理 5 设整数 $a\geqslant 2$. 那么，a 一定可表为素数的乘积(包括 a

本身是素数)，即

$$a=p_1p_2\cdots p_s, \tag{1}$$

其中 $p_j(0\leqslant j\leqslant s)$ 是素数.

证 我们用第二种数学归纳法来证. 当 $a=2$ 时，2 是素数，所以结论成立. 假设对某个 $n>2$，当 $2\leqslant a<n$ 时，结论对所有这种 a 都成立. 当 $a=n$ 时，若 n 是素数，则结论成立；若 n 是合数，则必有 $n=n_1n_2$，$2\leqslant n_1, n_2<n$. 由假设知 n_1, n_2 都可表为素数的乘积：

$$n_1=p_{11}\cdots p_{1s}, \quad n_2=p_{21}\cdots p_{2r}.$$

这样，就把 a 表为素数的乘积：

$$a=n=n_1n_2=p_{11}\cdots p_{1s}p_{21}\cdots p_{2r}.$$

因此，由第二种数学归纳法知，定理对所有的 $a\geqslant 2$ 都成立. 证毕.

例如，1260 的不相同的素除数有 2，3，5，7，共四个.

$$1260=2\cdot 2\cdot 3\cdot 3\cdot 5\cdot 7=2^2\cdot 3^2\cdot 5\cdot 7,$$

所以，1260 共有 6 个素除数(包括相同的). 从定理 5 容易推出(证明留给读者)：

推论 6 设整数 $a\geqslant 2$.

(i) 若 a 是合数，则必有素数 $p\mid a$，$p\leqslant a^{1/2}$；

(ii) 若 a 有表示式(1)，则必有素数 $p\mid a$，$p\leqslant a^{1/s}$.

例如，当 $a=1260$ 时，$s=6$. 它的素除数 2 就满足

$$2<(1260)^{1/6}\approx 3.28\cdots.$$

推论 6 给出了一个寻找素数的有效算法. 例如，为了求出不超过 100(或任给的正整数 N)的所有素数，只要把 1，及不超过 100(或 N)的所有正合数都删去. 由推论 6 知，不超过 100(或 N)的正合数 a 必有一个素除数 $p\leqslant a^{1/2}\leqslant 100^{1/2}=10$(或 $N^{1/2}$)，因而，只要先求出不超过 10(或 $N^{1/2}$)的全部素数 2，3，5，7(或 $p_1, p_2, \cdots, p_s$)，然后，依次把不超过 100(或 N)的正整数中的除了 2，3，5，7(或 $p_1, \cdots, p_s$)以外的 2 的倍数、3 的倍数、5 的倍数、7 的倍数(或 p_1 的倍数，…，p_s 的倍数)全部删去，就删去了不超过 100(或 N)的全部正合数，剩下的正好就是不超过 100(或 N)的全部素数. 具体做法

见下表,取 $N=100$.

~~1~~ 2 3 ~~4~~ 5 ~~6~~ 7 ~~8~~ ~~9~~ ~~10~~ 11 ~~12~~ 13 ~~14~~ ~~15~~

~~16~~ 17 ~~18~~ 19 ~~20~~ ~~21~~ ~~22~~ 23 ~~24~~ ~~25~~ ~~26~~ ~~27~~ ~~28~~ 29 ~~30~~

31 ~~32~~ ~~33~~ ~~34~~ ~~35~~ ~~36~~ 37 ~~38~~ ~~39~~ ~~40~~ 41 ~~42~~ 43 ~~44~~ ~~45~~

~~46~~ 47 ~~48~~ ~~49~~ ~~50~~ ~~51~~ ~~52~~ 53 ~~54~~ ~~55~~ ~~56~~ ~~57~~ ~~58~~ 59 ~~60~~

61 ~~62~~ ~~63~~ ~~64~~ ~~65~~ ~~66~~ 67 ~~68~~ ~~69~~ ~~70~~ 71 ~~72~~ 73 ~~74~~ ~~75~~

~~76~~ ~~77~~ ~~78~~ 79 ~~80~~ ~~81~~ ~~82~~ 83 ~~84~~ ~~85~~ ~~86~~ ~~87~~ ~~88~~ 89 ~~90~~

~~91~~ ~~92~~ ~~93~~ ~~94~~ ~~95~~ ~~96~~ 97 ~~98~~ ~~99~~ ~~100~~

由上表可以看出,没有删去的数是

$$2,3,5,7,11,13,17,19,23,29,31,37,41,43,$$
$$47,53,59,61,67,71,73,79,83,89,97,$$

共有 25 个,它们就是不超过 100 的全部素数.从这不超过 100 的 25 个素数出发,重复上面的做法,就可找出不超过 $100^2=10000$ 的全部素数.这种寻找素数的方法,通常叫做 **Eratosthenes 筛法**.

数学中的一个著名的定理是:

定理 7 素数有无穷多个.

证 用反证法.假设只有有限个素数(注意:已约定素数一定是正的),它们是 $q_1,\cdots,q_k$.考虑 $a=q_1q_2\cdots q_k+1$.显见,$a>2$.由定理 4 知必有素数 $p|a$.由假设知 p 必等于某个 q_j,因而 $p=q_j$ 一定整除 $a-q_1q_2\cdots q_k=1$,但素数 $q_j\geqslant 2$,这是不可能的,矛盾.因此,假设是错误的,即素数必有无穷多个.证毕.

设 $q_1=2,q_2=3,q_3=5,q_4,q_5,\cdots$是全体素数按大小顺序排成的序列,以及

$$Q_k=q_1q_2\cdots q_k+1.$$

由直接计算得(q_j 已在上面求出):

$$Q_1=3,\quad Q_2=7,\quad Q_3=31,\quad Q_4=211,\quad Q_5=2311,$$
$$Q_6=59\cdot 509,\quad Q_7=19\cdot 97\cdot 277,\quad Q_8=347\cdot 27953,$$
$$Q_9=317\cdot 703763,\quad Q_{10}=331\cdot 571\cdot 34231,$$

这里前五个是素数,后五个是合数,但 Q_k 都有一个比 q_k 更大的素

除数. 至今还不知道是否有无穷多个 k 使 Q_k 是素数,也不知道是否有无穷多个 k 使 Q_k 是合数.

研究素数的性质是数论的核心问题之一,至今对这一问题还了解不多,我们将在§10 对素数的个数作初步的讨论. 关于合数与素数的关系,一个立刻会想到的问题是：定理 5 中的表示式(1)在不计 $p_j(1\leqslant j\leqslant s)$次序的意义下是否是唯一的. 回答是肯定的,这就是著名的算术基本定理(见§5 定理 2).

习 题 二

1. (i) 若 $a|b$ 且 $c|d$,则 $ac|bd$;

(ii) 若 $a|b_1,\cdots,a|b_k$,则对任意整数 $x_1,\cdots,x_k$ 有

$$a|b_1x_1+\cdots+b_kx_k.$$

2. 若 $x^2+ax+b=0$ 有整数根 $x_0\neq0$,则 $x_0|b$. 一般地,若 $x^n+a_{n-1}x^{n-1}+\cdots+a_0=0$ 有整数根 $x_0\neq0$,则 $x_0|a_0$.

3. 判断以下方程有无整数根,若有整数根则求出所有这种根：(i) $x^4+6x^3-3x^2+7x-6=0$;(ii) $x^3-x^2-4x+4=0$.

4. 设 a,b,n 满足 $a|bn,ax+by=1,x,y$ 是两个整数. 证明：$a|n$.

5. 若 $2|n,5|n$ 及 $7|n$,则 $70|n$.

6. 设 $n\neq1$. 证明：$(n-1)^2|n^k-1$ 的充要条件是$(n-1)|k$.

7. 求以下各数的全部素除数、正除数,以及把它们表为素数的乘积：1234,2345,34560,111111.

8. 证明：对任给的正整数 K,必有 K 个连续正整数都是合数.

9. 证明：奇数一定能表为两平方数之差.

10. 设 p 是正整数 n 的最小素因数. 证明：若 $p>n^{1/3}$,则 n/p 是素数.

11. 设 $p_1\leqslant p_2\leqslant p_3$ 是素数,n 是正整数. 若 $p_1p_2p_3|n$,则 $p_1\leqslant n^{1/3},p_2\leqslant(n/2)^{1/2}$.

12. 利用 Eratosthenes 筛法求出 300 以内的全部素数.

13. 利用第 11 题,提出一种类似于 Eratosthenes 筛法的方法,来求出所有不超过 100 且至多是两个素数乘积的正整数.

14. 设 $n\geqslant 0, F_n=2^{2^n}+1$. 再设 $m\neq n$. 证明:若 $d>1$,且 $d\mid F_n$,则 $d\nmid F_m$. 由此推出素数有无穷多个.

15. 设 F_n 同上题,证明:$F_{n+1}=F_n\cdots F_0+2$.

16. 设整系数多项式 $P(x)=a_nx^n+a_{n-1}x^{n-1}+\cdots+a_0, a_n\neq 0$. 证明:必有无穷多个整数值 x,使得 $P(x)$ 是合数.

17. 设 $m>1, m\mid(m-1)!+1$. 证明:m 是素数.

18. 设 $q\neq 0,\pm 1$. 若对任意的 a,b,由 $q\mid ab$ 可推出 $q\mid a$ 或 $q\mid b$ 至少有一个成立,则 q 一定是素数.

§ 3　带余数除法与辗转相除法

初等数论的证明中最重要、最基本、最常用的工具就是下面的**带余数除法**，也称为**除法算法**.

定理 1　设 a,b 是两个给定的整数，$a\neq 0$. 那么，一定存在唯一的一对整数 q 与 r，满足

$$b=qa+r,\quad 0\leqslant r<|a|. \tag{1}$$

此外，$a|b$ 的充要条件是 $r=0$.

证　*唯一性*　若还有整数 q' 与 r' 满足

$$b=q'a+r',\quad 0\leqslant r'<|a|, \tag{2}$$

不妨设 $r'\geqslant r$. 由式(1)和(2)得：$0\leqslant r'-r<|a|$，及

$$r'-r=(q-q')a.$$

若 $r'-r>0$，则由上式及 § 2 定理 1(vi)推出 $|a|\leqslant r'-r$. 这和 $r'-r<|a|$ 矛盾. 所以，必有 $r'=r$，进而得 $q'=q$.

存在性　当 $a|b$ 时，可取 $q=b/a$，$r=0$. 当 $a\nmid b$ 时，考虑集合

$$T=\{b-ka,k=0,\pm 1,\pm 2,\cdots\}.$$

容易看出，集合 T 中必有正整数(例如，取 $k=-2|b|a$)，所以由最小自然数原理知，T 中必有一个最小正整数，设为

$$t_0=b-k_0a>0.$$

我们来证明必有 $t_0<|a|$. 因 $a\nmid b$ 所以 $t_0\neq|a|$. 若 $t_0>|a|$，则 $t_1=t_0-|a|>0$，显见，$t_1\in T$，$t_1<t_0$. 这和 t_0 的最小性矛盾. 取 $q=k_0$，$r=t_0$就满足要求.

最后，当 $b=qa+r$ 时，$a|b$ 的充要条件是 $a|r$. 当满足 $0\leqslant r<|a|$时，由 § 2 定理 1(vi)就推出 $a|r$ 的充要条件是 $r=0$. 证毕.

在具体应用带余数除法时，常取以下更灵活的形式：

定理 2　设 a,b 是两个给定的整数，$a\neq 0$，再设 d 是一给定的

整数.那么,一定存在唯一的一对整数 q_1 与 r_1,满足

$$b=q_1a+r_1,\quad d\leqslant r_1<|a|+d. \tag{3}$$

此外,$a|b$ 的充要条件是 $a|r_1$.

证 唯一性的证明同定理 1.由定理 1 知存在 q 与 r 满足

$$b-d=qa+r,\quad 0\leqslant r<|a|.$$

取 $q_1=q,r_1=r+d$,就满足式(3),这就证明了存在性.剩下的结论是显然的,证毕.

在式(3)中取不同的 d,就得到不同形式的带余数除法,取 $d=0$就是式(1).取$d=1$得到

$$b=q_1a+r_1,\quad 1\leqslant r_1\leqslant|a|. \tag{4}$$

当 a 为偶数时,取 $d=-|a|/2$ 得

$$b=q_1a+r_1,\quad -|a|/2\leqslant r_1<|a|/2; \tag{5}$$

取 $d=-|a|/2+1$ 得

$$b=q_1a+r,\quad -|a|/2<r_1\leqslant|a|/2. \tag{5'}$$

当 a 为奇数时,取 $d=-(|a|-1)/2$ 得

$$b=q_1a+r_1,\quad -(|a|-1)/2\leqslant r_1<(|a|+1)/2. \tag{6}$$

式(5)和(6)合起来可写成

$$b=q_1a+r_1,\quad -|a|/2\leqslant r_1<|a|/2. \tag{7}$$

式(5′)和(6)合起来可写成

$$b=q_1a+r_1,\quad -|a|/2<r_1\leqslant|a|/2. \tag{7'}$$

通常把式(1)中的 r 称为 b 被 a 除后的**最小非负余数**,式(7)和(7′)中的 r_1 都称为**绝对最小余数**,式(4)中的 r_1 称为**最小正余数**,而式(3)中的 r_1 统称为**余数**①.

推论 3 设 $a>0$.任一整数被 a 除后所得的最小非负余数是且仅是 $0,1,\cdots,a-1$ 这 a 个数中的一个.

这是定理 1 的直接推论.它是常用的整数分类及进位制表示法的基础.对绝对最小余数、最小正余数有类似的推论(请读者写

---

① 由于 d 可以任意选取,所以满足 $b=q_1a+r_1$ 的 r_1 均称为余数.

出).

例 1 设$a\geqslant 2$是给定的正整数.对给定的j,被a除后余数(见上页的注①)等于j的全体整数是

$$ka+j,\quad k=0,\pm 1,\pm 2,\cdots.$$

这些整数组成的集合记为$S_{a,j}$.显见,当且仅当$a\mid(j_1-j_2)$时,

$$S_{a,j_1}=S_{a,j_2}. \tag{8}$$

当$a\nmid j_1-j_2$时,集合S_{a,j_1}与S_{a,j_2}不相交,即

$$S_{a,j_1}\cap S_{a,j_2}=\varnothing. \tag{9}$$

由推论3立即得到

$$S_{a,0}\cup S_{a,1}\cup\cdots\cup S_{a,a-1}=\mathbf{Z},$$

即全体整数按被a除后所得的最小非负余数来分类,分成了两两不相交的a个类.例如:$a=2$时,全体整数分为两类:

$$S_{2,0}=\{2k:k\in\mathbf{Z}\},\quad S_{2,1}=\{2k+1:k\in\mathbf{Z}\};$$

$a=3$时全体整数分为三类:

$$S_{3,0}=\{3k:k\in\mathbf{Z}\},\quad S_{3,1}=\{3k+1:k\in\mathbf{Z}\},$$
$$S_{3,2}=\{3k+2:k\in\mathbf{Z}\};$$

$a=6$时全体整数分为六类:

$$S_{6,0}=\{6k:k\in\mathbf{Z}\},\qquad S_{6,1}=\{6k+1:k\in\mathbf{Z}\},$$
$$S_{6,2}=\{6k+2:k\in\mathbf{Z}\},\quad S_{6,3}=\{6k+3:k\in\mathbf{Z}\},$$
$$S_{6,4}=\{6k+4:k\in\mathbf{Z}\},\quad S_{6,5}=\{6k+5:k\in\mathbf{Z}\}.$$

例 2 设$a\geqslant 2$是给定的正整数.那么,任一正整数n必可唯一表为

$$n=r_ka^k+r_{k-1}a^{k-1}+\cdots+r_1a+r_0, \tag{10}$$

其中整数$k\geqslant 0$,$0\leqslant r_j\leqslant a-1(0\leqslant j\leqslant k)$,$r_k\neq 0$.这就是正整数的$\boldsymbol{a}$**进位表示**.

证 对正整数n必有唯一的$k\geqslant 0$,使$a^k\leqslant n<a^{k+1}$(为什么).由带余数除法知,必有唯一的q_0,r_0满足

$$n=q_0a+r_0,\quad 0\leqslant r_0<a.$$

若 $k=0$,则必有 $q_0=0,1\leqslant r_0<a$,所以结论成立.设结论对 $k=m\geqslant 0$ 成立.那么,当 $k=m+1$ 时,上式中的 q_0 必满足

$$a^m\leqslant q_0<a^{m+1}.$$

由假设知

$$q_0=s_m a^m+\cdots+s_0,$$

其中 $0\leqslant s_i\leqslant a-1(0\leqslant j\leqslant m-1),1\leqslant s_m\leqslant a-1$.因而有

$$n=s_m a^{m+1}+\cdots+s_0 a+r_0,$$

即结论对 $m+1$ 也成立.证毕.

例 3 设 $a>2$ 是奇数.证明:

(i) 一定存在正整数 $d\leqslant a-1$,使得 $a\mid 2^d-1$.

(ii) 设 d_0 是满足(i)的最小正整数 d.那么 $a\mid 2^h-1$ 的充要条件是 $d_0\mid h$.

证 先证(i).考虑以下 a 个数:

$$2^0,2^1,2^2,\cdots,2^{a-1}.$$

由 §2 例 2 知,$a\nmid 2^j(0\leqslant j<a)$.由此及定理 1 可得:对每个 j,$0\leqslant j<a$,

$$2^j=q_j a+r_j,\quad 0<r_j<a.$$

所以 a 个余数 $r_0,r_1,\cdots,r_{a-1}$ 仅可能取 $a-1$ 个值.因此由 §1 定理 5 知其中必有两个相等,设为 r_i,r_k,不妨设 $0\leqslant i<k<a$.因而有

$$a(q_k-q_i)=2^k-2^i=2^i(2^{k-i}-1).$$

利用 §2 例 2 就推出 $a\mid 2^{k-i}-1$.取 $d=k-i\leqslant a-1$ 就满足要求.

下面来证(ii).充分性是显然的,只要证必要性.同样由定理 1 得

$$h=qd_0+r,\quad 0\leqslant r<d_0.$$

因而有

$$2^h-1=2^{qd_0+r}-2^r+2^r-1=2^r(2^{qd_0}-1)+(2^r-1).$$

由上式、$a\mid 2^h-1$ 及 $a\mid 2^{qd_0}-1$,就推出 $a\mid 2^r-1$.由此及 d_0 的最小性就推出 $r=0$,即 $d_0\mid h$.

在例 3 中取 $a=11$,我们有

$$2=0\cdot 11+2,2^2=0\cdot 11+4,2^3=0\cdot 11+8,2^4=1\cdot 11+5,$$
$$2^5=2\cdot 11+10,2^6=5\cdot 11+9,2^7=11\cdot 11+7,2^8=23\cdot 11+3,$$
$$2^9=46\cdot 11+6,2^{10}=93\cdot 11+1.$$

因此,使 $11|2^d-1$ 的最小正整数 $d=10$,所有能使 $11|2^d-1$ 的正整数 $d=10\cdot k,k=1,2,\cdots$. 由以上计算也可以看出,2^d 被 11 除后可能取到的最小非负余数是: 1,2,3,4,5,6,7,8,9,10.

在例 3 中取 $a=15$,则有

$$2=0\cdot 15+2,\ 2^2=0\cdot 15+4,\ 2^3=0\cdot 15+8,\ 2^4=1\cdot 15+1.$$

因此,使 $15|2^d-1$ 的最小正整数 $d=4$,所有能使 $15|2^d-1$ 的正整数 $d=4\cdot k,k=1,2,3,\cdots$. 由以上计算知,$2^d$ 被 15 除后可能取到的最小非负余数是: 1,2,4,8.

推论 3 是对**全体整数**被一个固定的正整数 a 除后所可能得到的最小非负余数的情况来说的. 在例 3 中已经看到,**特殊的整数或特殊的整数列**被一个固定的正整数 a 除后所得的最小非负余数可能会有更特殊的性质,这一点在初等数论的论证中有重要作用. 例如:

(i) 两个 $4k+3$ 形式的数(即被 4 除余 3 的数)的乘积一定是 $4k+1$ 形式的数(即被 4 除余 1 的数);

(ii) x^2 被 4 除后所得的非负最小余数只可能是 0,1;

(iii) x^2 被 8 除后所得的非负最小余数只可能是 0,4(当 x 为偶数),及 1(当 x 为奇数);

(iv) x^2 被 3 除后所得的非负最小余数是 $0(x=3k),1(x\neq 3k)$;

(v) x^3 被 9 除后所得的非负最小余数是 $0(x=3k),1(x=3k+1),8(x=3k+2)$.

这样,对任意的整数 x,y,从(ii)可推出: $x^2+y^2\neq 4k+3$;从(iii)推出: $x^2+y^2\neq 8k+3,8k+6,8k+7$;从(v)推出: $x^3+y^3\neq 9k+3,9k+4,9k+5,9k+6$(请读者自己验证).

以上证明的结论和所举例子都是对非负最小余数来说的. 对

最小正余数、绝对最小余数，以及一般指定的余数 $d \leqslant r_1 < |a| + d$ (d 为指定的整数)，都可作同样的讨论. 在应用中灵活地运用这一点是很重要的.

应用带余数除法的最重要的形式就是下面的**辗转相除法**，也叫作 **Euclid 算法**.

定理 4 设 u_0, u_1 是给定的两个整数，$u_1 \neq 0$，$u_1 \nmid u_0$. 我们一定可以重复应用定理 1 得到下面 $k+1$ 个等式：

$$
\begin{aligned}
u_0 &= q_0 u_1 + u_2, && 0 < u_2 < |u_1|, \\
u_1 &= q_1 u_2 + u_3, && 0 < u_3 < u_2, \\
u_2 &= q_2 u_3 + u_4, && 0 < u_4 < u_3, \\
&\cdots\cdots && \cdots\cdots \\
u_{j-1} &= q_{j-1} u_j + u_{j+1}, && 0 < u_{j+1} < |u_j| \\
&\cdots\cdots && \cdots\cdots \\
u_{k-2} &= q_{k-2} u_{k-1} + u_k, && 0 < u_k < u_{k-1}, \\
u_{k-1} &= q_{k-1} u_k + u_{k+1}, && 0 < u_{k+1} < u_k, \\
u_k &= q_k u_{k+1}.
\end{aligned}
\tag{11}
$$

证 对 u_0, u_1 应用定理 1，由 $u_1 \nmid u_0$ 知必有第一式成立. 同样地，如果 $u_2 \nmid u_1$ 就得到第二式. 如果 $u_2 | u_1$ 就证明定理对 $k=1$ 成立. 依此这样做，就得到

$$|u_1| > u_2 > u_3 > \cdots > u_{j+1} > 0$$

及前面 j 个等式成立. 若 $u_{j+1} | u_j$，则定理对 $k=j$ 成立；若 $u_{j+1} \nmid u_j$，则继续对 u_j, u_{j+1} 用定理 1. 由于小于 $|u_1|$ 的正整数只有有限个以及 1 整除任一整数，所以这过程不能无限制地做下去，一定会出现某个 k，要么 $1 < u_{k+1} | u_k$，要么 $1 = u_{k+1} | u_k$. 证毕.

由定理 4 立即推出：

定理 5 在定理 4 的条件和符号下，我们有

(i) 对任意取定的 $j(1 \leqslant j \leqslant k+1)$，$d | u_{j-1}$，$d | u_j$ 的充要条件是 $d | u_{k+1}$.

(ii) 对任意取定的 $j(1 \leqslant j \leqslant k+1)$，必有整数 x_j, y_j 使得

$$u_{k+1}=x_j u_{j-1}+y_j u_j. \tag{12}$$

证 (i) 只要证 $j=1$ 的情形. 若 $d|u_0, d|u_1$ 成立, 则从式(11)中的第一式开始, 依此由各式推出: $d|u_2, d|u_3, \cdots, d|u_k, d|u_{k+1}$. 反之, 若 $d|u_{k+1}$, 则从式(11)的最后一式开始, 依次往上即可推出: $d|u_{k+1}, d|u_k, \cdots, d|u_3, d|u_2, d|u_1, d|u_0$.

(ii) 当 $j=k+1$ 时, 取

$$x_{k+1}=0, \quad y_{k+1}=1, \tag{13}$$

就有式(12)成立. 设 $j=l+1(1\leqslant l\leqslant k)$ 时式(12)成立, 即有 x_{l+1}, y_{l+1} 使

$$u_{k+1}=x_{l+1}u_l+y_{l+1}u_{l+1}.$$

注意到式(11)中的第 l 式是

$$u_{l-1}=q_{l-1}u_l+u_{l+1},$$

由以上两式即得

$$u_{k+1}=y_{l+1}u_{l-1}+(x_{l+1}-q_{l-1}y_{l+1})u_l.$$

因此, 取

$$x_l=y_{l+1}, \quad y_l=x_{l+1}-q_{l-1}y_{l+1}. \tag{14}$$

就推出式(12)对 $j=l$ 亦成立. 所以结论成立. 证毕.

定理 5 中的 x_j, y_j 可由初值(13)及递推公式(14)定出, 它们不是唯一的(为什么). 定理 4 的辗转相除法所考虑的余数 u_j 是最小非负余数. 也经常考虑 u_j 取绝对最小余数(见式(7)和(7′)). 这样的辗转相除法的表述请读者自己写出, 且同样有定理 5 成立.

习 题 三

1. 证明: 对任意整数 n 有

(i) $6|n(n+1)(n+2)$;

(ii) $24|n(n+1)(n+2)(n+3)$;

(iii) 若 $2\nmid n$, 则 $8|n^2-1$ 及 $24|n(n^2-1)$;

(iv) 若 $2\nmid n, 3\nmid n$, 则 $24|n^2+23$;

(v) $30|n^5-n$;

(vi) $42 | n^7 - n$；

(vii) 证明对任意整数 n，$\frac{1}{5}n^5 + \frac{1}{3}n^3 + \frac{7}{15}n$ 是整数.

2. 分别求出 n^2, n^3, n^4, n^5 被 3,4,8,10 除后，可能取到的最小非负余数、最小正余数及绝对最小余数.

3. 证明：(i) 对任意的整数 x, y，必有 $8 \nmid x^2 - y^2 - 2$；

(ii) 若 $2 \nmid xy$，则 $x^2 + y^2 \neq n^2$；

(iii) 若 $3 \nmid xy$，则 $x^2 + y^2 \neq n^2$；

(iv) 若 $a^2 + b^2 = c^2$，则 $6 | ab$.

4. (i) 证明：$S_{2,0} \cap S_{3,1} = S_{6,4}$；(ii) 求 j 分别满足(a) $S_{3,0} \cap S_{5,0} = S_{15,j}$；(b) $S_{3,1} \cap S_{5,1} = S_{15,j}$；(c) $S_{3,-1} \cap S_{5,-2} = S_{15,j}$.

(iii) 求 s 及 $j_1, \cdots, j_s$ 使得

$$S_{3,1} = S_{21,j_1} \cup \cdots \cup S_{21,j_s}.$$

一般地，设 $a | b$，j 为给定整数，求 s 及 $j_1, \cdots, j_s$ 使得

$$S_{a,j} = S_{b,j_1} \cup \cdots \cup S_{b,j_s}.$$

解释本题的含义.

5. 证明：(i) $3k+1$ 形式的奇数一定是 $6h+1$ 形式；

(ii) $3k-1$ 形式的奇数必是 $6h-1$ 形式.

6. 证明：(i) 任一形如 $3k-1, 4k-1, 6k-1$ 形式的正整数必有同样形式的素因数.

(ii) 形如 $4k-1$ 的素数有无穷多个；

(iii) 形如 $6k-1$ 的素数有无穷多个.

7. (i) 证明：任一整数 n，$-(3^{h+1}-1)/2 \leqslant n \leqslant (3^{h+1}-1)/2$，必可唯一地表为 $n = r_h \cdot 3^h + \cdots + r_1 \cdot 3 + r_0$，$-1 \leqslant r_j \leqslant 1$，$0 \leqslant j \leqslant h$，且每一个这样表出的 n 必满足 $-(3^{h+1}-1)/2 \leqslant n \leqslant (3^{h+1}-1)/2$. 此外，当 $n > 0$ 时，第一个不为零的 $r_j = 1$，当 $n < 0$ 时，第一个不为零的 $r_j = -1$；

(ii) 试求由表达式 $n = r_h \cdot a^h + \cdots + r_1 \cdot a + r_0$ ($-a/2 < r_j \leqslant a/2$，$0 \leqslant j \leqslant h$)表出的整数 n 的范围.

8. 设 $k\geqslant1$. 证明：(i) 若 $2^k\leqslant n<2^{k+1}$，及 $1\leqslant a\leqslant n, a\neq2^k$，则 $2^k\nmid a$；

(ii) 若 $3^k\leqslant2n-1<3^{k+1}, 1\leqslant l\leqslant n, 2l-1\neq3^k$，则 $3^k\nmid 2l-1$.

9. 证明：当 $n>1$ 时，$1+1/2+\cdots+1/n$ 不是整数.

10. 证明：当 $n>1$ 时，$1+1/3+1/5+\cdots+1/(2n-1)$ 不是整数.

11. 设 $n>1$. 证明：n 可表为两个或两个以上的相邻正整数之和的充要条件是 $n\neq2^k$.

12. 设 $m>n$ 是正整数. 证明：$2^n-1\mid2^m-1$ 的充要条件是 $n\mid m$. 以任一正整数 $a>2$ 代替 2 结论仍然成立吗？

13. 设 a,b 是正整数，$b>2$. 证明：$2^b-1\nmid 2^a+1$.

14. 设 $a\geqslant2, m\geqslant2$，满足 $ax+my=1$，其中 x,y 为某两个整数. 证明：

(i) 一定存在正整数 $d\leqslant a-1$ 使得 $a\mid m^d-1$；

(ii) 设 d_0 是满足(i)的最小正整数 d. 那么，$a\mid m^h-1$ 的充要条件是 $d_0\mid h$.

15. 求(i) $7\mid2^d-1$ 的最小正整数 d；(ii) $11\mid3^d-1$ 的最小正整数 d；(iii) 2^d 被 7 除后所可能取到的最小非负余数，绝对最小余数；(iv) 3^d 被 11 除后所可能取到的最小非负余数，绝对最小余数.

16. 证明：对任意正整数 d，

(i) $13\nmid 3^d, 3^d+1, 3^d\pm2, 3^d+3, 3^d-4, 3^d\pm5, 3^d\pm6$；

(ii) $13\nmid 4^d, 4^d\pm2, 4^d\pm5, 4^d\pm6$.

17. 证明：不存在整数 k 使得：

(i) $x^2+2y^2=8k+5, 8k+7$；

(ii) $x^2-2y^2=8k+3, 8k+5$；

(iii) $x^2+y^2+z^2=8k+7$；

(iv) $x^3+y^3+z^3=9k\pm4$；

(v) $x^3+2y^3+4z^3=9k^3$.

18. 设奇数 $a>2$，$a|2^d-1$ 的最小正整数 $d=d_0$. 证明：2^d 被 a 除后，所可能取到的不同的最小非负余数有 d_0 个.

19. 用§3定理4的辗转相除法求以下数组的 u_{k+1}，并把它表为这些数的整系数线性组合：

(i) 1819，3587；(ii) 2947，3997；(iii) -1109，4999.

20. 在§3定理4的条件和符号下，令

$$\begin{aligned} &P_{-1}=1, P_0=q_0, P_j=q_jP_{j-1}+P_{j-2}, \\ &Q_{-1}=0, Q_0=1, Q_j=q_jQ_{j-1}+Q_{j-2}, \end{aligned} \quad j=1,2,\cdots,k-1.$$

那么，我们有

$$(-1)^j u_j=Q_{j-2}u_0-P_{j-2}u_1, \quad j=1,2,\cdots,k+1.$$

21. 设§3定理4中的 $u_0>u_1>1$. 再设 $b_0=1$，$b_1=2$，及 $b_{j+1}=b_j+b_{j-1}$，$j=1,2,\cdots$. 那么，在§3定理4的符号下有 $u_1\geqslant b_k$. 进而证明：$k+1\leqslant 2(\ln u_1)/\ln 2$. 试解释这结果的意义.

22. 详细表述并证明 u_j 取绝对最小余数时的辗转相除法，及相应的定理5. 试用这方法解第19题，并比较用这两种辗转相除法所得的 k 的大小.

§4 最大公约数与最小公倍数

定义 1 设 a_1,a_2 是两个整数. 如果 $d|a_1$ 且 $d|a_2$,那么,d 就称为是 a_1 和 a_2 的**公约数**. 一般地,设 $a_1,a_2,\cdots,a_k$ 是 k 个整数. 如果 $d|a_1,\cdots,d|a_k$,那么,d 就称为是 $a_1,\cdots,a_k$ 的**公约数**.

例如: $a_1=12,a_2=18$. 它们的公约数是 $\pm1,\pm2,\pm3,\pm6$. $a_1=6,a_2=10,a_3=-15$. 它们的公约数是 ±1. n 和 $n+1$ 的公约数是 ±1. 当 $a_1,\cdots,a_k$ 中有一个不为零时,它们的公约数的个数有限. 因此,可引进:

定义 2 设 a_1,a_2 是两个不全为零的整数. 我们把 a_1 和 a_2 的公约数中的最大的称为 a_1 和 a_2 的**最大公约数**,记作 (a_1,a_2). 一般地,设 $a_1,\cdots,a_k$ 是 k 个不全为零的整数. 我们把 $a_1,\cdots,a_k$ 的公约数中的最大的称为 $a_1,\cdots,a_k$ 的最大公约数,记作 $(a_1,\cdots,a_k)$.

我们用 $\mathscr{D}(a_1,\cdots,a_k)$ 表 $a_1,\cdots,a_k$ 的所有公约数组成的集合,$k=1$时,它表示由 a_1 的全体约数组成的集合. 容易证明:

$$\mathscr{D}(-a_1)=\mathscr{D}(a_1),\quad \mathscr{D}(a_1)\subseteq\mathscr{D}(a_2),\quad a_1|a_2, \tag{1}$$

当且仅当 $a_2=\pm a_1$ 时等号成立. 由公约数定义可得

$$\mathscr{D}(a_1,\cdots,a_k)=\mathscr{D}(a_1)\cap\cdots\cap\mathscr{D}(a_k). \tag{2}$$

这样,当 $k\geqslant2$ 时有

$$(a_1,\cdots,a_k)=\max(d:\ d\in\mathscr{D}(a_1,\cdots,a_k)). \tag{3}$$

当 $k=1,a_1\neq0$ 时,约定 $(a_1)=|a_1|$,所以上式也成立.

前面所举的例子表明: $\mathscr{D}(12,18)=\{\pm1,\pm2,\pm3,\pm6\}$, $(12,18)=6$; $\mathscr{D}(6,10,-15)=\mathscr{D}(n,n+1)=\{\pm1\}$, $(6,10,-15)=1$, $(n,n+1)=1$. 由定义立即推出以下性质:

定理 1 (i) $(a_1,a_2)=(a_2,a_1)=(-a_1,a_2)$;一般地,

$$(a_1,a_2,\cdots,a_i,\cdots,a_k)=(a_i,a_2,\cdots,a_1,\cdots,a_k)$$

$$=(-a_1,a_2,\cdots,a_k);$$

(ii) 若 $a_1 \mid a_j, j=2,\cdots,k$,则

$$(a_1,a_2)=(a_1,a_2,\cdots,a_k)=(a_1)=|a_1|;$$

(iii) 对任意的整数 x,$(a_1,a_2)=(a_1,a_2,a_1x)$,

$$(a_1,\cdots,a_k)=(a_1,\cdots,a_k,a_1x);$$

(iv) 对任意整数 x,$(a_1,a_2)=(a_1,a_2+a_1x)$,

$$(a_1,a_2,a_3,\cdots,a_k)=(a_1,a_2+a_1x,a_3,\cdots,a_k);$$

(v) 若 p 是素数,则

$$(p,a_1)=\begin{cases}p, & p \mid a_1,\\ 1, & p \nmid a_1;\end{cases}$$

一般地

$$(p,a_1,\cdots,a_k)=\begin{cases}p, & p \mid a_j, \quad j=1,2,\cdots,k,\\ 1, & \text{其他}.\end{cases}$$

证 我们来证 $k=2$ 的情形,一般可同理证明.由式(2)和(1)可得

$$\mathscr{D}(a_1,a_2)=\mathscr{D}(a_2,a_1)=\mathscr{D}(-a_1,a_2)=\mathscr{D}(a_1)\bigcap\mathscr{D}(a_2),$$

$$\mathscr{D}(a_1,a_2)=\mathscr{D}(a_1)\bigcap\mathscr{D}(a_2)=\mathscr{D}(a_1), \quad a_1 \mid a_2,$$

$$\begin{aligned}\mathscr{D}(a_1,a_2,a_1x)&=\mathscr{D}(a_1)\bigcap\mathscr{D}(a_2)\bigcap\mathscr{D}(a_1x)\\&=\mathscr{D}(a_1)\bigcap\mathscr{D}(a_2)=\mathscr{D}(a_1,a_2),\end{aligned}$$

利用式(3),由以上各式就分别推出(i),(ii),(iii).

由§2定理1(iii)知

$$\mathscr{D}(a_1,a_2)=\mathscr{D}(a_1,a_2+a_1x),$$

由此及式(3)就推出(iv).

最后,由素数定义及(ii)就推出(v).证毕.

下面举例说明,如何用定理1来求最大公约数.

例1 (i) 对任意的整数 n 有

$$(21n+4,14n+3)=(7n+1,14n+3)=(7n+1,1)=1.$$

(ii) 对任意整数 n 有

$$(n-1,n+1)=(n-1,2)=\begin{cases}1, & 2\mid n;\\ 2, & 2\nmid n.\end{cases}$$

(iii) $(30,45,84)=(30,15,84)=(15,84)=(15,-6)$

$$=(3,-6)=3.$$

(iv) 对任意整数 n 有,

$$(2n-1,n-2)=(2n-1-2(n-2),n-2)=(3,n-2)$$

$$=\begin{cases}3, & n=3k+2;\\ 1, & n=3k \text{ 或 } 3k+1.\end{cases}$$

(v) 设 a,m,n 是正整数,$m>n$. 由 $a^{2^n}+1\mid a^{2^m}-1$ 知,

$$(a^{2^m}+1,a^{2^n}+1)=(a^{2^m}-1+2,a^{2^n}+1)$$

$$=(2,a^{2^n}+1)$$

$$=\begin{cases}1, & 2\mid a;\\ 2, & 2\nmid a.\end{cases}$$

例 2 设 a 是奇数. 证明: 必有正整数 d 使 $(2^d-3,a)=1$.

证 由 §3 例 3(i)知,必有 d 使 $a\mid 2^d-1$. 因而有

$$(2^d-3,a)=(2^d-1-2,a)=(-2,a)=1.$$

一组数的最大公约数等于 1 是刻画这组数之间关系的一个重要性质. 为此引进

定义 3 若 $(a_1,a_2)=1$,则称 a_1 和 a_2 是**既约**的,也称 a_1 和 a_2 是**互素**的. 一般地,若 $(a_1,\cdots,a_k)=1$,则称 $a_1,\cdots,a_k$ 是**既约**的,也称 $a_1,\cdots,a_k$ 是**互素**的.

例如: 2 和 $2n+1$ 既约;对任意的 n, $21n+4$ 和 $14n+3$ 既约; $6,10,-15$ 是既约的,但它们中任意两个数不既约,因为 $(6,10)=2$, $(10,-15)=5$, $(-15,6)=3$. 下面的定理对判断一组数是否既约是有用的.

定理 2 如果存在整数 $x_1,\cdots,x_k$,使得

$$a_1x_1+\cdots+a_kx_k=1,$$

则 $a_1,\cdots,a_k$ 是既约的.

证 因为 $a_1,\cdots,a_k$ 的任一公约数 d 一定要整除 1,所以,必有

$d=\pm 1$. 证毕.

以后将证明上式也是 $a_1,\cdots,a_k$ 既约的必要条件. 利用定理 2 也可证例 1(i)的结论, 因为

$$3\cdot(14n+3)+(-2)(21n+4)=1.$$

由定义还可推出最大公约数以下的性质.

定理 3 设正整数 $m\mid(a_1,\cdots,a_k)$. 我们有

$$m(a_1/m,\cdots,a_k/m)=(a_1,\cdots,a_k). \tag{4}$$

特别地有

$$\left(\frac{a_1}{(a_1,\cdots,a_k)},\cdots,\frac{a_k}{(a_1,\cdots,a_k)}\right)=1. \tag{5}$$

证 记 $D=(a_1,\cdots,a_k)$. 由 $m\mid D, D\mid a_j(1\leqslant j\leqslant k)$ 知 $m\mid a_j(1\leqslant j\leqslant k)$, 因而有

$$(D/m)\mid(a_j/m),\quad j=1,\cdots,k,$$

即 D/m 是 $a_1/m,\cdots,a_k/m$ 的公约数, 且是正的, 所以由定义知

$$D/m\leqslant(a_1/m,\cdots,a_k/m). \tag{6}$$

另一方面, 若 $d\mid(a_j/m), 1\leqslant j\leqslant k$, 则 $md\mid a_j, j=1,\cdots,k$, 由定义知

$$md\leqslant D,\quad 即\ d\leqslant D/m.$$

取 $d=(a_1/m,\cdots,a_k/m)$, 由此及式(6)即得式(4). 在式(4)中取 $m=(a_1,\cdots,a_k)$ 即得式(5).

以后将证明: 以条件 $m\mid a_j(1\leqslant j\leqslant k)$ 代替条件 $m\mid(a_1,\cdots,a_k)$ 时, 式(4)仍然成立.

定义 4 设 a_1,a_2 是两个均不等于零的整数. 如果 $a_1\mid l$ 且 $a_2\mid l$, 则称 l 是 a_1 和 a_2 的**公倍数**. 一般地, 设 $a_1,\cdots,a_k$ 是 k 个均不等于零的整数. 如果 $a_1\mid l,\cdots,a_k\mid l$, 则称 l 是 $a_1,\cdots,a_k$ 的**公倍数**.

以 $\mathscr{L}(a_1,\cdots,a_k)$ 记 $a_1,\cdots,a_k$ 的所有公倍数组成的集合, $k=1$ 时它表示 a_1 的全体倍数组成的集合.

例如: $a_1=2, a_2=3$. 它们的公倍数集合

$$\mathscr{L}(2,3)=\{0,\pm 6,\pm 12,\cdots,\pm 6k,\cdots\}.$$

由最小自然数原理知, 可引进以下的概念:

定义 5 设整数 a_1,a_2 均不为零. 我们把 a_1 和 a_2 的正的公倍数中的最小的称为 a_1 和 a_2 的**最小公倍数**,记作$[a_1,a_2]$,即

$$[a_1,a_2]=\min\{l: l\in\mathscr{L}(a_1,a_2),l>0\}. \tag{7}$$

一般地,设整数 $a_1,\cdots,a_k$ 均不等于零. 我们把 $a_1,\cdots,a_k$ 的正的公倍数中的最小的称为 $a_1,\cdots,a_k$ 的**最小公倍数**,记作$[a_1,\cdots,a_k]$,即

$$[a_1,\cdots,a_k]=\min\{l: l\in\mathscr{L}(a_1,\cdots,a_k),l>0\}. \tag{8}$$

当 $k=1,a_1\neq 0$ 时,约定$[a_1]=|a_1|$,所以上式也成立.

由定义立即推出(证明留给读者):

定理 4 (i) $[a_1,a_2]=[a_2,a_1]=[-a_1,a_2]$;一般地有

$$[a_1,a_2,\cdots,a_i,\cdots,a_k]=[a_i,a_2,\cdots,a_1,\cdots,a_k]$$
$$=[-a_1,a_2,\cdots,a_i,\cdots,a_k];$$

(ii) 若 $a_2|a_1$,则$[a_1,a_2]=|a_1|$;若 $a_j|a_1(2\leqslant j\leqslant k)$,则

$$[a_1,\cdots,a_k]=|a_1|;$$

(iii) 对任意的 $d|a_1$,

$$[a_1,a_2]=[a_1,a_2,d];\quad [a_1,\cdots,a_k]=[a_1,\cdots,a_k,d].$$

(iv) $[a_1,a_2]$等于$|a_1|,2|a_1|,\cdots,k|a_1|,\cdots$中第一个被 a_2 整除的数.

定理 5 设 $m>0$. 我们有

$$[ma_1,\cdots,ma_k]=m[a_1,\cdots,a_k].$$

证 设 $L=[ma_1,\cdots,ma_k]$,$L'=[a_1,\cdots,a_k]$. 由 $ma_j|L(1\leqslant j\leqslant k)$推出 $a_j|L/m(1\leqslant j\leqslant k)$,由定义知 $L'\leqslant L/m$. 另一方面,由 $a_j|L'(1\leqslant j\leqslant k)$推出 $ma_j|mL'(1\leqslant j\leqslant k)$,由定义推出 $L\leqslant mL'$. 所以 $L=mL'$. 证毕.

利用带余数除法可证明以下重要性质.

定理 6 $a_j|c(1\leqslant j\leqslant k)$的充要条件是$[a_1,\cdots,a_k]|c$.

证 充分性是显然的. 下证必要性. 设 $L=[a_1,\cdots,a_k]$. 由 §3 定理 1 知,有 q,r 使得

$$c=qL+r,\quad 0\leqslant r<L.$$

由此及 $a_j|c$ 推出 $a_j|r(1\leqslant j\leqslant k)$,所以 r 是公倍数. 进而,由最小公

倍数的定义及 $0 \leqslant r < L$ 就推出 $r=0$，即 $L \mid c$，这就证明了必要性. 结论表明：**公倍数一定是最小公倍数的倍数**.

下面利用§3的辗转相除法(定理4)来讨论最大公约数的进一步的性质，及求最大公约数的有效方法.

定理7 在§3定理4的符号和条件下，有

$$(u_{j-1}, u_j) = u_{k+1}, \quad 1 \leqslant j \leqslant k+1. \tag{9}$$

证 §3定理5(i)就是证明了

$$\mathscr{D}(u_{j-1}, u_j) = \mathscr{D}(u_{k+1}), \quad 1 \leqslant j \leqslant k+1.$$

由此及式(3)就推出式(9). 证毕.

定理8 设 a_1, a_2 是两个不全为零的整数，那么，一定存在整数 x_1, x_2，使得

$$(a_1, a_2) = x_1 a_1 + x_2 a_2, \tag{10}$$

即两个整数的最大公约数一定可表为它们的整系数线性组合.

证 不妨设 $a_2 \neq 0$. 若 $a_2 \mid a_1$ 则式(10)显然成立，不然，由定理7(取 $u_0 = a_1, u_1 = a_2$)及§3定理5(ii)(式(12))(均取 $j=1$)立即推出. 且这里的 x_1, x_2 可按§3的递推公式(13)和(14)来算出. 证毕.

定理7和§3定理5(i)刻画了**最大公约数最本质的属性：公约数一定是最大公约数的约数**. 由于它的重要性，再把它表述为下面的定理.

定理9 设 a_1, a_2 是两个不全为零的整数，D 是一个正整数. 那么，$D = (a_1, a_2)$ 的充要条件是：(i) $D \mid a_1, D \mid a_2$；(ii) 若 $d \mid a_1$，$d \mid a_2$，则 $d \mid D$，即

$$\mathscr{D}(a_1, a_2) = \mathscr{D}((a_1, a_2)). \tag{11}$$

证明留给读者.

现在，就可以来证明有关最大公约数的其他重要性质.

定理10 设 $k \geqslant 3$，我们有

$$(a_1, \cdots, a_{k-2}, a_{k-1}, a_k) = (a_1, \cdots, a_{k-2}, (a_{k-1}, a_k)). \tag{12}$$

证 由式(2)和(11)可得

$$\mathscr{D}(a_1,\cdots,a_{k-2},(a_{k-1},a_k))=\mathscr{D}(a_1)\cap\cdots\cap\mathscr{D}(a_{k-2})\cap\mathscr{D}((a_{k-1},a_k))$$
$$=\mathscr{D}(a_1)\cap\cdots\cap\mathscr{D}(a_{k-2})\cap\mathscr{D}(a_{k-1})\cap\mathscr{D}(a_k)$$
$$=\mathscr{D}(a_1,\cdots,a_{k-2},a_{k-1},a_k).$$

由此及式(3)就得到式(12). 证毕.

定理 10 表明：**求 k 个数的最大公约数可归结为求 $k-1$ 个数的最大公约数**. 由定理 10 立即推出：对任意正整数 k 和 l 有

$$(a_1,\cdots,a_{k+l})=((a_1,\cdots,a_k),(a_{k+1},\cdots,a_{k+l})). \qquad (13)$$

下面是定理 9 的推广：**任意多个整数的公约数一定是它们的最大公约数的约数**.

定理 11 设 $k\geqslant 2$，$a_1,\cdots,a_k$ 是不全为零的整数，及 D 是一个正整数. 那么，$D=(a_1,\cdots,a_k)$ 的充要条件是：(i) $D\mid a_1,\cdots,D\mid a_k$；(ii) 若 $d\mid a_1,\cdots,d\mid a_k$，则 $d\mid D$，即

$$\mathscr{D}(a_1,\cdots,a_k)=\mathscr{D}((a_1,\cdots,a_k)). \qquad (14)$$

证 充分性显然成立. 下证必要性. 条件(i)显然成立. 当 $D=(a_1,\cdots,a_k)$时，条件(ii)就是要证明(注意式(2))式(14)成立. $k=2$ 时由定理 9(即式(11))知式(14)成立. 设 $k=l(\geqslant 2)$时式(14)成立. 当 $k=l+1$ 时，由式(13)及(11)得

$$\mathscr{D}((a_1,\cdots,a_l,a_{l+1}))=\mathscr{D}(((a_1,\cdots,a_l),a_{l+1}))$$
$$=\mathscr{D}((a_1,\cdots,a_l),a_{l+1})=\mathscr{D}((a_1,\cdots,a_l))\cap\mathscr{D}(a_{l+1})$$
$$=\mathscr{D}(a_1,\cdots,a_l)\cap\mathscr{D}(a_{l+1}).$$

最后一步用到了假设 $k=l$ 时式(14)成立. 由此及式(2)就推出式(14)对 $k=l+1$ 也成立. 由归纳法就证明了所要结论. 证毕.

定理 12 设 $m>0$，我们有

$$(mb_1,\cdots,mb_k)=m(b_1,\cdots,b_k). \qquad (15)$$

证 在定理 3 中取 $a_j=mb_j$，$1\leqslant j\leqslant k$. 由定理 11 知

$$m\mid(a_1,\cdots,a_k)=(mb_1,\cdots,mb_k),$$

所以，定理 3 中的条件成立. 因而，式(4)即式(15)成立. 证毕.

定理 13 设$(m,a)=1$. 我们有

$$(m,ab)=(m,b). \qquad (16)$$

证　由条件、定理 12、定理 10 及定理 1(iii)可得

$$(m,b)=(m,b(m,a))=(m,(mb,ab))$$
$$=(m,mb,ab)=(m,ab).$$

证毕.

定理 14　设$(m,a)=1$.若 $m|ab$,则 $m|b$.

证　由定理 13 知,$(m,b)=(m,ab)=|m|$,即 $m|b$. 证毕.

定理 14 常用的形式是:若$(m_1,m_2)=1$,且 $m_1|n$,$m_2|n$,则 $m_1m_2|n$. 更一般地,若 $m_1,\cdots,m_k$ 两两互素,且 $m_j|n$,$1\leqslant j\leqslant k$,则 $(m_1\cdots m_k)|n$. 证明留给读者.

下面的定理刻画了两个数的最大公约数与最小公倍数的关系.

定理 15　设 a,b 均不为零. 我们有

$$[a,b](a,b)=|ab|. \tag{17}$$

证　不妨设 $a>0$,$b>0$. 先讨论$(a,b)=1$ 的情形. 设$[a,b]=al$. 由定理 14 知 $b|l$,所以,$ab|[a,b]$. ab 是 a,b 的公倍数,故由最小公倍数的定义知$[a,b]=ab$,即结论成立. 再讨论$(a,b)>1$ 的情形. 由定理 3 知

$$\left(\frac{a}{(a,b)},\frac{b}{(a,b)}\right)=1.$$

故由已证结论推出

$$\left[\frac{a}{(a,b)},\frac{b}{(a,b)}\right]=\frac{ab}{(a,b)^2}.$$

由此利用定理 5 就推出结论成立. 证毕.

最后,我们要把定理 8 推广到一般情形,并讨论这关系式的本质.

定理 16　设 $a_1,\cdots,a_k$ 是不全为零的整数. 我们有

(i)

$$(a_1,\cdots,a_k)=\min\{s=a_1x_1+\cdots+a_kx_k:x_j\in\mathbf{Z}(1\leqslant j\leqslant k),s>0\},$$

即 $a_1,\cdots,a_k$ 的最大公约数等于 $a_1,\cdots,a_k$ 的所有整系数线性组合

组成的集合 S 中的最小正整数.

(ii) 一定存在一组整数 $x_{1,0},\cdots,x_{k,0}$使得

$$(a_1,\cdots,a_k)=a_1x_{1,0}+\cdots+a_kx_{k,0},\tag{18}$$

即任意 k 个整数的最大公约数一定是它们的整系数线性组合.

证 由于 $0<a_1^2+\cdots+a_k^2\in S$,所以集合 S 中有正整数,由最小自然数原理知 S 中必有最小正整数,设为 s_0. 显见,对任一公约数 $d|a_j(1\leqslant j\leqslant k)$必有 $d|s_0$,所以 $|d|\leqslant s_0$. 另一方面,对任一 a_j 由带余数除法知

$$a_j=q_js_0+r_j,\quad 0\leqslant r_j<s_0.$$

显见 $r_j\in S$. 若 $r_j>0$,则和 s_0 的最小性矛盾,所以,$r_j=0$,即 $s_0|a_j$ $(1\leqslant j\leqslant k)$. 所以,$s_0$ 是最大公约数. s_0 当然是式(18)右边的形式. 证毕.

由定理 16 推出的一个常用的结论是:

定理 17 设 $a_1,\cdots,a_k$ 是不全为零的整数,那么,对整数 n,存在整数 $y_1,\cdots,y_k$ 使得

$$n=a_1y_1+\cdots+a_ky_k\tag{19}$$

成立的充要条件是$(a_1,\cdots,a_k)|n$. 特别地,式(19)对 $n=1$ 成立的充要条件是$(a_1,\cdots,a_k)=1$,即 $a_1,\cdots,a_k$ 互素.

证明留给读者. 这定理实际上就是解一次不定方程(见 § 8).

以上我们建立了最大公约数与最小公倍数理论. 从定理 6 开始,证明都需要用带余数除法. 关于定理 16 及其与定理 7(即 § 3 定理 4 及 5)~定理 15 之间的关系我们要说明几点.

[1] 定理 16 的证明仅用到最大公约数的定义、最小自然数原理、及带余数除法,没有用到定理 7~定理 15 的任一结论,当然也没有用到辗转相除法. 这样,我们可以从先证定理 16 出发,由此推出定理 8~定理 15 的全部结论,来建立最大公约数的理论(具体讨论留给读者).

[2] 利用定理 8(式(10))及定理 10(式(12)),应用数学归纳法立即可以推出式(18)成立,而由式(18)立即推出定理 16(i). 这

就给出了定理 16 的又一证明(具体讨论留给读者).

[3] 定理 16 的证明是非构造性的,即没有具体给出确定 $x_{1,0}$, $\cdots, x_{k,0}$的方法,而仅证明其存在.但由定理 7(即辗转相除法)推出定理 8 的证明是构造性的,即式(10)中的系数 x_1, x_2 可由辗转相除法来算出的.因而[2]中指出的式(18)的证明也是构造性的.

例 3 求 198 和 252 的最大公约数,并把它表为 198 和 252 的整系数线性组合.

$252=1\cdot198+54$ ↓	$18=-198+4(252-198)$ ↑
$198=3\cdot54+36$	$\quad=4\cdot252-5\cdot198$
$54=1\cdot36+18$	$18=54-(198-3\cdot54)$
$36=2\cdot18$	$\quad=-198+4\cdot54$
	$18=54-36$

$$(252,198)=(198,54)=(54,36)=(36,18)=18.$$

例 4 求 198,252,924 的最大公约数,并把它表为 198,252 和 924 的整系数线性组合.

由定理 10 及例 3 知

$$(198,252,924)=((198,252),924)=(18,924).$$

$924=51\cdot18+6$	$6=924-51\cdot18$
$18=3\cdot6$	

由此及例 3 得:$(198,252,924)=6$.

$$\begin{aligned}6&=924-51\cdot18=924-51(4\cdot252-5\cdot198)\\&=924-204\cdot252+255\cdot198.\end{aligned}$$

例 5 设 m,n 是正整数.证明

$$(2^m-1,2^n-1)=2^{(m,n)}-1.$$

证 不妨设 $m\geqslant n$.由带余数除法得

$$m=q_1n+r_1,\quad 0\leqslant r_1<n.$$

我们有

$$2^m-1=2^{q_1n+r_1}-2^{r_1}+2^{r_1}-1=2^{r_1}(2^{q_1n}-1)+2^{r_1}-1.$$

由此及 $2^n-1\mid2^{q_1n}-1$ 得

$$(2^m-1,2^n-1)=(2^n-1,2^{r_1}-1).$$

注意到$(m,n)=(n,r_1)$，若$r_1=0$，则$(m,n)=n$，结论成立. 若$r_1>0$，则继续对$(2^n-1,2^{r_1}-1)$作同样的讨论，由辗转相除法知，结论成立. 显见，2 用任一大于 1 的自然数 a 代替，结论都成立.

例 6 利用式(10)来证明定理 12$(k=2)$.

证 由式(10)得

$$(b_1,b_2)=x_1b_1+x_2b_2,\quad (mb_1,mb_2)=y_1mb_1+y_2mb_2.$$

由这两式分别推出

$$(mb_1,mb_2)\mid m(b_1,b_2),\quad m(b_1,b_2)\mid(mb_1,mb_2).$$

所以式(15)$(k=2)$成立. 证毕.

例 7 设 p 是素数. 证明：

(i) $p\left|\binom{p}{j}\right.$，$1\leqslant j\leqslant p-1$，这里$\binom{p}{j}$表组合数；

(ii) 对任意正整数 a，$p\mid a^p-a$；

(iii) 若$(a,p)=1$，则 $p\mid a^{p-1}-1$.

证 已知组合数

$$\binom{p}{j}=\frac{p!}{j!\ (p-j)!}$$

是整数，即 $j!\ (p-j)!\ \mid p!$. 由于 p 是素数，所以，对任意 $1\leqslant i\leqslant p-1$有$(p,i)=1$. 因此由定理 13 知

$$(p,j!\ (p-j)!)=1,\quad 1\leqslant j\leqslant p-1.$$

进而由定理 14 推出：当 $1\leqslant j\leqslant p-1$ 时 $j!\ (p-j)!\ \mid(p-1)!$，这就证明了(i). 用归纳法来证(ii). $a=1$ 时显然成立. 假设 $a=n$ 时成立. 当 $a=n+1$ 时，由(i)知

$$\begin{aligned}(n+1)^p-(n+1)&=n^p+\binom{p}{1}n^{p-1}+\cdots+\binom{p}{p-1}n\\&\quad+1-(n+1)\\&=n^p-n+p\cdot A,\end{aligned}$$

这里 A 为一整数. 由此及假设知结论对 $a=n+1$ 也成立. 这就证明了(ii). 应用定理 14，由(ii)即推出(iii).

例 8 证明：(i) $(a,uv)=(a,(a,u)v)$；

(ii) $(a,uv)\mid(a,u)(a,v)$.

证 由定理 1(i),(iii),定理 10 及定理 12 即得

$$(a,uv)=(a,uv,av)=(a,(uv,av))$$
$$=(a,(a,u)v).$$

由定理 11 及定理 12 得

$$(a,(a,u)v)\mid((a,u)a,(a,u)v)=(a,u)(a,v).$$

由此及(i)即得(ii). 显见,本例是定理 13 的推广.

例 9 设 k 是正整数. 若一个有理数的 k 次方是整数,那么,这个有理数一定是整数.

证 不妨设这个有理数是 b/a, $a\geqslant 1$, $(a,b)=1$. 若 $(b/a)^k=c$ 是整数,则 $ca^k=b^k$,所以 $a\mid b^k$. 由于 $(a,b)=1$,所以由定理 14 知 $a\mid b$,因而 $1=(a,b)=a$. 这就证明了所要的结果.

例 10 设 k 是正整数. 证明：

(i) $(a^k,b^k)=(a,b)^k$.

(ii) 设 a,b 是正整数. 若 $(a,b)=1$, $ab=c^k$,则

$$a=(a,c)^k,\quad b=(b,c)^k.$$

证 由定理 12 得

$$(a^k,b^k)=(a,b)^k\left(\left(\frac{a}{(a,b)}\right)^k,\left(\frac{b}{(a,b)}\right)^k\right).$$

而由定理 3 知

$$\left(\frac{a}{(a,b)},\frac{b}{(a,b)}\right)=1.$$

由上式及定理 13 得

$$\left(\left(\frac{a}{(a,b)}\right)^k,\left(\frac{b}{(a,b)}\right)^k\right)=1.$$

由这及第一式就推出(i). 下面证(ii). 由定理 13 及 $(a,b)=1$ 知 $(a^{k-1},b)=1$. 因而由定理 12 知

$$a=a(a^{k-1},b)=(a^k,ab)=(a^k,c^k)=(a,c)^k,$$

最后一步用到了(i). 类似证 $b=(b,c)^k$. 请读者解释(ii)的意义.

例 11 设 $a\geqslant 2,(a,b)=1$. 证明：

(i) 存在正整数 $d\leqslant a-1$，使得 $a\mid b^d-1$；

(ii) 设 d_0 是满足(i)的最小正整数 d. 那么，$a\mid b^h-1(h\geqslant 1)$的充要条件是 $d_0\mid h$.

证 由 $a\geqslant 2,(a,b)=1$ 知 $a\nmid b$，由此及 $(a,b)=1$，从定理 14 推出 $a\nmid b^j,j\geqslant 1$. 进而，由 §3 定理 1 知

$$b^j=q_ja+r_j,\quad 0<r_j<a.$$

这样，a 个余数 $r_0,r_1,\cdots,r_{a-1}$ 仅可能取 $a-1$ 个值，其中必有两个相等，设为 r_i,r_k. 不妨设 $0\leqslant i<k<a$. 因而有

$$a(q_k-q_i)=b^k-b^i=b^i(b^{k-i}-1).$$

由此从定理 14 推出 $a\mid b^{k-i}-1$，取 $d=k-i$ 即证明了(i). (ii)的证明和 §3 例 3(ii)的证明完全相同，只要把那里的 2 换为 b.

习 题 四

1. 求以下数组的全体公约数，并由此求出它们的最大公约数：(i) 72，−60；(ii) −120，28；(iii) 168，−180，495.

2. 给出四个整数，它们的最大公约数是 1，但任何三个数都不既约.

3. 求以下数组的最小公倍数：(i) 198，252；(ii) 482，1687.

4. 若 $(a,b)=1,c\mid a+b$，则 $(c,a)=(c,b)=1$.

5. 设 $n\geqslant 1$. 证明：$(n!+1,(n+1)!+1)=1$.

6. 求最大公约数

(i) $(2t+1,2t-1)$；　　(ii) $(2n,2(n+1))$；

(iii) $(kn,k(n+2))$；　　(iv) $(n-1,n^2+n+1)$.

7. 设 a,b 是正整数. 证明：若 $[a,b]=(a,b)$，则 $a=b$.

8. 证明：若 $(a,4)=(b,4)=2$，则 $(a+b,4)=4$.

9. 设 g,l 是给定的正整数. 证明：

(i) 存在整数 x,y 使得 $(x,y)=g,[x,y]=l$ 的充要条件是 $g\mid l$；

(ii) 存在正整数 x,y 使得 $(x,y)=g$, $xy=l$ 的充要条件是 $g^2|l$.

10. 求满足 $(a,b,c)=10$, $[a,b,c]=100$ 的全部正整数组 a,b,c.

11. 设 $a>b$, $(a,b)=1$. 证明:

$$(a^m-b^m, a^n-b^n)=a^{(m,n)}-b^{(m,n)}.$$

12. 利用辗转相除法来做第 1 题,并把最大公约数表为它们的线性组合.

13. 设 p 是素数, $(a,b)=p$. 求 (a^2,b), (a^3,b), (a^2,b^3) 所可能取的值.

14. 判断以下结论是否成立,对的给出证明,错的举出反例.

(i) 若 $(a,b)=(a,c)$, 则 $[a,b]=[a,c]$.

(ii) 若 $(a,b)=(a,c)$, 则 $(a,b,c)=(a,b)$.

(iii) 若 $d|a$, $d|a^2+b^2$, 则 $d|b$.

(iv) 若 $a^4|b^3$, 则 $a|b$.

(v) 若 $a^2|b^3$, 则 $a|b$.

(vi) 若 $a^2|b^2$, 则 $a|b$.

(vii) $ab|[a^2,b^2]$.

(viii) $[a^2,ab,b^2]=[a^2,b^2]$.

(ix) $(a^2,ab,b^2)=(a^2,b^2)$.

(x) $(a,b,c)=((a,b),(a,c))$.

(xi) 若 $d|a^2+1$, 则 $d|a^4+1$.

(xii) 若 $d|a^2-1$, 则 $d|a^4-1$.

15. 证明 $\sqrt{2}$, $\sqrt{3}$, $\sqrt{15}$ 都不是有理数.

16. (i) 设整系数多项式 $P(x)=x^n+a_{n-1}x^{n-1}+\cdots+a_0$, $a_0\neq 0$. 若 $P(x)$ 有有理根 x_0, 则 x_0 必是整数, 且 $x_0|a_0$.

(ii) 证明: x^5+3x^4+2x+1 没有有理根.

17. 设 n 是正整数, $n|ab$, $n\nmid a$, $n\nmid b$. 再设 $a=d(a,ab/n)$. 证明: $d|n$, $1<d<n$. 解释这题的意义.

18. 设$(a,b)=1$. 证明：

(i) $(d,ab)=(d,a)(d,b)$；

(ii) d 是 ab 的正除数的充要条件是 d 可表为 d_1d_2，这里 d_1 是 a 的正除数，d_2 是 b 的正除数，且这种表法唯一.

19. 证明：

$$[a_1,a_2,a_3,\cdots,a_n]=[[a_1,a_2],a_3,\cdots,a_n]$$
$$=[[a_1,\cdots,a_r],[a_{r+1},\cdots,a_n]].$$

20. 设 a,b,c 是正整数. 证明：

(i) $[a,b,c](ab,bc,ca)=abc$.

(ii) $[a,b,c]=abc$ 的充要条件是$(a,b)=(b,c)=(c,a)=1$.

21. 证明：$(a,[b,c])=[(a,b),(a,c)]$.

22. 证明：$[a,(b,c)]=([a,b],[a,c])$.

23. 设 $m>1$. 证明：$m\nmid 2^m-1$.

24. 设 $f(x)=a_nx^n+\cdots+a_0$，$g(x)=b_mx^m+\cdots+b_0$ 是整系数多项式，$h(x)=f(x)g(x)=c_{m+n}x^{m+n}+\cdots+c_0$. 证明：

$$(a_n,\cdots,a_0)(b_m,\cdots,b_0)=(c_{m+n},\cdots,c_0).$$

25. 设 a,b,m 是正整数，$(a,b)=1$. 证明：在算术数列 $a+kb$ $(k=0,1,2,\cdots)$中，必有无穷多个数和 m 既约.

26. 设 $a>b>0$，$n>1$. 证明：$a^n-b^n\nmid a^n+b^n$.

§5 算术基本定理

现在,我们利用§4的结果来证明算术基本定理,即§2定理5中的表示式(1)是唯一的(不计次序).先来证明:

定理1 设p是素数,$p|a_1a_2$.那么,$p|a_1$或$p|a_2$至少有一个成立.一般地,若$p|a_1\cdots a_k$,则$p|a_1,\cdots,p|a_k$至少有一个成立.

证 若$p\nmid a_1$,则由§4定理1(v)知,$(p,a_1)=1$.由此及$p|a_1a_2$,从§4定理14就推出$p|a_2$.对一般情形的证明留给读者.

定理2(算术基本定理) 设$a>1$,那么,必有

$$a=p_1p_2\cdots p_s, \tag{1}$$

其中$p_j(1\leqslant j\leqslant s)$是素数,且在不计次序的意义下,表示式(1)是唯一的.

证 由§2定理5知,表示式(1)一定存在.下面来证唯一性.不妨设$p_1\leqslant p_2\leqslant\cdots\leqslant p_s$.若还有表示式

$$a=q_1q_2\cdots q_r,\quad q_1\leqslant q_2\cdots\leqslant q_r,$$

$q_i(1\leqslant i\leqslant r)$是素数,我们来证明必有$r=s$,$p_j=q_j(1\leqslant j\leqslant s)$.不妨设$r\geqslant s$.利用定理1,由$q_1|a=p_1p_2\cdots p_s$知,必有某个$p_j$满足$q_1|p_j$.由于$q_1$和$p_j$是素数,所以$q_1=p_j$.同样,利用定理1,由$p_1|a=q_1q_2\cdots q_r$知,必有某个$q_i$满足$p_1|q_i$,因而$p_1=q_i$.由于$q_1\leqslant q_i=p_1\leqslant p_j$,所以$p_1=q_1$.这样,就有

$$q_2q_3\cdots q_r=p_2p_3\cdots p_s.$$

由同样的论证,依次可得$q_2=p_2,\cdots,q_s=p_s$,

$$q_{s+1}\cdots q_r=1.$$

上式是不可能的,除非$r=s$,即不存在$q_{s+1},\cdots,q_r$.证毕.

把式(1)中相同的素数合并,即得

$$a=p_1^{\alpha_1}\cdots p_s^{\alpha_s},\quad p_1<p_2<\cdots<p_s. \tag{2}$$

(这里的 p_j 和式(1)中的不表示相同的素数)式(2)称为是 a 的**标准素因数分解式**.

推论 3 设 a 由式(2)给出.那么,d 是 a 的正除数的充要条件是

$$d=p_1^{e_1}\cdots p_s^{e_s},\quad 0\leqslant e_j\leqslant \alpha_j,1\leqslant j\leqslant s. \tag{3}$$

证 充分性是显然的.下证必要性.当 $d=1$ 时,$e_j=0(1\leqslant j\leqslant s)$,结论当然成立.若 $d>1$,则由 $d|a$ 及定理 1 知 d 的素除数必在 $p_1,\cdots,p_s$ 中,所以 d 的标准分解式必为

$$d=p_1^{e_1}\cdots p_s^{e_s}.\quad 0\leqslant e_j,1\leqslant j\leqslant s.$$

我们来证明必有 $e_j\leqslant\alpha_j(1\leqslant j\leqslant s)$.只要证 $e_1\leqslant\alpha_1$,其他相同.若 $e_1>\alpha_1$,则由此及 $d|a$ 推出

$$p_1^{e_1-\alpha_1}p_2^{e_2}\cdots p_s^{e_s}\,|\,p_2^{\alpha_2}\cdots p_s^{e_s},$$

因此,$p_1|p_2^{\alpha_2}\cdots p_s^{\alpha_s}$.由此及定理 1 推出 p_1 必和 $p_2,\cdots,p_s$ 之一相等,矛盾.

推论 4 设 a 由式(2)给出,

$$b=p_1^{\beta_1}\cdots p_s^{\beta_s},$$

这里允许某个 α_j 或 β_i 为零.那么

$$(a,b)=p_1^{\delta_1}\cdots p_s^{\delta_s},\quad \delta_j=\min(\alpha_j,\beta_j),1\leqslant j\leqslant s, \tag{4}$$

$$[a,b]=p_1^{\gamma_1}\cdots p_s^{\gamma_s},\quad \gamma_j=\max(\alpha_j,\beta_j),1\leqslant j\leqslant s, \tag{5}$$

以及

$$(a,b)[a,b]=ab. \tag{6}$$

推论 4 可由推论 3 直接推出.详细论证留给读者.

下面是一个经常有用的结论(就是§4 例 10).

推论 5 若 $(a,b)=1,ab=c^k$,则

$$a=u^k,\quad b=v^k.$$

证 设 $c=p_1^{\alpha_1}\cdots p_s^{\alpha_s}$,则

$$c^k=p_1^{k\alpha_1}\cdots p_s^{k\alpha_s}.$$

由推论 4 知,可设

$$a=p_1^{\beta_1}\cdots p_s^{\beta_s},\quad b=p_1^{\gamma_1}\cdots p_s^{\gamma_s}.$$

由条件 $ab=c^k$ 知，$\beta_j+\gamma_j=k\alpha_j(1\leqslant j\leqslant s)$. 而由 $(a,b)=1$ 知 $\min(\beta_j,\gamma_j)=0(1\leqslant j\leqslant s)$. 由以上两式立即得到：必有

$$\beta_j=0,\gamma_j=k\alpha_j \quad 或 \quad \beta_j=k\alpha_j,\gamma_j=0.$$

这就证明了所要结论. 显见，$u=(a,c)$，$v=(b,c)$.

我们说过对一个整数的约数知道得很少. 推论 3 表明：只要知道了正整数 $a>1$ 的标准分解式(2)，它的所有的正约数就全知道了，且由式(3)给出. 这一点具有重要的理论和应用价值.

推论 6 设 a 是正整数，$\tau(a)$ 表示 a 的所有正除数的个数(通常称为**除数函数**). 若 a 有标准素因数分解式(2)，则

$$\tau(a)=(\alpha_1+1)\cdots(\alpha_s+1)=\tau(p_1^{\alpha_1})\cdots\tau(p_s^{\alpha_s}). \tag{7}$$

这由推论 3 直接推出. 显见，$\tau(1)=1$，这可看作 $\alpha_1=\cdots=\alpha_s=0$ 的情形，即式(7)对 $a=1$ 也成立. 由式(7)可得(请读者证明)：

$$\tau(a_1a_2)=\tau(a_1)\tau(a_2),\quad (a_1,a_2)=1. \tag{8}$$

例 1 证明：$(a,[b,c])=[(a,b),(a,c)]$.

证 若 $a=0$，等式显然成立. 所以可设 a,b,c 是正整数，

$$a=p_1^{\alpha_1}\cdots p_s^{\alpha_s},\ b=p_1^{\beta_1}\cdots p_s^{\beta_s},\ c=p_1^{\gamma_1}\cdots p_s^{\gamma_s}.$$

由推论 4 可得

$$(a,[b,c])=p_1^{\eta_1}\cdots p_s^{\eta_s},$$

$$\eta_j=\min(\alpha_j,\max(\beta_j,\gamma_j)),\quad 1\leqslant j\leqslant s.$$

$$[(a,b),(a,c)]=p_1^{\tau_1}\cdots p_s^{\tau_s},$$

$$\tau_j=\max(\min(\alpha_j,\beta_j),\min(\alpha_j,\gamma_j)),\quad 1\leqslant j\leqslant s.$$

容易验证，无论 $\alpha_j,\beta_j,\gamma_j$ 有怎样的大小关系，总有 $\tau_j=\eta_j(1\leqslant j\leqslant s)$ 成立，这就证明了所要的结论. 这种关系式要直接用 §4 的方法来证是较困难的.

例 2 对 $a=180=2^2\cdot 3^2\cdot 5$，我们有

$$\tau(a)=(2+1)(2+1)(1+1)=18.$$

应该指出，定理 1、定理 2 都可不用 §4 的结论，各自直接证

明.而由算术基本定理出发可以推出§4中的定理9至定理15.这也是建立整除理论的途径(见[8],第一章§7).

习 题 五

1. 证明:$g|A$的充要条件是对任意的$p^{\alpha} \parallel g$(p为素数)必有$p^{\alpha}|A$,这里$p^{\alpha} \parallel g$表示$p^{\alpha}|g, p^{\alpha+1} \nmid g$.

2. 设$g|ab, g|cd$及$g|ac+bd$.证明:$g|ac, g|bd$.

3. 利用§5定理2及其推论来证明§4习题四的第18,19,20,21,22题.

4. (i) 求满足$\tau(n)=6$的最小正整数.

(ii) 证明:$\iota(n)$是奇数的充要条件是$n=m^2$.

(iii) 证明:n的全部正除数的乘积等于$n^{\tau(n)/2}$.

5. 证明:$\tau(a_1 a_2) \leqslant \tau(a_1)\tau(a_2)$,等号当且仅当$(a_1, a_2)=1$时成立(用两种不同的方法证明).

6. 设k是给定的正整数.证明:任一正整数n必可唯一表为$n=ab^k$,其中a,b为正整数,以及不存在$d>1$使$d^k|a$.

7. 设$\omega(n)$表n的不同的素因子个数(例如:$\omega(15)=2$, $\omega(8)=1$),d是无平方因子数.证明:满足$[d_1, d_2]=d$的正整数对d_1, d_2共有$3^{\omega(d)}$组(两组解d_1, d_2, d_1', d_2'称为是不同的,只要$d_1 \neq d_1'$或$d_2 \neq d_2'$有一成立).

8. 设g, l是正整数,$g|l$.证明:满足$(x,y)=g, [x,y]=l$的正整数对x, y共有2^k组,这里$k=\omega(l/g)$(见上题).

9. 设n是奇数.求n表为两整数平方之差的表法有多少种?

10. 证明:$\log_2 10, \log_3 7, \log_{15} 21$都是无理数.

§6 整数部分$[x]$

定义 1 设 x 是实数,$[x]$表示不超过 x 的最大整数,称为 x 的**整数部分**,即$[x]$是一个整数且满足

$$[x]\leqslant x<[x]+1^{①}. \tag{1}$$

例如:$[1.2]=1,[-1.2]=-2,[3]=3,[-4]=-4$.

记$\{x\}=x-[x]$,称为 x 的**小数部分**. 由(1)知

$$0\leqslant\{x\}<1. \tag{2}$$

x 是整数的充要条件是$\{x\}=0$. 例如

$$\{1.2\}=0.2,\{-1.2\}=0.8,\{3\}=\{-4\}=0.$$

由定义知,若 $x=m+v$,m 是整数,$0\leqslant v<1$,则 $m=[x]$,$v=\{x\}$. 特别地,当 $0\leqslant x<1$ 时,$[x]=0,\{x\}=x$.

$[x]$和$\{x\}$是数学中十分有用的两个符号. 下面来列出它们的性质,证明很简单,关键是要学会灵活运用这些性质.

定理 1 设 x,y 是实数,我们有

(i) 若 $x\leqslant y$,则$[x]\leqslant[y]$.

(ii) 设 a,b 是整数,$a\neq 0$. 我们有

$$b=a\left[\frac{b}{a}\right]+a\left\{\frac{b}{a}\right\}.$$

及 $a\{b/a\}$是整数.

(iii) 对任意整数 m 有:$[x+m]=[x]+m,\{x+m\}=\{x\}$. $\{x\}$是周期为 1 的周期函数. $[x]$和$\{x\}$的图形分别见图 1 和图 2.

(iv) $[x]+[y]\leqslant[x+y]\leqslant[x]+[y]+1$,其中等号有且仅有一个成立.

---

① 有时用符号$[x]$来表示这里的$[x]$,以及用$[x]$表示不小于 x 的最小整数(见定理 1(vii)).

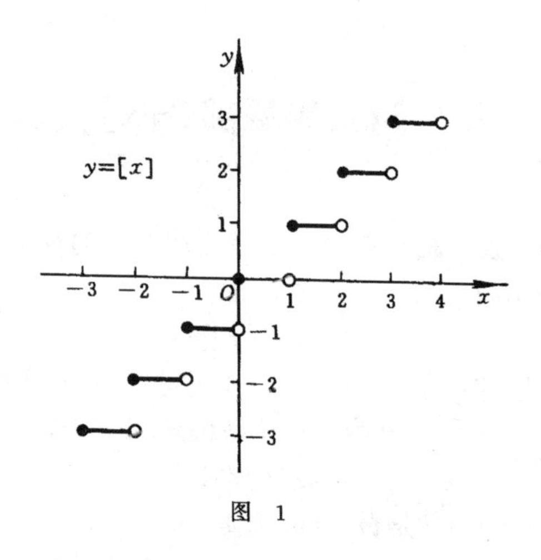

图 1

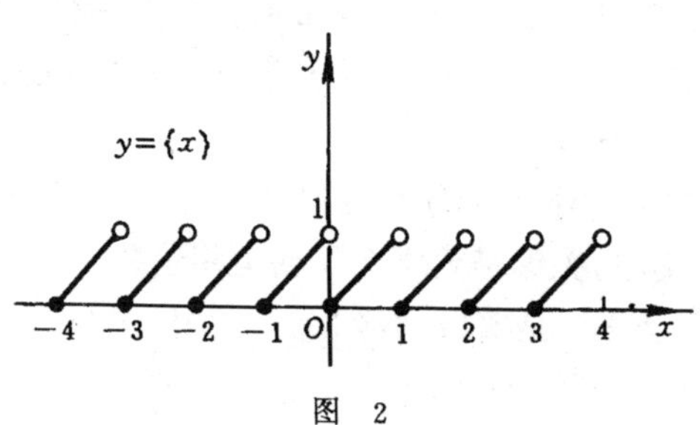

图 2

(v)

$$[-x]=\begin{cases}-[x], & x\in\mathbf{Z};\\ -[x]-1, & x\notin\mathbf{Z}.\end{cases}$$

及

$$\{-x\}=\begin{cases}-\{x\}=0, & x\in\mathbf{Z};\\ 1-\{x\}, & x\notin\mathbf{Z}.\end{cases}$$

(vi) 对正整数 m 有 $\left[\dfrac{[x]}{m}\right]=\left[\dfrac{x}{m}\right]$.

(vii) 不小于 x 的最小整数是 $-[-x]$.

(viii) 小于 x 的最大整数是 $-[-x]-1$.

(ix) 大于 x 的最小整数是$[x]+1$.

(x) 离 x 最近的整数是$[x+1/2]$和$-[-x+1/2]$. 当 $x+1/2$ 是整数时,这两个不同的整数和 x 等距;当 $x+1/2$ 不是整数时,它们相等.

(xi) 若 $x\geqslant 0$,则不超过 x 的正整数 n 的个数等于$[x]$,即

$$\sum_{1\leqslant n\leqslant x} 1=[x].$$

(xii) 设 a 和 N 是正整数. 那么,正整数 $1,2,\cdots,N$ 中被 a 整除的正整数的个数是$[N/a]$.

证 (i) 由$[x]\leqslant x\leqslant y<[y]+1$ 即得.

(ii) 由 $b/a=[b/a]+\{b/a\}$推出.

(iii) 由$[x]+m\leqslant x+m<([x]+m)+1$ 推出.

(iv) $x+y=[x]+[y]+\{x\}+\{y\}$,及 $0\leqslant\{x\}+\{y\}<2$. 当 $0\leqslant\{x\}+\{y\}<1$时,$[x+y]=[x]+[y]$;当 $1\leqslant\{x\}+\{y\}<2$ 时,$x+y=[x]+[y]+1+(\{x\}+\{y\}-1)$,所以$[x+y]=[x]+[y]+1$.

(v) x 为整数时显然成立. x 不是整数时,$-x=-[x]-\{x\}=-[x]-1+1-\{x\}$,$0<1-\{x\}<1$.

(vi) 由带余数除法知,存在整数 q,r 使得

$$[x]=qm+r,\quad 0\leqslant r<m,$$

即

$$[x]/m=q+r/m,\quad 0\leqslant r/m<1.$$

由此推出$[[x]/m]=q$. 另一方面

$$x/m=[x]/m+\{x\}/m=q+(\{x\}+r)/m.$$

注意到 $0\leqslant(\{x\}+r)/m<1$,由此推出$[x/m]=q$. 所以(vi)成立.

(vii) 设不小于 x 的最小整数是 a,即 $a-1<x\leqslant a$. 因此,$-a\leqslant -x<-a+1$,所以$-a=[-x]$,即 $a=-[-x]$.

(viii) 由(vii)推出,(ix)由$[x]$的定义推出.

(x) 离 x 最近的整数必在$[x]$和$[x]+1$之中. 当$\{x\}=1/2$

时，这两数和 x 等距. 容易验证$[x]+1=[x+1/2]$，及$[x]=-[-x+1/2]$. 当$\{x\}\neq 1/2$ 时，若$\{x\}<1/2$，则离 x 最近的整数是$[x]$. 因 $x+1/2=[x]+\{x\}+1/2$，$0\leqslant\{x\}+1/2<1$，所以$[x]=[x+1/2]$；若 $1/2<\{x\}<1$，则离 x 最近整数是$[x]+1$. 因 $x+1/2=[x]+1+\{x\}-1/2$，$0<\{x\}-1/2<1$，所以$[x]+1=[x+1/2]$. 在$\{x\}\neq 1/2$ 时，由(v)知

$$\begin{aligned}[x+1/2]&=-[-x-1/2]-1\\&=-[-x+1/2-1]-1=-[-x+1/2],\end{aligned}$$

最后一步用到了(iii).

(xi) 由于整数 $n\leqslant x$ 就是 $n\leqslant[x]$，所以成立.

(xii) 被 a 整除的止整数是 $a,2a,3a,\cdots$. 设 $1,2,\cdots,N$ 中被 a 整除的正整数个数为 k，那么必有 $ka\leqslant N<(k+1)a$，即 $k\leqslant N/a<k+1$，所以成立.

例 1 平面上坐标为整数的点称为**整点**或**格点**. 设 $x_1<x_2$ 是实数，$y=f(x)(x_1<x\leqslant x_2)$是非负连续函数. 证明：

(i) 区域：$x_1<x\leqslant x_2$，$0<y\leqslant f(x)$上的整点的个数

$$M=\sum_{x_1<n\leqslant x_2}[f(n)],$$

这里变数 n 取整数值；

(ii)

$$[x_1]-[x_2]<M-\sum_{x_1<n\leqslant x_2}f(n)\leqslant 0.$$

证 先来证明(i). 所说区域上的整点，都在这样的直线段上：$x=n$，$1\leqslant y\leqslant f(n)$，$n$ 是一满足 $x_1<n\leqslant x_2$ 的整数. 而直线段 $x=n$，$1\leqslant y\leqslant f(n)$上的整点数就是满足 $1\leqslant y\leqslant f(n)$的整数 y 的个数，由定理 1(xi)知等于$[f(n)]$(见图 3). 这就证明了(i). 由小数部分的定义知

$$\sum_{x_1<n\leqslant x_2}[f(n)]=\sum_{x_1<n\leqslant x_2}f(n)-\sum_{x_1<n\leqslant x_2}\{f(n)\},$$

所以

$$M-\sum_{x_1<n\leqslant x_2} f(n)=-\sum_{x_1<n\leqslant x_2}\{f(n)\}. \tag{3}$$

由式(2)知

$$0\leqslant\sum_{x_1<n\leqslant x_2}\{f(n)\}<\sum_{x_1<n\leqslant x_2}1.$$

由整数部分的定义及定理1(ix)知

$$\sum_{x_1<n\leqslant x_2}1=\sum_{[x_1]+1\leqslant n\leqslant[x_2]}1=[x_2]-[x_1].$$

由以上三式就证明了(ii). 当 $f(x)$取不同的函数时,会由此得一些有趣的结果,这将放在习题中.

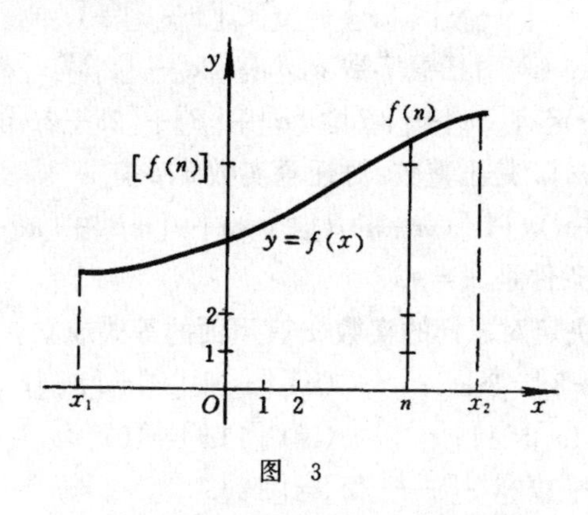

图 3

习 题 六

1. 设 a,b 是整数,$a\geqslant1$,$b=qa+r$,$0\leqslant r<a$. 证明:

$$q=[b/a],\quad r=a\{b/a\}.$$

2. 设 a,b 是整数,$a\geqslant1$,$b=q_1a+r_1$,$-a/2\leqslant r_1<a/2$. 证明:

$$q_1=\left[\frac{2b}{a}\right]-\left[\frac{b}{a}\right],\quad r_1=a\left\{\frac{2b}{a}\right\}-a\left\{\frac{b}{a}\right\}.$$

3. 证明:对任意正实数 x,y 有$[xy]\geqslant[x][y]$. 试讨论$\{xy\}$和$\{x\}\{y\}$之间会有怎样的关系.

4. 证明:对任意实数 x 有$[x]+[x+1/2]=[2x]$.

5. 证明:对任意整数 $n\geqslant2$ 及实数 x 有

$$[x]+[x+1/n]+\cdots+[x+(n-1)/n]=[nx].$$

6. 设 m,n 是整数，$n\geqslant 1$. 证明：

$$\left[\frac{m+1}{n}\right]=\begin{cases}\left[\dfrac{m}{n}\right], & 当\ n\nmid m+1,\\ \left[\dfrac{m}{n}\right]+1, & 当\ n\mid m+1.\end{cases}$$

7. 若 $[x+y]=[x]+[y]$，$[-x-y]=[-x]+[-y]$ 同时成立，则 x,y 必有一个是整数.

8. 证明：对任意实数 x,y 有

$$[x-y]\leqslant[x]-[y]\leqslant[x-y]+1.$$

9. 证明：(i) 对任意实数 α,β 有 $[2\alpha]+[2\beta]\geqslant[\alpha]+[\beta]+[\alpha+\beta]$. 但不一定有 $[3\alpha]+[3\beta]\geqslant[\alpha]+[\beta]+[2\alpha+2\beta]$ 成立；

(ii) 设 m,n 是正整数. 对任意实数 α,β 有

$$[(m+n)\alpha]+[(m+n)\beta]\geqslant[m\alpha]+[m\beta]+[n\alpha+n\beta]$$

成立的充要条件是 $m=n$.

10. 试决定对怎样的实数 x 有下面的等式成立：

(i) $[x+3]=3+x$；　　(ii) $[x]+[x]=[2x]$；

(iii) $[11x]=11$；　　(iv) $[11x]=10$；

(v) $[x+1/2]+[x-1/2]=[2x]$.

11. 证明：对任意实数 x,y 有 $\{x+y\}\leqslant\{x\}+\{y\}$.

12. 设 m,n 是正整数，$(m,n)=1$. 证明：

(i) 在以坐标为 $\{0,0\}$，$\{0,m\}$，$\{n,0\}$，$\{n,m\}$ 为顶点的矩形内部有 $(m-1)(n-1)$ 个整点；

(ii) $\displaystyle\sum_{s=1}^{n-1}\left[\frac{ms}{n}\right]=\frac{1}{2}(m-1)(n-1)$.

13. 设 m,n 是奇正整数，$(m,n)=1$. 证明：

$$\sum_{0<s<m/2}\left[\frac{n}{m}s\right]+\sum_{0<t<n/2}\left[\frac{m}{n}t\right]=\frac{m-1}{2}\cdot\frac{n-1}{2}.$$

14. 设实数 $C>0$. M 是区域：$x>0,y>0,xy\leqslant C$ 上的整点. 证明：

(i) $M=\sum_{1\leqslant s\leqslant C}\left[\frac{C}{s}\right]$;

(ii) $M=2\sum_{1\leqslant s\leqslant\sqrt{C}}\left[\frac{C}{s}\right]-[\sqrt{C}]^2$;

(iii) $M=\sum_{1\leqslant s\leqslant C}\tau(s)$.

(iv) 分别利用(i),(ii)给出计算 M 的近似公式.

§ 7　$n!$ 的素因数分解式

本节将利用符号$[x]$来给出 $n!$ 的标准素因数分解式的公式. 设 $n\geqslant 2$. 若素数 $p|n!$,则由 § 5 定理 1 知必有 $p|l$,l 为某个正整数 $\leqslant n$,所以 $p\leqslant n$;另一方面,任一素数 $p\leqslant n$ 必有 $p|n!$. 所以,由 § 5 定理 2 知 $n!$ 的标准素因数分解式必为

$$n!=p_1^{\alpha_1}\cdots p_s^{\alpha_s}, \tag{1}$$

这里 $2=p_1<p_2<\cdots<p_s\leqslant n$ 是所有不超过 n 的素数. 这样,为了求出分解式(1),只需要去确定方次数 $\alpha_j(1\leqslant j\leqslant s)$.

先引进一个符号. 设 k 是非负整数,记号

$$a^k \parallel b \tag{2}$$

表示 **b 恰被 a 的 k 次方整除**,即

$$a^k|b,\ a^{k+1}\nmid b.$$

定理 1　设 n 是正整数,p 是素数. 再设 $\alpha=\alpha(p,n)$满足 $p^\alpha \parallel n!$. 那么

$$\alpha=\alpha(p,n)=\sum_{j=1}^{\infty}\left[\frac{n}{p^j}\right]. \tag{3}$$

证　式(3)右边实际上是一有限和,因为必有整数 k 满足 $p^k\leqslant n<p^{k+1}$,这样,式(3)就是

$$\alpha=\sum_{j=1}^{k}\left[\frac{n}{p^j}\right]. \tag{4}$$

设 j 是给定的正整数,c_j 表示 $1,2,\cdots,n$ 中能被 p^j 整除的数的个数,d_j 表示 $1,2,\cdots,n$ 中恰被 p 的 j 次方整除的数的个数. 显见,

$$d_j=c_j-c_{j+1}.$$

由 § 6 定理 1(xii)知

$$c_j=[n/p^j],$$

因而

$$d_j=[n/p^j]-[n/p^{j+1}]. \tag{5}$$

容易看出,当 $j>k$ 时 $d_j=0$,以及

$$\alpha=1\cdot d_1+2\cdot d_2+\cdots+k\cdot d_k. \tag{6}$$

后者是因为我们可把 $1,2,\cdots,n$ 分为这样两两不相交的 k 个集合:第 j 个集合由 $1,2,\cdots,n$ 中恰被 p^j 整除的数组成.这样,第 j 个集合的所有数的乘积恰被 p 的 $j\cdot d_j$ 次方整除,由此即得式(6).进而,由式(5)及(6)就推出式(4)(注意:$[n/p^{k+1}]=0$).证毕.

推论 2 设 n 是正整数.我们有

$$n!=\prod_{p\leqslant n}p^{\alpha(p,n)}, \tag{7}$$

这里连乘号表示对所有不超过 n 的素数 p 求积,$\alpha(p,n)$ 由式(3)给出.

推论 2 可以由定理 1 及一开头的讨论立即推出.此外显然有

$$\alpha(p_1,n)\leqslant\alpha(p_2,n),\quad p_2<p_1. \tag{8}$$

例 1 求 20! 的标准素因数分解式.

不超过 20 的素数有 2,3,5,7,11,13,17,19.由定理 2 知:

$$\alpha(2,20)=\left[\frac{20}{2}\right]+\left[\frac{20}{4}\right]+\left[\frac{20}{8}\right]+\left[\frac{20}{16}\right]$$

$$=10+5+2+1=18.$$

$$\alpha(3,20)=\left[\frac{20}{3}\right]+\left[\frac{20}{9}\right]=6+2=8.$$

$$\alpha(5,20)=\left[\frac{20}{5}\right]=4.\quad \alpha(7,20)=\left[\frac{20}{7}\right]=2.$$

$$\alpha(11,20)=\left[\frac{20}{11}\right]=1.\quad \alpha(13,20)=\left[\frac{20}{13}\right]=1.$$

$$\alpha(17,20)=\left[\frac{20}{17}\right]=1.\quad \alpha(19,20)=\left[\frac{20}{19}\right]=1.$$

所以

$$20!=2^{18}\cdot 3^8\cdot 5^4\cdot 7^2\cdot 11\cdot 13\cdot 17\cdot 19.$$

例 2 20! 的十进位表示中有多少个零?

这就是要求正整数 k，使 $10^k \| 20!$. 由上例及式(8)知 $k=4$，即是 5 的方次数. 所以结尾有四个零.

例 3 设整数 $a_j>0(1\leqslant j\leqslant s)$，$n=a_1+a_2+\cdots+a_s$. 证明：$n!/(a_1!a_2!\cdots a_s!)$是整数.

证 用定理 1 的符号，只要证明对任意素数 p 必有

$$\alpha(p,n)\geqslant\alpha(p,a_1)+\alpha(p,a_2)+\cdots+\alpha(p,a_s).$$

而由式(3)知这可以从下面不等式推出：对任意 $j\geqslant 1$ 有

$$\left[\frac{n}{p^j}\right]\geqslant\left[\frac{a_1}{p^j}\right]+\left[\frac{a_2}{p^j}\right]+\cdots+\left[\frac{a_s}{p^j}\right].$$

由 $n=a_1+\cdots+a_s$ 及 §6 定理 1(iv)知上述不等式成立. 证毕.

熟知，可用排列组合方法来证明 $n!/(a_1!\cdots a_s!)$是整数，它称为是多重组合数，这里用数论方法给了一个新证明. 特别当 $s=2$ 时，证明了

$$\binom{n}{a_1}=\frac{n!}{a_1!(n-a_1)!}=\frac{n(n-1)\cdots(n-a_1+1)}{a_1!} \tag{9}$$

是整数，这就是说，a_1 个相邻正整数的乘积可被 $a_1!$ 整除. 由此立即得到(证明留给读者)：

推论 3 m 个相邻整数的乘积可被 $m!$ 整除.

习 题 七

1. 求 2，3，6，12 及 70 整除 623! 的最高方幂.
2. 求 120! 的十进制表达式中结尾有多少个零.
3. 求 32! 的素因数分解式.
4. 设 p 是素数，n 是正整数.

(i) 求 $p^e\|(2n)!!$ 中的 e 的计算公式，这里

$$(2n)!!=(2n)(2n-2)\cdots 2;$$

(ii) 求 $p^f\|(2n-1)!!$ 中的 f 的计算公式，这里

$$(2n-1)!!=(2n-1)(2n-3)\cdots 1.$$

5. 证明：$n!(n-1)!\mid(2n-2)!$.

6. 设 a,b 是正整数，$(a,b)=1$. 证明：$a!\ b!\ |(a+b-1)!$.

7. 设 $\alpha(p,n)$ 由§7定理1给出，证明：$\alpha(p,n)<n/(p-1)$.

8. 证明：$(2n)!/(n!)^2$ 是偶数.

9. 设 a,b 是正整数. 证明：$a!\ b!\ (a+b)!\ |(2a)!\ (2b)!$.

10. 设正整数 n 的 p 进位表示是：

$$n=a_0+a_1p+\cdots+a_kp^k,$$

$$0\leqslant a_j<p,\quad 0\leqslant j\leqslant k-1,\quad 1\leqslant a_k<p.$$

证明：(i) $a_j=[n/p^j]-[n/p^{j+1}],0\leqslant j\leqslant k$；(ii) 若 p 是素数，$\alpha(p,n)$ 由§7定理1给出，则

$$\alpha(p,n)=\frac{n-A_n}{p-1},\quad A_n=a_0+a_1+\cdots+a_k.$$

11. 设 n,a,b 是正整数. 证明：

$$n!\ |b^{n-1}a(a+b)\cdots(a+(n-1)b).$$

12. 设 m,n 是正整数. 证明：$n!\ (m!)^n|(mn)!$.

§8 一次不定方程

变数为整数的方程称为不定方程. 不定方程是数论中的一个十分重要的课题. 先讨论能直接利用整除理论来判断其是否有解，以及有解时求出其全部解的最简单的不定方程，即本节的一次不定方程，及§9的不定方程 $x^2+y^2=z^2$.

设整数 $k\geqslant 2$，$c,a_1,\cdots,a_k$ 是整数且 $a_1,\cdots,a_k$ 都不等于零，以及 $x_1,\cdots,x_k$ 是整数变数. 方程

$$a_1x_1+\cdots+a_kx_k=c \tag{1}$$

称为 k 元**一次不定方程**，$a_1,\cdots,a_k$ 称为它的系数. 由§4定理17立得

定理1 不定方程(1)有解的充要条件是 $(a_1,\cdots,a_k)\mid c$. 进而，不定方程(1)有解时，它的解和不定方程

$$\frac{a_1}{g}x_1+\cdots+\frac{a_k}{g}x_k=\frac{c}{g} \tag{2}$$

的解相同，这里 $g=(a_1,\cdots,a_k)$.

定理2 设二元一次不定方程

$$a_1x_1+a_2x_2=c \tag{3}$$

有解，$x_{1,0}$，$x_{2,0}$是它的一组解. 那么，它的所有解为

$$\begin{cases} x_1=x_{1,0}+\dfrac{a_2}{(a_1,a_2)}t, \\ x_2=x_{2,0}-\dfrac{a_1}{(a_1,a_2)}t, \end{cases} \quad t=0,\pm 1,\pm 2,\cdots. \tag{4}$$

证 容易直接验证由式(4)给出的 x_1,x_2，对所有整数 t 都满足不定方程(3). 反过来，设 x_1,x_2 是(3)的一组解，我们有

$$a_1x_1+a_2x_2=c=a_1x_{1,0}+a_2x_{2,0}. \tag{5}$$

进而有

$$a_1(x_1-x_{1,0})=-a_2(x_2-x_{2,0}),$$

$$\frac{a_1}{(a_1,a_2)}(x_1-x_{1,0})=-\frac{a_2}{(a_1,a_2)}(x_2-x_{2,0}).$$

因$\left(\frac{a_1}{(a_1,a_2)},\frac{a_2}{(a_1,a_2)}\right)=1$，由§4定理14知$x_1-x_{1,0}=\frac{a_2 t}{(a_1,a_2)}$. 进而得$x_2-x_{2,0}=-\frac{a_1}{(a_1,a_2)}t$. 证毕.

例1 求$10x_1-7x_2=17$的全部解.

解 容易看出，$(10,7)=1$，所以方程有解. 由视察法可得$x_{1,0}=1, x_{2,0}=-1$是一组特解. 因此全部解是

$$x_1=1-7t,\quad x_2=-1-10t,\quad t=0,\pm1,\pm2,\cdots.$$

例2 求$18x_1+24x_2=9$的解.

解 由$(18,24)=6\nmid 9$知无解.

求解不定方程(3)，必需(i) 求出最大公约数$g=(a_1,a_2)$，并判断是否有$g|c$；(ii) 若$g|c$，即有解，则设法去求出一组特解$x_{1,0}$，$x_{2,0}$. 下面我们通过具体例子来介绍一种判定方程是否有解、及求出其解的直接算法. 这种算法对$k>2$的情形也适用.

例3 求$907x_1+731x_2=2107$的解.

解

$$x_2=\frac{1}{731}(-907x_1+2107)$$

$$=-x_1+3+\frac{1}{731}\cdot(-176x_1-86)$$

$$x_3=\frac{1}{731}(-176x_1-86)\in\mathbf{Z}^{①}$$

$$x_1=\frac{1}{176}(-731x_3-86)$$

$$x_2=-x_1+3+x_3$$

$$=-(-258+731x_6)+3+(62-176x_6)$$

$$=323-907x_6$$

$$x_1=-4x_3+x_4$$

$$=-4(62-176x_6)$$

① 这是一个新的不定方程：$176x_1+731x_3=-86$. 把原来关于x_1,x_2的不定方程转化为关于x_1,x_3的不定方程，且其系数绝对值比原方程小. 下面就是反复这样做.

$$
\begin{aligned}
&= -4x_3 + \frac{1}{176}(-27x_3 - 86) \\
x_4 &= \frac{1}{176}(-27x_3 - 86) \in \mathbf{Z} \\
x_3 &= \frac{1}{27}(-176x_4 - 86) \\
&= -7x_4 - 3 + \frac{1}{27}(13x_4 - 5) \\
x_5 &= \frac{1}{27}(13x_4 - 5) \in \mathbf{Z} \\
x_4 &= (27x_5 + 5)/13 \\
&= 2x_5 + (x_5 + 5)/13 \\
x_6 &= (x_5 + 5)/13 \in \mathbf{Z} \\
x_5 &= 13x_6 - 5 = -5 + 13x_6
\end{aligned}
$$

$$
\begin{aligned}
x_4 &= 2x_5 + x_6 \\
&= 2(-5 + 13x_6) + x_6 \\
&= -10 + 27x_6 \\
x_3 &= -7x_4 - 3 + x_5 \\
&= -7(-10 + 27x_6) - 3 + (-5 + 13x_6) \\
&= 62 - 176x_6 \\
&\quad + (-10 + 27x_6) \\
&= -258 + 731x_6
\end{aligned}
$$

这样就求出了全部解：

$$x_1 = -258 + 731x_6, \quad x_2 = 323 - 907x_6, \quad x_6 = 0, \pm 1, \pm 2, \cdots.$$

细心的读者不难发现，这种解不定方程的算法实际上是对整个不定方程用辗转相除法（见§3定理4），依次化为等价的不定方程，直至得到有一个变元的系数为±1的不定方程为止（在上例中是 $x_5 - 13x_6 = -5$），这样的不定方程是可以直接解出的（这里是 $x_5 = -5 + 13x_6, x_6 = 0, \pm 1, \pm 2, \cdots$）. 再依次反推上去，就得到原方程的通解. 为了减少运算次数，在用带余数除法时，我们总取绝对最小余数. 如果不定方程无解，则在施行这种算法时，到某一步就会直接看出，下面来举一个例子.

例 4 求 $117x_1 + 21x_2 = 38$ 的解.

解

$$x_2 = \frac{1}{21}(-117x_1 + 38) = -6x_1 + 2 + \frac{1}{21}(9x_1 - 4),$$

$$x_3 = \frac{1}{21}(9x_1 - 4) \in \mathbf{Z},$$

$$x_1=\frac{1}{9}(21x_3+4)=2x_3+\frac{1}{9}(3x_3+4),$$

$$x_4=\frac{1}{9}(3x_3+4)\in \mathbf{Z},$$

$$x_3=\frac{1}{3}(9x_4-4)=3x_4-1-\frac{1}{3}.$$

最后一式表明：x_3,x_4 不可能同时为整数，所以不定方程无解.

下面来举一个用这种算法解三元一次不定方程的例子.

例 5 求 $15x_1+10x_2+6x_3=61$ 的全部解.

解 x_3 的系数的绝对值最小，我们把原方程化为

$$\begin{aligned}x_3&=\frac{1}{6}(-15x_1-10x_2+61)\\&=-2x_1-2x_2+10+\frac{1}{6}(-3x_1+2x_2+1),\end{aligned}$$

$$x_4=\frac{1}{6}(-3x_1+2x_2+1)\in \mathbf{Z}.$$

用类似办法得

$$x_2=\frac{1}{2}(6x_4+3x_1-1)=3x_4+x_1+\frac{1}{2}(x_1-1),$$

$$x_5=\frac{1}{2}(x_1-1)\in \mathbf{Z}.$$

解得

$$x_1=1+2x_5,\quad x_5=0,\pm 1,\pm 2,\cdots.$$

反推上去依次解出

$$x_2=3x_4+x_1+x_5=1+3x_4+3x_5,$$

$$x_4,x_5=0,\pm 1,\pm 2,\cdots.$$

$$x_3=-2x_1-2x_2+10+x_4=6-5x_4-10x_5,$$

$$x_4,x_5=0,\pm 1,\pm 2,\cdots.$$

这就得到了原不定方程的通解，其中含有两个参数 x_4,x_5.

下面的定理表明：一般的 k 元一次不定方程可化为解由 $k-1$ 个二元一次不定方程构成的方程组，且它的通解中恰有 $k-1$ 个参

数.

定理 3 设 $g=a_1, g_2=(g_1,a_2)=(a_1,a_2), g_3=(g_2,a_3)=(a_1,a_2,a_3),\cdots,g_k=(g_{k-1},a_k)=(a_1,\cdots,a_k)$. 那么,不定方程(1)等价于下面的有 $2(k-1)$ 个整数变数 $x_1,\cdots,x_k,y_2,\cdots,y_{k-1}$, $k-1$ 个方程的不定方程组:

$$\begin{cases} g_{k-1}y_{k-1}+a_kx_k=c, \\ g_{k-2}y_{k-2}+a_{k-1}x_{k-1}=g_{k-1}y_{k-1}, \\ \cdots\cdots\cdots\cdots\cdots\cdots \\ g_2y_2+a_3x_3=g_3y_3, \\ g_1x_1+a_2x_2=g_2y_2. \end{cases} \tag{6}$$

当方程(1)有解时,它的通解由有 $k-1$ 个参数的线性表达式给出.

证 先来证等价性. 若 $x_1,\cdots,x_k,y_2,\cdots,y_{k-1}$ 是方程组(6)的解,则显见 $x_1,\cdots,x_k$ 是(1)的解. 反之,若 $x_1,\cdots,x_k$ 是(1)的解,则取

$$y_j=\frac{1}{g_j}(a_1x_1+\cdots+a_jx_j), \quad 2\leqslant j\leqslant k-1,$$

显见,y_j 是整数,且 $x_1,\cdots,x_k,y_2,\cdots,y_{k-1}$ 是(6)的解. 由定理 1 容易看出,方程组(6)的第一个方程和方程(1)一样,有解的充要条件是 $g_k|c$. 而(6)的其余的方程,当把 y_j 看作参数(取整数值)时,每个变数为 y_{j-1},x_j 的二元一次不定方程

$$g_{j-1}y_{j-1}+a_jx_j=g_jy_j \tag{7}$$

总是可解的①,这里 j 依此取 $k-1,\cdots,2$. 一定可以找到 $y_{j-1}^{(0)},x_j^{(0)}$ 使

$$g_{j-1}y_{j-1}^{(0)}+a_jx_j^{(0)}=g_j, \tag{8}$$

这样 $y_jy_{j-1}^{(0)},y_jx_j^{(0)}$ 就是(7)的一组特解,由定理 2 知,(7)的通解是

$$y_{j-1}=y_jy_{j-1}^{(0)}+\frac{a_j}{g_j}t_{j-1}, \quad x_j=y_jx_j^{(0)}-\frac{g_{j-1}}{g_j}t_{j-1}, \tag{9}$$

---

① 这里当 $j=2$ 时,规定 $x_1=y_1$.

$$t_{j-1}=0,\pm 1,\pm 2,\cdots \quad (2\leqslant j\leqslant k-1).$$

当(1)有解，即 $g_k|c$ 时，方程组(6)的第一个方程可解，且由定理 2 知，其通解是($y_{k-1,0},x_{k,0}$是一组特解)

$$y_{k-1}=y_{k-1,0}+\frac{a_k}{g_k}t_{k-1},\quad x_k=x_{k,0}-\frac{g_{k-1}}{g_k}t_{k-1}, \tag{10}$$

$$t_{k-1}=0,\pm 1,\pm 2,\cdots.$$

式(10)已经给出了 y_{k-1}和 x_k 的参数 t_{k-1}的表达式①. 由 y_{k-1}的参数表达式及式(9)($j=k-1$)可得到 y_{k-2}和 x_{k-1}的参数 t_{k-1},t_{k-2}的表达式；进而由 y_{k-2}的参数表达式及式(9)($j=k-2$)可得到 y_{k-3}和 x_{k-2}的参数 t_{k-1},t_{k-2},t_{k-3}的表达式；依次就得到 y_{j-1}和 x_j($j=k-3,\cdots,2$)的参数 $t_{k-1},\cdots,t_{j-1}$的表达式. 这就给出了方程组(6)变元 $x_1,\cdots,x_k,y_2,\cdots,y_{k-1}$(注意 $x_1=y_1$)的通解公式(为什么)，其中有 $k-1$ 个参数 $t_1,\cdots,t_{k-1}$. 显见，其中的一部分——$x_1,\cdots,x_k$ 的参数表示式就给出了不定方程(1)的通解公式(为什么). 证毕.

下面仍以例 5 为例，说明如何用定理 3 的方法来解 $k(>2)$元一次不定方程.

例 6 求 $15x_1+10x_2+6x_3=61$ 的解.

解 用定理 3 的方法来解. $a_1=15,a_2=10,a_3=6$. 所以 $g_1=15,g_2=(15,10)=5,g_3=(5,6)=1$. 因此这不定方程等价于 4 个变数，两个方程的不定方程组：

$$\begin{cases}5y_2+6x_3=61,\\15x_1+10x_2=5y_2.\end{cases}$$

$15x_1+10x_2=5y_2$ 的通解是

$$x_1=y_2+2t_1,\quad x_2=-y_2-3t_1,\quad t_1=0,\pm 1,\cdots.$$

$5y_2+6x_3=61$ 的通解是

$$y_2=5+6t_2,\quad x_3=6-5t_2,\quad t_2=0,\pm 1,\cdots.$$

消去 y_2 就得到原不定方程的通解：

---

① 这里所说的参数表达式都是线性的，下同.

$$x_1=5+2t_1+6t_2,\quad x_2=-5-3t_1-6t_2,\quad x_3=6-5t_2,$$
$$t_1,t_2=0,\pm1,\cdots.$$

比较得到的两个通解公式,可以发现含有的参数个数都是两个,但具体的表示形式却有很大不同,这是由于所用的解法不同引起的,而实质上是一样的.关于这一点将在习题中讨论.

定理3已经涉及比较简单的一次不定方程组的问题,对这一问题的讨论比较繁,要用到一些整数矩阵的知识,这里不作进一步讨论了.有兴趣的读者可参看[4].

下面我们来讨论当二元一次不定方程(4)可解时,它的非负解和正解问题.由通解公式(5)知这可归结为去确定参数 t 的值,使 x_1,x_2 均为非负或正.显见,当 a_1,a_2 异号时,不定方程(4)可解时总有无穷多组非负解或正解.所以,只要讨论 a_1,a_2 均为正的情形.先来讨论非负解.

定理4 设 a_1,a_2 及 c 均为正整数,$(a_1,a_2)=1$.那么,当 $c>a_1a_2-a_1-a_2$ 时,不定方程(4)有非负解,解数等于 $[c/(a_1a_2)]$ 或 $[c/(a_1a_2)]+1$;当 $c=a_1a_2-a_1-a_2$ 时,不定方程(4)没有非负解.

证 由于 $(a_1,a_2)=1$,所以方程(4)必有解.设 $x_{1,0},x_{2,0}$ 是方程(4)的一组特解.由通解公式(5)知,所有非负解 x_1,x_2 由满足以下条件的参数 t 给出:

$$-x_{1,0}/a_2\leqslant t\leqslant x_{2,0}/a_1,$$

由此及 $[x]$ 的定义、§6定理1(vii)知,上式即

$$-[x_{1,0}/a_2]\leqslant t\leqslant[x_{2,0}/a_1].\tag{11}$$

因此,方程(4)的非负解的组数

$$N_0=[x_{1,0}/a_2]+[x_{2,0}/a_1]+1.\tag{12}$$

由此及§6定理1(iv)推得

$$[x_{1,0}/a_2+x_{2,0}/a_1]\leqslant N_0\leqslant[x_{1,0}/a_2+x_{2,0}/a_1]+1,$$

且上式中等号有且仅有一个成立.由于 $x_{1,0},x_{2,0}$ 是特解.所以

$$x_{1,0}/a_2+x_{2,0}/a_1=c/(a_1a_2).$$

由以上两式得

$$N_0=[c/(a_1a_2)]\text{或}[c/(a_1a_2)]+1.$$

当 $c>a_1a_2-a_1-a_2$ 时

$$\begin{aligned}1-1/a_1-1/a_2 &< c/a_1a_2=x_{1,0}/a_2+x_{2,0}/a_1\\ &=[x_{1,0}/a_2]+\{x_{1,0}/a_2\}+[x_{2,0}/a_1]+\{x_{2,0}/a_1\}\\ &\leqslant [x_{1,0}/a_2]+[x_{2,0}/a_1]+(a_1-1)/a_1\\ &\quad +(a_2-1)/a_2,\end{aligned}$$

最后一步用到了对正整数 n,m,必有 $\{m/n\}\leqslant(n-1)/n$. 由此即得

$$[x_{1,0}/a_2]+[x_{2,0}/a_1]>-1,$$

进而由此及式(12)推出 $N_0>0$,即这时必有非负解.

当 $c=a_1a_2-a_1-a_2$ 时,若有非负解 x_1,x_2,则有

$$a_1(x_1+1)+a_2(x_2+1)=a_1a_2, \tag{13}$$

由此及 $(a_1,a_2)=1$,利用§4定理14可得

$$a_1\mid x_2+1,\quad a_2\mid x_1+1.$$

由于 $x_1\geqslant0,x_2\geqslant0$,所以必有 $x_2+1\geqslant a_1\geqslant1,x_1+1\geqslant a_2\geqslant1$. 由此及式(13)推出

$$a_1a_2\geqslant 2a_1a_2.$$

但这是不可能的. 所以,当 $c=a_1a_2-a_1-a_2$ 时,方程(4)没有非负解. 定理证毕.

下面来讨论正解.

定理 5 设 a_1,a_2 及 c 均为正整数,$(a_1,a_2)=1$. 那么,当 $c>a_1a_2$ 时,方程(4)有正解,解数等于 $-[-c/(a_1a_2)]-1$ 或 $-[-c/(a_1a_2)]$;当 $c=a_1a_2$ 时,方程(4)无正解.

证 由于 $(a_1,a_2)=1$,方程(4)必有解. 设 $x_{1,0},x_{2,0}$ 是方程(4)的一组特解. 由通解公式(5)知,所有正解 x_1,x_2 由满足以下条件的参数 t 给出

$$-x_{1,0}/a_2<t<x_{2,0}/a_1,$$

由此及§6定理1的(viii)和(ix)知,上式即

$$[-x_{1,0}/a_2]+1\leqslant t\leqslant-[-x_{2,0}/a_1]-1. \tag{14}$$

因此,正解的组数

$$N_1=-[-x_{1,0}/a_2]-[-x_{2,0}/a_1]-1. \tag{15}$$

由此及§6定理1(iv)推得

$$-[-x_{1,0}/a_2-x_{2,0}/a_1]-1\leqslant N_1\leqslant-[-x_{1,0}/a_2-x_{2,0}/a_1].$$

由于 $x_{1,0}, x_{2,0}$是解,所以

$$-x_{1,0}/a_2-x_{2,0}/a_1=-c(a_1a_2).$$

由以上两式即得

$$N_1=-[-c/(a_1a_2)]-1 \quad 或 \quad -[-c/(a_1a_2)].$$

当 $c>a_1a_2$ 时$-[-c/(a_1a_2)]\geqslant 2$,因此 $N_1\geqslant 1$ 即必有正解. 当 $c=a_1a_2$ 时,若有正解 x_1, x_2,则有

$$a_1x_1+a_2x_2=a_1a_2, \tag{16}$$

由此及$(a_1, a_2)=1$,利用§4定理11可得

$$a_2|x_1, \quad a_1|x_2.$$

由于 $x_1\geqslant 1, x_2\geqslant 1$,所以必有 $x_1\geqslant a_2\geqslant 1, x_2\geqslant a_1\geqslant 1$. 由此及式(16)推出

$$a_1a_2\geqslant 2a_1a_2.$$

但这是不可能的. 所以当 $c=a_1a_2$ 时,方程(4)无正解. 证毕.

应该指出:方程(4)有正解的充要条件是方程

$$a_1x_1+a_2x_2=c-a_1-a_2$$

有非负解. 因此,定理4和定理5只要证明了一个就能推出另一个,详细的论证留给读者. 此外,这两个定理中的解数公式(12)和(15)比定理中的结论更有用,当然,这需要先找出一组特解(并不一定要是非负解或正解). 下面来举几个例子.

例7 求 $5x_1+3x_2=52$ 的全部正解.

解 $x_1=8, x_2=4$ 是一组特解,由式(5)和(14)知全部正解是:

$$x_1=8+3t, \quad x_2=4-5t,$$

$$-2=[-8/3]+1\leqslant t\leqslant-[-4/5]-1\leqslant 0.$$

所以共有三组正解:8,4;5,9;2,14. 容易看出 $x_1=0$ 或 $x_2=0$ 都不可能是解,因此这也是全部非负解.

例 8 证明：$101x_1+37x_2=3189$ 有正整数解.

证 这里 $c=3189<a_1a_2=101\cdot 37$，所以从定理 5 的结论不能确定方程是否有正解（当然可推出至多有一个）. 因此需要利用式(15)（或(14)）. 可以求出 $x_1=11\cdot 3189, x_2=-30\cdot 3189$ 是一组特解（请读者自己去求），由式(15)知解数等于

$$-[-11\cdot 3189/37]-[30\cdot 3189/101]-1$$
$$=949-947-1=1.$$

即方程恰有一组正解. 请读者自己去求出这组正解.

例 9 鸡翁一，值钱五，鸡母一，值钱三，鸡雏三值钱一. 百钱买百鸡. 问鸡翁母雏各几何？

解 以 x_1,x_2,x_3 分别代表鸡翁，鸡母，雏鸡的数目，由条件可得下面的不定方程组

$$\begin{cases}5x_1+3x_2+x_3/3=100,\\ x_1+\ x_2+x_3=100.\end{cases}$$

我们要求这不定方程组的非负解. 消去 x_3 可得

$$7x_1+4x_2=100.$$

先求这不定方程的非负解. $x_1=0, x_2=25$ 是一组特解. 由式(5)及定理 4 知，它的全部非负解是：

$$x_1=0+4t,\quad x_2=25-7t,$$
$$0=-[0/4]\leqslant t\leqslant[25/7]=3.$$

即是 0,25；4,18；8,11；12,4. 因此所买的鸡的各种可能的情形是下表：

x_1	0	4	8	12
x_2	25	18	11	4
x_3	75	78	81	84

例 10 求 $15x_1+10x_2+6x_3=61$ 的全部非负解.

解 由例 6 知通解公式是

$$x_1=5+2t_1+6t_2,\quad x_2=-5-3t_1-6t_2,\quad x_3=6-5t_2.$$

所以给出非负解的 t_1,t_2 是

$$5+2t_1+6t_2\geqslant 0,\quad -5-3t_1-6t_2\geqslant 0,\quad 6-5t_2\geqslant 0.$$

由此得

$$-5/3-2t_2\geqslant t_1\geqslant -5/2-3t_2,\quad t_2\leqslant 6/5.$$

进而有

$$-5/6\leqslant t_2\leqslant 6/5.$$

所以，$t_2=0,1$. 容易算出，$t_2=0$ 时，$t_1=-2$；$t_2=1$ 时，$t_1=-4,-5$. 由此从通解公式求出所有非负解是：

$$1,1,6;\quad 3,1,1;\quad 1,4,1.$$

由例 5 所得的通解公式也可得到同样的结果.

习　题　八

1. 求解以下方程：

(i) $3x_1+5x_2=11$；　(ii) $903x_1+731x_2=1106$；

(iii) $1402x_1-1969x_2=2$.

2. 求解以下方程：

(i) $x_1-2x_2-3x_3=7$；　(ii) $6x_1+10x_2-21x_3+14x_4=1$.

3. 求解不定方程组：

(i) $3x_1+7x_2=2,\quad 2x_1-5x_2+10x_3=8$；

(ii) $x_1+x_2+x_3=94,\quad x_1+8x_2+50x_3=87$；

(iii) $x_1+x_2+x_3+x_4=100,\quad x_1+2x_2+3x_3+4x_4=300,$
$x_1+4x_2+9x_3+16x_4=1000.$

4. (i) 将分数 23/30 表为三个既约分数之和，它们的分母两两既约；

(ii) 将 23/30 表为两个既约分数之和，它们的分母既约.

5. 求以下方程的全部非负解、全部正解：

(i) $5x_1+7x_2=41$；　(ii) $7x_1+3x_2=123$.

6. $63x_1+110x_2=6893$ 有无正解？

7. 设 a_1,a_2,c 是正整数，$(a_1,a_2)=1$. 对于方程 $a_1x_1+a_2x_2=c$ 有以下结论：(i) $c<a_1+a_2$ 时一定没有正解；(ii) 全体非负解和全

体正解相同的充要条件是 $a_1 \nmid c$ 且 $a_2 \nmid c$；(iii) 若 $a_1 | c, a_1a_2 \nmid c$，则正解的个数等于$[c/(a_1a_2)]$；(iv) 若 $a_1a_2 | c$，则正解个数等于$-1+c/(a_1a_2)$.

8. 设 a_1, a_2, a_3 是两两既约的正整数. 证明：不定方程 $a_2a_3x_1+a_3a_1x_2+a_1a_2x_3=c$，当 $c>2a_1a_2a_3-a_1a_2-a_2a_3-a_3a_1$ 时一定有非负解；当 $c=2a_1a_2a_3-a_1a_2-a_2a_3-a_3a_1$ 时无非负解.

9. 求以下不定方程组的全部正解：

(i) $2x_1+x_2+x_3=100$，　$3x_1+5x_2+15x_3=270$；

(ii) $x_1+x_3+x_3=31$，　$x_1+2x_2+3x_3=41$.

§9 $x^2+y^2=z^2$

这一节讨论二次不定方程

$$x^2+y^2=z^2. \tag{1}$$

方程(1)满足 $xyz=0$ 的解称为**显然解**,$xyz\neq0$ 的解称为**非显然解**. 容易看出,全体显然解是

$$0,\pm a,\pm a;\quad \pm a,0,\pm a,\quad a\geqslant0, \tag{2}$$

这里正负号任意选取. 若 x,y,z 是(1)的非显然解,那么,对任意正整数 k,$\pm kx,\pm ky,\pm kz$(正负号任选)也是(1)的非显然解;以及对 x,y,z 的任意的正公约数 d,$\pm x/d,\pm y/d,\pm z/d$(正负号任选)也是(1)的非显然解. 因此,为了求出全部非显然解,只要求方程(1)满足以下条件的解:

$$x>0,y>0,z>0,(x,y,z)=1, \tag{3}$$

即既约的正解 x,y,z,这样的解称为方程(1)的**本原解**.

引理 1 不定方程(1)的本原解 x,y,z 必满足条件:

$$(x,y)=(y,z)=(z,x)=1, \tag{4}$$

$$2\nmid x+y. \tag{5}$$

证 若 x,y 不既约,则有素数 $p\mid x,p\mid y$,由(1)知 $p\mid z^2$. 由此及§5定理1知 $p\mid z$. 但这和 $(x,y,z)=1$ 矛盾. 同理证 $(y,z)=1$, $(z,x)=1$. 由 $(x,y)=1$ 知,x,y 不能同为偶数. x,y 也不能同为奇数. 因为若同为奇数,则可推出 $4\nmid x^2+y^2$ 及 z 为偶数. 而由(1)知

$$4\mid z^2=x^2+y^2,$$

矛盾. 所以 x,y 必为一奇一偶,即式(5)成立.

定理 2 不定方程(1)的 y 为偶数的全体本原解由以下公式给出:

$$x=r^2-s^2,\quad y=2rs,\quad z=r^2+s^2, \tag{6}$$

其中 r,s 为满足以下条件的任意整数：

$$r>s>0,\quad (s,r)=1,\quad 2\nmid r+s. \tag{7}$$

证 先证由式(6),(7)给出的 x,y,z 一定是(1)的本原解且 $2|y$. 容易验证：对任意的 r,s(不一定满足(7)),由式(6)给出的 x,y,z 一定是(1)的解且 $2|y$. 由 $r>s>0$ 知,这是正解. 由式(6)知

$$(x,z)\mid 2r^2,\qquad (x,z)\mid 2s^2.$$

由此从§4定理11和定理12推出

$$(x,z)\mid (2r^2,2s^2)=2(r^2,s^2).$$

由条件 $(s,r)=1$ 及§4定理13推出 $(r^2,s^2)=1$. 因而

$$(x,z)\mid 2.$$

由条件 $2\nmid r+s$ 知 $2\nmid x$,所以必有 $(x,z)=1$. 这就证明了所要的结论.

下面来证：方程(1)的每一组本原解 x,y,z, $2|y$,一定可以表为式(6)的形式,且 r,s 满足式(7). 由引理1知 $2\nmid x+y$,由此及 $2|y$推出 $2\nmid x$, $2\nmid z$. 因而有

$$\left(\frac{y}{2}\right)^2=\frac{z+x}{2}\cdot\frac{z-x}{2}. \tag{8}$$

由引理1知 $(x,z)=1$. 由此及

$$\left(\frac{z+x}{2},\frac{z-x}{2}\right)\Big|\, x,\ \left(\frac{z+x}{2},\frac{z-x}{2}\right)\Big|\, z$$

推出

$$\left(\frac{z+x}{2},\frac{z-x}{2}\right)=1.$$

利用§5推论5(或§4例10),由上式及式(8)得

$$\frac{z+x}{2}=r^2,\qquad \frac{z-x}{2}=s^2,$$

这里 r,s 是两个正整数,$r>s$ 且 $(r,s)=1$. 从上式及式(8)立即推出式(6)成立. 进而由 $2\nmid x$ 知 $2\nmid r+s$. 这就证明了所要的结论. 定理证毕.

从定理2及一开始的讨论就可以得到(1)的全部解：显然解

由式(2)给出，非显然解是

$$x=\pm k(r^2-s^2),\quad y=\pm 2ksr,\quad z=\pm k(r^2+s^2),\tag{9}$$

及

$$x=\pm 2ksr,\quad y=\pm k(r^2-s^2),\quad z=\pm k(r^2+s^2),\tag{10}$$

其中 r,s 满足式(7)，k 是任意正整数，正负号任意选取. 显见，全取正号及 $k=1$，就给出了全部本原解.

我们知道，一个直角三角形斜边长度的平方等于两直角边的长度平方之和. 这就是著名的商高定理①. 这样，求不定方程(1)的正整数解的几何意义就是要求边长为整数的直角三角形，这种三角形称为商高三角形②. 当商高三角形的三边长为既约(即相应于(1)的本原解)时，称为**本原商高三角形**. 定理 2 也就是求出了所有的本原商高三角形.

我们还可以从另一角度来看不定方程(1)的几何意义. 方程(1)的解 x,y,z，当 $z=0$ 时，必有 $x=y=0$. 我们约定只考虑(1)的 $z\neq 0$ 的解. 设

$$\xi=x/z,\quad \eta=y/z.\tag{11}$$

这样，方程(1)就变为

$$\xi^2+\eta^2=1.\tag{12}$$

不定方程(1)的求解问题(注意 $z\neq 0$)就等价于求方程(12)的有理数解 ξ,η. 在直角坐标平面上，方程(12)表示单位圆周(这是二次曲线)，因此，求方程(12)的有理数解就是求单位圆周上坐标为有理数的点，即**有理点**. 由前面的讨论立即得到

推论 3 单位圆周上的整点是：

$$\{\pm 1,0\},\quad \{0,\pm 1\};$$

不是整点的有理点是：

$$\left\{\pm\frac{r^2-s^2}{r^2+s^2},\ \pm\frac{2sr}{r^2+s^2}\right\},\quad \left\{\pm\frac{2sr}{r^2+s^2},\ \pm\frac{r^2-s^2}{r^2+s^2}\right\},$$

---

① 亦称为毕达哥拉斯(Pythagoras)定理.

② 亦称为毕达哥拉斯三角形.

其中 r,s 满足式(7),正负号任意选取.

证 设 $\xi=a_1/b_1,\eta=a_2/b_2$ 是单位圆周上的有理点,$b_j>0$,及 a_j/b_j 是既约分数. 由式(12)得 $a_1^2b_2^2+a_2^2b_1^2=b_1^2b_2^2$. 由此推出(为什么): $b_1^2|b_2^2,b_1|b_2$. 同样可得 $b_2|b_1$. 因此,$b_1=b_2=b$. 故有 $a_1^2+a_2^2=b^2$. 由此从定理 2 就推出所要结论. 证毕.

例 1 求出 $r\leqslant7$ 时,由式(6)和(7)给出的全部本原解.

表 1

s \ r	2	3	4	5	6	7
1	3,4,5		15,8,17		35,12,37	
2		5,12,13		21,20,29		45,28,53
3			7,24,25			
4				40,9,41		33,56,65
5					11,60,61	
6						13,84,85

表 1 就给出了全部要求的本原解.

例 2 求 $z=65$ 的不定方程(1)的全部解.

解 显然解是 $x=\pm65,y=0;x=0,y=\pm65$. 为求非显然解,由式(9)和(10)知,先要把 65 表示为

$$65=k(r^2+s^2),$$

其中 r,s 满足式(7),$k|65,0<k<65$. k 可取 1,5,13. 当 $k=1$ 时,

$$65=8^2+1^2=7^2+4^2,$$

即 $r=8,s=1;r=7,s=4$,相应的解为

$$x=\pm63,y=\pm16;\quad x=\pm33,y=\pm56$$

及

$$x=\pm16,y=\pm63;\quad x=\pm56,y=\pm33.$$

当 $k=5$ 时,

$$65=5\cdot13=5(3^2+2^2),$$

即 $r=3,s=2$,相应的解为

$$x=\pm25,y=\pm60\text{ 及 }x=\pm60,y=\pm25.$$

当 $k=13$ 时,

$$65=13\cdot 5=13(2^2+1^2),$$

即 $r=2,s=1$,相应的解为

$$x=\pm 39, y=\pm 52 \text{ 及 } x=\pm 52, y=\pm 39.$$

这就求出了全部解. 本原解仅有

$$63,16,65;\quad 33,56,65$$

及

$$16,63,65;\quad 56,33,65.$$

利用定理 2 的方法与结果可以解决一类不定方程的求解问题. 下面来证明两个定理.

定理 4 不定方程

$$x^4+y^4=z^2 \tag{13}$$

无 $xyz\neq 0$ 的解.

证 显见,只要证明方程(13)无正整数解. 用反证法. 假若(13)有正整数解,那么在全体正整数解中,必有一组解 x_0,y_0,z_0,使得 z_0 取最小值. 我们要由此找出一组正整数解 x_1,y_1,z_1,满足 $z_1<z_0$,得出矛盾.

(i) 必有 $(x_0,y_0)=1$. 若不然,就有素数 $p\mid x_0, p\mid y_0$. 由此推出 $p^4\mid z_0^2, p^2\mid z_0$. 因此,$x_0/p_0, y_0/p_0, z_0/p^2$ 也是(13)的正整数解,这和 z_0 的最小性矛盾. 因此,x_0^2,y_0^2,z_0 是方程(1)的本原解. 由引理 1 知,x_0,y_0 必为一奇一偶,不妨设 $2\mid y_0$,以及 $(z_0,y_0)=1$.

(ii) $g_1=(z_0-y_0^2,z_0+y_0^2)=1$. 因为 $g_1\mid(2z_0,2y_0^2)=2(z_0,y_0^2)=2$,由此及 $2\nmid z_0-y_0^2$ 即得 $g_0=1$. 由此及由式(13)推出

$$(z_0-y_0^2)(z_0+y_0^2)=x_0^4,$$

利用 §5 推论 5 得到

$$z_0-y_0^2=u^4,\quad z_0+y_0^2=v^4,$$

这里 $v>u>0,(u,v)=1,2\nmid uv$. 进而有

$$y_0^2=(v^2-u^2)\frac{(v^2+u^2)}{2}. \tag{14}$$

(iii) $g_2=(v^2-u^2,(v^2+u^2)/2)=1$. 因为

$$g_2\mid(v^2-u^2,v^2+u^2)\mid(2v^2,2u^2)=2(u^2,v^2)=2.$$

由 $2\nmid uv$ 可推出 $2\nmid (u^2+v^2)/2$，因此 $g_2=1$. 利用 § 5 推论 5，由此及式(14)得到

$$v^2-u^2=a^2,\quad (v^2+u^2)/2=b^2, \tag{15}$$

这里 $a>0,b>0,(a,b)=1$，及 $2\mid a,2\nmid b$.

(iv) 由 u,v 满足的条件及式(15)推得

$$0<b<v<z_0,$$

及 u,a,v 是方程(1)的本原解且 $2\mid a$. 因此由定理 2 知：必有 r,s 满足式(7)使得

$$u=r^2-s^2,\quad a=2rs,\quad v=r^2+s^2.$$

由此及式(15)的第二式即得

$$r^4+s^4=b^2.$$

这表明 r,s,b 是方程(13)的正整数解，且有 $b<z_0$，这和 z_0 最小性矛盾. 所以(13)无正整数解. 证毕.

证明定理 4 的方法通常称为 **Fermat 无穷递降法**. 定理 4 的几何意义是：不存在直角边长均为平方数的商高三角形. 由定理 4 立即推出

推论 5 不定方程

$$x^4+y^4=z^4$$

无 $xyz\neq0$ 的解.

数学中一个未解决的著名问题是：①当 $n\geqslant3$ 时，不定方程

$$x^n+y^n=z^n$$

无 $xyz\neq0$ 的整数解. 这通常称为 **Fermat Last Theorem**. 因为 Fermat不加证明地提出了许多数论中的定理，这就是其中的一个. 后来，大多数结论被证明是对的，个别的则被否定了. 而最后唯

---

① 1993 年 6 月 23 日，在英国剑桥的牛顿研究所，Andrew Wiles 宣布他证明了 Fermat Last Theorem.

有这一个“定理”既没有被证明也没有被否定. 推论 5 表明当 $n=4$ 时结论是正确的. 关于这问题已经得到了许多结论,但这些讨论已远远超出了本书的范围,在[8]中的第六章 §5 将证明 $n=3$ 时结论也成立.

定理 6 不定方程

$$x^2+y^2=z^4 \tag{16}$$

的满足条件 $(x,y)=1$ 的全部正整数解是

$$x=|6a^2b^2-a^4-b^4|,y=4ab(a^2-b^2),z=a^2+b^2, \tag{17}$$

及

$$x=4ab(a^2-b^2),y=|6a^2b^2-a^4-b^4|,z=a^2+b^2, \tag{18}$$

其中 a,b 为满足以下条件的任意整数:

$$a>b>0,\quad (a,b)=1,\quad 2\nmid a+b. \tag{19}$$

证 设 x,y,z 是(16)的正整数解,满足 $(x,y)=1$. 因此,x,y,z^2 是方程(1)的本原解. 由引理 1 知,x,y 为一奇一偶,不妨设 $2|y$. 由定理 2 知,必有

$$x=r^2-s^2,\quad y=2rs,\quad z^2=r^2+s^2, \tag{20}$$

其中 r,s 满足式(7). 因而 r,s,z 也是方程(1)的本原解. 若 $2|s$,则由定理 2 知

$$r=a^2-b^2,\quad s=2ab,\quad z=a^2+b^2, \tag{21}$$

其中 a,b 满足(注意 $r>s$)

$$a>b>0,(a,b)=1,2\nmid a+b,a^2-b^2>2ab. \tag{22}$$

由式(20),(21)得

$$x=a^4+b^4-6a^2b^2,y=4ab(a^2-b^2),z=a^2+b^2. \tag{23}$$

由式(22)得

$$(\sqrt{2}-1)a>b>0,(a,b)=1,2\nmid a+b. \tag{24}$$

若 $2|r$,则由定理 2 知

$$r=2ab,\quad s=a^2-b^2,\quad z=a^2+b^2, \tag{25}$$

其中 a,b 满足(注意 $r>s$)

$$a>b>0,(a,b)=1,2\nmid a+b,2ab>a^2-b^2. \qquad (26)$$

由式(20),(25)得

$$x=6a^2b^2-a^4-b^4,y=4ab(a^2-b^2),z=a^2+b^2. \qquad (27)$$

由式(26)得

$$a>b>(\sqrt{2}-1)a>0,(a,b)=1,2\nmid a+b. \qquad (28)$$

由式(23),(27)及式(24),(28)推出：当 $2|y$ 时,解由式(17),(19)给出.由对称性推出,当 $2|x$ 时,解由式(18),(19)给出.此外,容易直接验证：由式(17),(18),(19)给出的 x,y,z 一定是方程(16)满足 $(x,y)=1$ 的解.定理证毕.

习 题 九

1. 求出一边长为(i) 15;(ii) 22;(iii) 50 的所有商高三角形、所有本原商高三角形.

2. 对怎样的正整数 n,不定方程 $x^2-y^2=n$ (i) 有解;(ii) 有满足 $(x,y)=1$ 的解.并对 $n=30,60,120$ 判断这方程是否有解;有解时求出它的全部解,及全部满足 $(x,y)=1$ 的解.进而,提出一个求解这不定方程的方法.

3. 证明：(i) $(a^2+b^2)(c^2+d^2)=(ac+bd)^2+(ad-bc)^2$;
(ii) $(a^2-b^2)(c^2-d^2)=(ac+bd)^2-(ad+bc)^2$.

4. 求出斜边为(i) 1105;(ii) 5525;(iii) 117;(iv) 351 的所有商高三角形、所有本原商高三角形.

5. 设 $n\geqslant 3$.证明：必有一个商高三角形以 n 为其一直角边的长度.

6. 求面积等于(i) 78;(ii) 360 的所有商高三角形.

7. 证明：不定方程 $x^2+2y^2=z^2$ 满足 $(x,y,z)=1$ 的全部正解是：$x=|u^2-2v^2|,y=2uv,z=u^2+2v^2$,其中 u,v 是满足 $(u,v)=1,2\nmid u$ 的任意正整数.

8. 求 $x^4+y^2=z^2$ 满足 $(x,y)=1$ 的全部解.

9. 求 $x^2+3y^2=z^2$ 满足 $(x,y)=1$ 的全部解.

10. 证明：不定方程 $1/x^2+1/y^2=1/z^2$ 的解一定满足

(i) $(x,y)>1$； (ii) $60|xy$；

(iii) 所有$(x,y,z)=1$ 的正解是：

$$x=r^4-s^4, \quad y=2rs(r^2+s^2), \quad z=rs(r^2-s^2),$$

其中 $r>s>0,(r,s)=1,2|rs$,以及交换 x,y.

11. 证明：$x^4+4y^4=z^2$ 无 $xyz\neq0$ 的解.

12. 证明：$x^4+y^2=z^4$ 无 $xyz\neq0$ 的解.

13. 证明：不定方程组 $x^2+y^2=z^2, x^2-y^2=w^2$ 无正整数解.

14. 证明以上三题中的不定方程和不定方程组两两等价.

15. 证明：商高三角形的面积一定不是整数的平方.

§ 10 Chebyshev 不等式

§ 2 定理 7 已经证明了素数有无穷多个. 以 $\pi(x)$表示不超过实数 x 的素数个数. 例如,

$$\pi(x)=0, x<2; \qquad \pi(5)=3;$$
$$\pi(10.5)=4; \qquad \pi(50)=15.$$

本节将给出 $\pi(x)$的上界与下界估计,这就是著名的 Chebyshev 不等式(见式(1)). 证明的方法是利用 § 7 定理 1,并需要简单微积分知识(即式(14)).

定理 1 设实数 $x\geqslant 2$. 我们有

$$\left(\frac{\ln 2}{3}\right)\frac{x}{\ln x}<\pi(x)<(6\ln 2)\frac{x}{\ln x}, \tag{1}$$

及

$$\left(\frac{1}{6\ln 2}\right)n\ln n<p_n<\left(\frac{8}{\ln 2}\right)n\ln n, \quad n\geqslant 2, \tag{2}$$

这里 p_n 是第 n 个素数.

证 先来证明式(1). 设 m 是正整数,

$$M=(2m)!\ /(m!)^2,$$

由 § 7 例 3 知, M 是正整数①,我们来考虑它的素因数分解式. 由 § 7 定理 1 知(为方便起见,取自然对数形式):

$$\begin{aligned}\ln M &=\ln(2m)!\ -2\ln m!\\ &=\sum_{p\leqslant m}\{\alpha(p,2m)-2\alpha(p,m)\}\ln p\\ &\quad+\sum_{m<p\leqslant 2m}\alpha(p,2m)\ln p,\end{aligned} \tag{3}$$

---

① 当然 M 就是组合数 $\binom{2m}{m}$,由此也可推出 M 是整数.

这里

$$\alpha(p,n)=\sum_{j=1}^{\infty}\left[\frac{n}{p^j}\right]. \tag{4}$$

显见

$$\alpha(p,2m)=1,\quad m<p\leqslant 2m. \tag{5}$$

当 $p\leqslant m$ 时，由 $0\leqslant[2y]-2[y]\leqslant 1$ 及式(4)得

$$\begin{aligned}0\leqslant\alpha(p,2m)-2\alpha(p,m)&=\sum_{j=1}^{\infty}\left\{\left[\frac{2m}{p^j}\right]-2\left[\frac{m}{p^j}\right]\right\}\\&\leqslant\sum_{p^j\leqslant 2m}1=\left[\frac{\ln(2m)}{\ln p}\right].\end{aligned} \tag{6}$$

这样，由式(3)，(5)及(6)得到

$$\sum_{m<p\leqslant 2m}\ln p\leqslant\ln M\leqslant\sum_{p\leqslant 2m}\left[\frac{\ln(2m)}{\ln p}\right]\ln p. \tag{7}$$

因而有

$$\{\pi(2m)-\pi(m)\}\ln m\leqslant\ln M\leqslant\pi(2m)\ln(2m). \tag{8}$$

另一方面，我们直接来估计 M 的上、下界. 我们有

$$M=\frac{2m}{m}\cdot\frac{2m-1}{m-1}\cdots\frac{m+1}{1}\geqslant 2^m, \tag{9}$$

$$M=(2m)!\ /(m!)^2<(1+1)^{2m}=2^{2m}. \tag{10}$$

由以上三式即得

$$\pi(2m)\ln(2m)\geqslant m\ln 2, \tag{11}$$

$$\{\pi(2m)-\pi(m)\}\ln m<2m\ln 2. \tag{12}$$

当 $x\geqslant 6$ 时，取 $m=[x/2]>2$，这时显然有 $2m\leqslant x<3m$. 因而由式(11)得

$$\pi(x)\ln x\geqslant\pi(2m)\ln(2m)>\left(\frac{\ln 2}{3}\right)x,$$

由直接验算知，上式当 $2\leqslant x<6$ 时也成立，这就证明了式(1)的左半不等式.

当 $m=2^k$ 时，由式(12)可得

$$k\{\pi(2^{k+1})-\pi(2^k)\}<2^{k+1},$$

由此及显然估计 $\pi(2^{k+1})\leqslant 2^k(k\geqslant 0)$ 可推出

$$(k+1)\pi(2^{k+1})-k\pi(2^k)<3\cdot 2^k.$$

对上式从 $k=0$ 到 $l-1$ 求和，得到

$$l\pi(2^l)<3\cdot 2^l.$$

对任意 $x\geqslant 2$，必有唯一的整数 $t\geqslant 1$，使得 $2^{t-1}<x\leqslant 2^t$，因而有

$$\pi(x)\leqslant\pi(2^t)<3\cdot 2^t/t<(6\ln 2)x/\ln x,$$

这就证明了式(1)的右半不等式.

在上式中取 $x=p_n$，利用 $p_n>n$ 就得到

$$p_n>\left(\frac{1}{6\ln 2}\right)n\ln p_n>\left(\frac{1}{6\ln 2}\right)n\ln n,$$

这就证明了式(2)的左半不等式. 设 $n>1$，在式(11)中取 $2m=p_n+1$，得到

$$n\ln(p_n+1)\geqslant(p_n+1)/2\cdot\ln 2.$$

进而有

$$\ln(p_n+1)\leqslant\ln(2n/\ln 2)+\ln\ln(p_n+1). \tag{13}$$

当实数 $s>-1$ 时，熟知有不等式①

$$\ln(1+s)\leqslant s. \tag{14}$$

取 $s=y/2-1$，即得

$$\ln y\leqslant y/2-(1-\ln 2)<y/2,\quad y>0.$$

取 $y=\ln(p_n+1)$，由上式及式(13)得

$$\ln(p_n+1)\leqslant 2\ln(2n/\ln 2)<4\ln n,\ n\geqslant 3.$$

由此及式(13)的前一式，就推出：当 $n\geqslant 3$ 时式(2)的右半不等式成立，当 $n<3$ 时直接验证式(2)的右半不等式成立. 证毕.

事实上，可以证明：

$$\pi(x)/(x\ln^{-1}x)\longrightarrow 1,\quad x\to+\infty,$$

$$p_n/(n\ln n)\longrightarrow 1,\qquad n\to+\infty.$$

这就是著名的素数定理. 证明超出本书范围.

---

① 没有学过微积分的读者，可承认这一不等式.

无论是定理 1 还是素数定理都没有给出 $\pi(x)$的确切的值. 在 § 12 将给出具体计算 $\pi(x)$的值的有效算法.

设 $1\leqslant a<l$, $(a,l)=1$. 一个自然的推广是研究算术数列

$$a+ld,\quad d=0,1,2,\cdots$$

中的素数分布. 关于它的讨论,即使是证明其中有无限多个素数也超出本书范围.

习 题 十

以下一组题是为了证明关于素数的 Betrand 假设. 所用符号和 § 10 定理 1 完全相同.

1. 设 $m\geqslant 5$. 证明:

$$\sum_{p\leqslant m}\{\alpha(p,2m)-2\alpha(p,m)\}\ln p\leqslant \pi(\sqrt{2m})\ln(2m)+\sum_{\sqrt{2m}<p\leqslant 2m/3}\ln p.$$

2. 设 $m\geqslant 128$. 证明: $\pi(\sqrt{2m})<\sqrt{m/2}-1$.

3. 设整数 $n\geqslant 2$. 用归纳法证明: $\sum\limits_{p\leqslant n}\ln p<(2\ln 2)x$.

4. 证明: 当 $m\geqslant 128$ 时有 $\sum\limits_{m<p\leqslant 2m}\ln p>m(\ln 2)/6$.

5. (Betrand 假设) 设 $m\geqslant 1$. 证明: 必有素数 p 满足 $m<p\leqslant 2m$.

6. 证明第 5 题的结论对以实数 $x\geqslant 1$ 代替整数 m 也成立.

§11 数论函数

我们把自变数在某个整数集合 D 中取值，因变数 y 取复数值的函数 $y=f(n)$，称为**数论函数**或**算术函数**. 事实上，这就是我们熟知的数列. 但在研究数论问题时，经常出现一些数论中特有的函数，需要讨论它们的数论性质. 数论函数是数论中不可缺少的工具和重要的研究课题. 这里先介绍有关它的一些基本知识.

定义 1 定义在集合 D 上的数论函数 $f(n)$ 称为是**积性函数**，如果满足

$$f(mn)=f(m)f(n),\quad (m,n)=1, m,n\in D, \tag{1}$$

称为是**完全积性函数**(当然要求必有 $mn\in D$，下同)，如果满足

$$f(mn)=f(m)f(n),\quad m,n\in D. \tag{2}$$

这是一类重要的数论函数. 例如：$y=n^k$(k 是给定的非负整数)，$n\in \mathbf{Z}$；$y=n^{-k}$(k 是给定的正整数)，$n\in \mathbf{Z}, n\neq 0$；$y=n^s$(s 给定的实数)，$n\in \boldsymbol{N}$，等都是完全积性函数. 由 §5 式(8)知 $\tau(n)$ 是定义在 $\boldsymbol{N}$ 上的积性函数，但容易验证它不是完全积性的. 我们再来举几个例子.

例 1 设 $n=p_1^{\alpha_1}\cdots p_r^{\alpha_r}$. 定义在 $\boldsymbol{N}$ 上的数论函数

$$\omega(n)=\begin{cases} r, & n>1; \\ 0, & n=1. \end{cases} \tag{3}$$

$$\Omega(n)=\begin{cases} \alpha_1+\cdots+\alpha_r, & n>1; \\ 0, & n=1. \end{cases} \tag{4}$$

显见，$\omega(n)$ 是 n 的不同的素因数的个数，$\Omega(n)$ 是 n 的全部素因数(即按重数计)的个数. 容易验证它们不是积性的，但满足

$$\omega(n_1n_2)=\omega(n_1)+\omega(n_2),\quad (n_1,n_2)=1. \tag{5}$$

$$\Omega(n_1n_2)=\Omega(n_1)+\Omega(n_2). \tag{6}$$

由它们可引进另外两个数论函数

$$\nu(n)=(-1)^{\omega(n)}, \quad n\geqslant 1. \tag{7}$$

$$\lambda(n)=(-1)^{\Omega(n)}, \quad n\geqslant 1. \tag{8}$$

容易验证：$\nu(n)$是积性函数，但不是完全积性的. $\lambda(n)$则是完全积性函数，它称为 **Liouville 函数**.

例 2 设 $d\in\mathbf{Z}$.

$$h(d)=\begin{cases}(-1)^{(d-1)/2}, & 2\nmid d,\\ 0, & 2\mid d.\end{cases} \tag{9}$$

它是完全积性的. 因为，当 $2\mid d_1d_2$ 时，

$$h(d_1d_2)=h(d_1)h(d_2)=0;$$

当 $2\nmid d_1d_2$ 时，由

$$(d_1d_2-1)/2=(d_1-1)/2+(d_2-1)/2+(d_1-1)(d_2-1)/2$$

也推出

$$h(d_1d_2)=h(d_1)h(d_2).$$

显见，两个(完全)积性函数之积及商(分母恒不为零)都是(完全)积性函数. 积性函数的构造是十分简单的. 为了简单起见，下面仅讨论定义域为 $\boldsymbol{N}$ 的情形(一般情形可归结为此).

定理 1 设 $f(n)$是不恒为零的数论函数，

$$n=p_1^{\alpha_1}\cdots p_r^{\alpha_r}, \tag{10}$$

那么，$f(n)$是积性函数的充要条件是 $f(1)=1$，及

$$f(n)=f(p_1^{\alpha_1})\cdots f(p_r^{\alpha_r}); \tag{11}$$

$f(n)$是完全积性的充要条件是 $f(1)=1$ 及

$$f(n)=f^{\alpha_1}(p_1)\cdots f^{\alpha_r}(p_r). \tag{12}$$

证 *必要性* 由条件知必有 $f(n_0)\neq 0$. 由式(1)得

$$0\neq f(n_0)=f(1\cdot n_0)=f(1)\cdot f(n_0),$$

这就推出 $f(1)=1$，式(11)和式(12)分别由式(1)和(2)推出.

充分性 当 m,n 中有一个等于 1 时，不妨设 $m=1$，由 $f(1)=1$ 推出式(1)和(2)一定成立. 当 $n>1,m>1$ 时，设 m 的素因数分

解式是 $q_1^{\beta_1}\cdots q_s^{\beta_s}$. 若式(11)成立,那么当$(m,n)=1$时,$mn$ 的素因数分解式是 $q_1^{\beta_1}\cdots q_s^{\beta_s}p_1^{\alpha_1}\cdots p_r^{\alpha_r}$. 由式(11)得

$$\begin{aligned}f(mn)&=f(q_1^{\beta_1}\cdots q_s^{\beta_s}p_1^{\alpha_1}\cdots p_r^{\alpha_r})\\&=f(q_1^{\beta_1})\cdots f(q_s^{\beta_s})f(p_1^{\alpha_1})\cdots f(p_r^{\alpha_r})\\&=f(m)f(n),\end{aligned}$$

即式(1)成立,所以 $f(n)$是积性函数. 若式(12)成立,假定 $p_1=q_1$,$\cdots$,$p_t=q_t$,以及当 $j>t$ 时总有 $p_j\neq q_i$,$1\leqslant i\leqslant s$,和 $q_j\neq p_i$,$1\leqslant i\leqslant r$. 这样,mn 的素因数分解式是

$$p_1^{\alpha_1+\beta_1}\cdots p_t^{\alpha_t+\beta_t}q_{t+1}^{\beta_{t+1}}\cdots q_s^{\beta_s}p_{t+1}^{\alpha_{t+1}}\cdots p_r^{\alpha_r},$$

由式(12)得

$$\begin{aligned}f(mn)&=f^{\alpha_1+\beta_1}(p_1)\cdots f^{\alpha_t+\beta_t}(p_t)f^{\beta_{t+1}}(q_{t+1})\cdots f^{\beta_s}(q_s)\\&\quad\times f^{\alpha_{t+1}}(p_{t+1})\cdots f^{\alpha_r}(p_r)\\&=f^{\beta_1}(q_1)\cdots f^{\beta_s}(q_s)f^{\alpha_1}(p_1)\cdots f^{\alpha_r}(p_r)\\&=f(m)f(n),\end{aligned}$$

这就证明了 $f(n)$是完全积性的. 证毕.

对于一个数论函数 $f(n)$,可以先证明它是积性的,然后利用式(11)或(12)(如果是完全积性的),得到它的表达式. 反过来,我们也可以证明它有式(11)或(12)成立及 $f(1)=1$,然后推出 $f(n)$是积性的或完全积性的.

定理 1 表明: 一个积性函数完全由它在素数幂 p^α 上的取值所确定; 而完全积性函数则完全由它在素数 p 上的取值所确定. 由此可以来构造积性函数. 例如,对每个素数 p 定义

$$f(p^\alpha)=\begin{cases}1-p, & \alpha=1;\\ 0, & \alpha>1,\end{cases}\tag{13}$$

$f(1)=1$,及 $n>1$ 由式(4)给出时,

$$f(n)=f(p_1^{\alpha_1})\cdots f(p_r^{\alpha_r}).\tag{14}$$

这就构造了一个数论函数 $f(n)$,由定理 1 的充分性知它是积性的.

例 3 设 $n\in \boldsymbol{N}$，$\sigma(n)$表示 n 的所有正除数之和，证明：$\sigma(n)$是积性函数，当 $n>1$ 由式(10)给出时

$$\sigma(n)=\prod_{j=1}^{r}\frac{p_j^{\alpha_j+1}-1}{p_j-1}. \tag{15}$$

$\sigma(n)$称为**除数和函数**.

为把证明叙述清楚，先来讨论 $\sigma(n)$的构造方法，这在数论中是十分重要的. 由给定的数论函数 $f(n)$可以这样来构造一个新的数论函数

$$F(n)=\sum_{d\mid n}f(d), \tag{16}$$

这里求和号表示对 n 的所有正除数求和，例如，

$$F(1)=\sum_{d\mid 1}f(d)=f(1).$$

$$F(12)=\sum_{d\mid 12}f(d)=f(1)+f(2)+f(3)+f(4)+f(6)+f(12).$$

这样，当取 $f(n)\equiv 1$ 时，有

$$\tau(n)=\sum_{d\mid n}1. \tag{17}$$

当取 $f(n)=n$ 时，有

$$\sigma(n)=\sum_{d\mid n}d. \tag{18}$$

由§5 推论 3 知，当 n 由式(10)给出时，求式(16)中的和式的一般方法是：

$$F(n)=\sum_{d\mid n}f(d)=\sum_{e_1=0}^{\alpha_1}\cdots\sum_{e_r=0}^{\alpha_r}f(p_1^{e_1}\cdots p_r^{e_r}). \tag{19}$$

结合函数 $f(n)$的特殊性质，往往可以较易求出上式右边的多重和式. 例如，取 $f(n)\equiv 1$，由式(17)和(19)推出§5 推论 6.

由定理 1 和式(19)可得一个十分有用的结论.

定理 2 设 $f(n)$是不恒为零的积性函数. 那么，由式(16)给出的 $F(n)$也是积性函数.

证 由定理 1 的必要性和式(19)知，$F(1)=f(1)=1$，及当 n

由式(10)给出时，

$$F(n)=\sum_{e_1=0}^{\alpha_1}\cdots\sum_{e_r=0}^{\alpha_r}f(p_1^{e_1})\cdots f(p_r^{e_r})$$

$$=\left\{\sum_{e_1=0}^{\alpha_1}f(p_1^{e_1})\right\}\cdots\left\{\sum_{e_1=0}^{\alpha_r}f(p_r^{e_r})\right\}$$

$$=F(p_1^{\alpha_1})\cdots F(p_r^{\alpha_r}),\tag{20}$$

由此，从定理 1 的充分性就推出 $F(n)$是积性的. 证毕.

下面来解例 3. 由式(18)及定理 2 就推出 $\sigma(n)$是积性的. 对素数 p 显然有

$$\sigma(p^{\alpha})=\sum_{d\mid p^{\alpha}}d=1+p+\cdots+p^{\alpha}=\frac{p^{\alpha+1}-1}{p-1}.\tag{21}$$

由此及积性就得到式(15).

容易计算

$$\sigma(180)=\sigma(2^2\cdot 3^2\cdot 5)=\sigma(2^2)\sigma(3^2)\sigma(5)$$

$$=\frac{2^3-1}{2-1}\cdot\frac{3^3-1}{3-1}\cdot\frac{5^2-1}{5-1}=546.$$

例 4 设 n 是正整数. 求 $\sum\limits_{d\mid n}\frac{1}{d}$.

由 § 2 定理 2 知

$$\sum_{d\mid n}\frac{1}{d}=\sum_{d\mid n}\frac{1}{(n/d)}=\frac{1}{n}\sum_{d\mid n}d=\frac{1}{n}\sigma(n).$$

当然，也可以直接利用式(20)来得到同样结论(留给读者).

最后要指出，我们可以不利用 § 5 推论 3 及式(19)，而直接用习题四第 18 题来证明定理 2. 详细论证留给读者.

习 题 十 一

1. 设 $f(n)$是积性函数. 证明以下的数论函数都是积性的：

(i) $|f(n)|$； (ii) $f(n^l)$，l 为任给的正整数；

(iii) $f(n,K)$，K 为给定的整数；

(iv) 对给定整数 K，定义

$$f_1(n)=\begin{cases}0, & (n,K)>1,\\ f(n), & (n,K)=1;\end{cases}$$

(v) 对给定整数 K,定义 $f_2(n)=f(n^*)$,这里 $n=n^*m$,$(n^*,K)=1$,及 m 满足:若素数 $p|m$,则必有 $p|K$.

2. 若 $f(n)$是积性函数,则

$$f(m)f(n)=f((m,n))f([m,n]).$$

3. 若不恒为零的积性函数 $f(n)$在 $n=-1$ 有定义,则 $f(-1)=\pm1$.

4. 设 k 是给定的正整数,定义正整数集合上的函数

$$P_k(n)=\begin{cases}1, & n\text{ 是 }k\text{ 次方数};\\ 0, & \text{其他}.\end{cases}$$

证明:$P_k(n)$是积性的,且仅当 $k=1$ 时是完全积性的.此外,

$$P_k(n)=[n^{1/k}]-[(n-1)^{1/k}],\quad P_1(n)\equiv1.$$

5. 设 k 是给定的正整数,定义正整数集合上的函数

$$Q_k(n)=\begin{cases}1, & n\text{ 无大于 1 的 }k\text{ 次方因数};\\ 0, & \text{其他}.\end{cases}$$

证明:$Q_k(n)$是积性的,且仅当 $k=1$ 时是完全积性的.

6. 设 l 是给定的正整数.以 $\tau_l(n)$表示正整数 n 表为 l 个正整数 $d_1,d_2,\cdots,d_l$ 的乘积的不同的表法个数.例如,$\tau_1(n)\equiv1$,$\tau_2(n)=\tau(n)$.证明:$\tau_l(n)$是积性函数,且当 $l\geqslant2$ 时不是完全积性的.试求 $\tau_l(n)$的表示式.

7. 设 l 是给定的正整数.以 $\tau_l^*(n)$表示以下表法的个数:$n=d_1\cdots d_l$,$(d_i,d_j)=1$,$i\neq j$,d_i 为正整数.证明:$\tau_l^*(n)$是积性函数,且当 $l\geqslant2$ 时不是完全积性的.试求 $\tau_l^*(n)$的表示式.

8. $\sigma(n)$是奇数的充要条件是 $n=k^2$ 或 $2k^2$.

9. 设 t 是实数,$\sigma_t(n)=\sum\limits_{d|n}d^t$.证明:$\sigma_t(n)=n^t\sigma_{-t}(n)$.并求 $\sigma_t(n)$的计算公式.

10. 一个正整数 m 称为是完全数,如果 $\sigma(m)=2m$.试求出最

小的两个完全数.

11. 正整数 m 是完全数的充要条件是 $\sum\limits_{d|m} 1/d=2$.

12. 整数 n 是素数的充要条件是 $\sigma(n)=n+1$.

13. 若 2^k-1 是素数,则 $2^{k-1}(2^k-1)$是完全数.

14. 若 $\sigma(n)=n+k<2n$ 且 $k|n$,则 n 是素数.

15. 若 $2|m$,m 是完全数,则 $m=2^{k-1}(2^k-1)$,2^k-1 是素数.

16. 若奇数 m 是完全数,则必有 $m=p^{4l+1}m_1^2$,其中 p 的 $4k+1$ 形式的素数,$p\nmid m_1$.

17. 证明:(i) $\sum\limits_{d|n}\tau^3(d)=\Big\{\sum\limits_{d|n}\tau(d)\Big\}^2$;

(ii) $\tau_l(n)=\sum\limits_{d|n}\tau_{l-1}(d)$,$l\geqslant 2$,$\tau_l(n)$由第 6 题给出.

18. 设 $f(n)$是积性函数,k,l 是给定的正整数. 证明:$F_{k,l}(n)=\sum\limits_{d^k|n}f(d^l)$是 n 的积性函数.

§ 12　Möbius 函数 $\mu(n)$、Eratosthenes 筛法

本节将引进一个十分重要的数论函数——Möbius 函数$\mu(n)$，并利用它来给出一个计算 $\pi(x)$的有效算法.

Möbius 函数 $\mu(n)$　定义在 N 上，

$$\mu(n)=\begin{cases}1, & n=1,\\ (-1)^r, & n=p_1\cdots p_r, p_1,\cdots,p_r \text{ 是两两不同的素数}, \\ 0, & \text{其他}.\end{cases} \quad (1)$$

由定义立即推出

$$\mu(n_1 n_2)=\mu(n_1)\mu(n_2), \quad (n_1,n_2)=1. \quad (2)$$

$$\mu(n_1 n_2)=0, \quad (n_1,n_2)>1. \quad (3)$$

所以，$\mu(n)$是积性函数，但不是完全积性的.

引理 1　设 n 是正整数，我们有

$$I(n)=\sum_{d\mid n}\mu(d)=\left[\frac{1}{n}\right]=\begin{cases}1, & n=1,\\ 0, & n>1.\end{cases} \quad (4)$$

证　由 § 11 定理 2 知 $I(n)$是积性的，$I(1)=1$，及对素数 p

$$I(p^{\alpha})=1+\mu(p)=0, \quad \alpha\geqslant 1.$$

这就证明了所要的结论. 证毕.

利用引理 1 可以提出一个一般方法：对给定的有限整数序列 A，及整数 K，如何去求出序列 A 中所有与 K 既约的整数个数.

定理 2　设 A 是一个给定的有限整数序列，K 是给定的正整数，再设 A_d 表示 A 中被正整数 d 整除的所有整数组成的子序列，$p_1,\cdots,p_s$ 是 K 的所有的不同的素因数，以及$|A_d|$表序列 A_d 中的整数个数. 那么，序列 A 中所有与 K 既约的数的个数

$$S(A;K)=\sum_{\substack{a\in A\\(a,K)=1}}1=\sum_{d\mid K}\mu(d)|A_d|. \quad (5)$$

证 由引理 1 知

$$S(A;K)=\sum_{a\in A}\sum_{d\mid(a,K)}\mu(d)=\sum_{d\mid K}\mu(d)\sum_{\substack{a\in A\\ d\mid a}}1$$

$$=\sum_{d\mid K}\mu(d)\,|A_d|.$$

这就证明了式(5). 证毕.

在定理 2 中取序列 A 为所有不超过实数 $x(>2)$的正整数: $1,2,\cdots,[x]$; K 为不超过 $y(\geqslant 2)$的所有素数的乘积:

$$P(y)=\prod_{p\leqslant y}p. \tag{6}$$

再设 $\Phi(x,y)$表示不超过 x 且其素因数均大于 y 的正整数的个数. 注意到这时$|A_d|=[x/d]$,我们就有

$$1+\Phi(x,y)=S(A;K)=\sum_{\substack{1\leqslant a\leqslant x\\ (a,P(y))=1}}1=\sum_{d\mid P(y)}\mu(d)\left[\frac{x}{d}\right]$$

$$=x\sum_{d\mid P(y)}\frac{\mu(d)}{d}-\sum_{d\mid P(y)}\mu(d)\left\{\frac{x}{d}\right\}. \tag{7}$$

由 § 11 定理 2 知 $\sum\limits_{d\mid n}\mu(d)/d$ 是积性函数,由此及

$$\sum_{d\mid p^{\alpha}}\frac{\mu(d)}{d}=1-\frac{1}{p},\quad p\ 素数,\alpha\geqslant 1,$$

就得到(下面的连乘号表示对 n 的不同的素因数求积)

$$\sum_{d\mid n}\frac{\mu(d)}{d}=\prod_{p\mid n}\left(1-\frac{1}{p}\right),\quad n>1. \tag{8}$$

所以有

$$\Phi(x,y)=-1+x\prod_{p\leqslant y}\left(1-\frac{1}{p}\right)-\sum_{d\mid P(y)}\mu(d)\left\{\frac{x}{d}\right\}, \tag{9}$$

其中连乘号表示对所有不超过 y 的素数求积. 由 § 2 推论 6 知

$$\Phi(x,\sqrt{x})=\pi(x)-\pi(\sqrt{x}).$$

综合以上讨论就证明了: 当 $x\geqslant 4$ 时,

$$\pi(x)=\pi(\sqrt{x})-1+\sum_{d\mid P(\sqrt{x})}\mu(d)\left[\frac{x}{d}\right] \tag{10}$$

$$=\pi(\sqrt{x})-1+x\prod_{p\leqslant\sqrt{x}}\left(1-\frac{1}{p}\right)-\sum_{d\mid P(\sqrt{x})}\mu(d)\left\{\frac{x}{d}\right\}. \quad (11)$$

式(10)(或式(11))实际上就是以公式的形式从数量上描述了§2所介绍的寻找素数的方法——Eratosthenes 筛法. 当 x 不太大时,只要已知不超过$\sqrt{x}$的全体素数,式(10)就给出了求 $\pi(x)$的一个有效算法. 通常把定理 2 称为 **Eratosthenes 筛法**.

例 1 求不超过 100 且与 2,3,5 均互素的正整数的个数.

在定理 2 中取 $A=\{1,2,\cdots,100\}$, $K=2\cdot3\cdot5=30$. 所要求的个数等于

$$\begin{aligned}S(A;K)&=\sum_{d\mid30}\mu(d)\,|A_d|\\&=|A_1|-(|A_2|+|A_3|+|A_5|)+(|A_6|+|A_{10}|\\&\quad+|A_{15}|)-|A_{30}|\\&=100-(50+33+20)+(16+10+6)-3=26.\end{aligned}$$

例 2 求不超过 100 的素数个数 $\pi(100)$.

不超过$\sqrt{100}=10$ 的素数为 2,3,5,7, $\pi(10)=4$. 在式(10)中取 $x=100$, $P(10)=2\cdot3\cdot5\cdot7=210$,得到

$$\begin{aligned}\pi(100)&=\pi(10)-1+\sum_{d\mid210}\mu(d)\left[\frac{100}{d}\right]\\&=4-1+100-\left(\left[\frac{100}{2}\right]+\left[\frac{100}{3}\right]+\left[\frac{100}{5}\right]+\left[\frac{100}{7}\right]\right)\\&\quad+\left(\left[\frac{100}{2\cdot3}\right]+\left[\frac{100}{2\cdot5}\right]+\left[\frac{100}{2\cdot7}\right]+\left[\frac{100}{3\cdot5}\right]+\left[\frac{100}{3\cdot7}\right]\right.\\&\quad\left.+\left[\frac{100}{5\cdot7}\right]\right)\\&\quad-\left(\left[\frac{100}{2\cdot3\cdot5}\right]+\left[\frac{100}{2\cdot3\cdot7}\right]+\left[\frac{100}{2\cdot5\cdot7}\right]+\left[\frac{100}{3\cdot5\cdot7}\right]\right)\\&\quad+\left[\frac{100}{2\cdot3\cdot5\cdot7}\right]\\&=4-1+100-(50+33+20+14)\\&\quad+(16+10+7+6+4+2)-(3+2+1+0)+0\\&=25.\end{aligned}$$

这与§2所得的结果相同.

习 题 十 二

1. 求$\pi(x)$的值: $x=200,500,900,1000$.

2. 求以下各个$\Phi(x;y)$的值: (i) $x=400, y=3,5,7,11$;

(ii) $x=1000, y=5,7,11,17,29$. 并比较$\Phi(x;y)$和$x\prod_{p\leqslant y}\left(1-\frac{1}{p}\right)$的大小($x,y$取(i),(ii)中的值).

3. 证明: $\sum_{d^2|n}\mu(d)=\mu^2(n)=|\mu(n)|$,这里求和号表示对所有满足$d^2|n$的正整数$d$求和.

4. 证明: (i) $\sum_{d|n}\mu^2(d)=2^{\omega(n)}$, $\omega(n)$表n的不同的素因数的个数, $\omega(1)=0$;

(ii) $\sum_{d|n}\mu(d)\tau(d)=(-1)^{\omega(n)}$.

5. 设k是给定的正整数.证明:

$$\sum_{d^k|n}\mu(d)=\begin{cases}0, & \text{若存在 } m>1 \text{ 使 } m^k|n;\\ 1 & \text{其他,}\end{cases}$$

这里求和号表示对所有满足$d^k|n$的正整数d求和.

6. 求$\sum_{d|n}\mu(d)\sigma(d)$的值.

7. 设$f(n)$是积性函数.证明:

(i) $\sum_{d|n}\mu(d)f(d)=\prod_{p|n}(1-f(p))$;

(ii) $\sum_{d|n}\mu^2(d)f(d)=\prod_{p|n}(1+f(p))$.

其中连乘号表示对n的所有不同的素因数求积.

8. 证明: $\sum_{d\leqslant x}\mu(d)\left[\frac{x}{d}\right]=1$.

9. 求$\sum_{d|n}\mu(d)\ln d$. 并证明: 当n有多于1个不同的素因数时,和式等于零.

§ 13 Euler 函数 $\varphi(m)$ (A)

互素(即既约)是数论中最基本、最重要的概念之一. 给定正整数 m, 讨论与 m 互素的整数集合当然是一个重要问题. 显见, 为此只需考虑在正整数集合 $\{1,2,\cdots,m\}$ 中与 m 互素的整数(为什么). 本节将讨论这样一个问题: 其中与 m 互素的数有多少个? 我们将用 § 12 的筛法(定理 2)来解决这一问题. 本节所证明的定理 1 在 § 17 和 § 21 中要用同余理论给出不同的证明.

Euler 函数 $\varphi(m)$ 设 m 是正整数, $1,2,\cdots,m$ 中与 m 互素的数的个数记作 $\varphi(m)$, 称为 Euler 函数.

由定义容易算出:

$$\varphi(1)=\varphi(2)=1, \quad \varphi(3)=2, \quad \varphi(4)=2,$$
$$\varphi(5)=4, \quad \varphi(6)=2, \quad \varphi(7)=6, \quad \varphi(8)=4.$$

设 p 为素数, $m=p^{\alpha}(\alpha\geqslant 1)$. 因为 $1,2,\cdots,p^{\alpha}$ 中与 p^{α} 不互素的数就是那些被 p 整除的数, 即 $p,2p,3p,\cdots,p^{\alpha-1}\cdot p$, 共 $p^{\alpha-1}$ 个, 因此有

$$\varphi(p^{\alpha})=p^{\alpha}-p^{\alpha-1}=p^{\alpha}(1-1/p). \tag{1}$$

定理 1 $\varphi(m)$ 是积性函数. $\varphi(1)=1$, 及

$$\varphi(m)=m\prod_{p\mid m}\left(1-\frac{1}{p}\right), \quad m>1. \tag{2}$$

证 在 § 12 定理 2 中取 $A=\{1,2,\cdots,m\}$, $K=m$. 因此, $S(A;K)=\varphi(m)$, 及当 $d\mid m$ 时 $|A_d|=m/d$. 由 § 12 式(5)得

$$\varphi(m)=\sum_{d\mid m}\mu(d)\frac{m}{d}=m\sum_{d\mid m}\frac{\mu(d)}{d}. \tag{3}$$

由此及 § 11 定理 2, § 12 式(8)就推出全部结论. 证毕.

由式(1)可以看出 $\varphi(m)$ 不是完全积性的. 由式(3)推出, 除了 $\varphi(1)=\varphi(2)=1$ 外, 必有

$$2\mid\varphi(m),\quad m\geqslant 3. \tag{4}$$

定理 2 设 m 是正整数. 我们有

$$\sum_{d\mid m}\varphi(d)=m. \tag{5}$$

我们要给出两个证明.

证明一 由定理 1 及 § 11 定理 2 知 $\sum\limits_{d\mid m}\varphi(d)$ 是积性函数. 当 $m=p^{\alpha}$ 时,由式(1)知

$$\sum_{d\mid p^{\alpha}}\varphi(d)=\varphi(1)+\varphi(p)+\cdots+\varphi(p^{\alpha})=p^{\alpha}.$$

由此及积性就推出式(5). 证毕.

证明二 我们来把正整数

$$1,2,\cdots,j,\cdots,m \tag{6}$$

按其和 m 的最大公约数分类,即和 m 的最大公约数相同的作为一类. 这样,在 m 的正除数 d 和这样的正整数类之间建立了一个一一对应关系,即对于每个 m 的正除数 d 对应于集合(6)中所有和 m 的最大公约数为 d 的那些正整数组成的子集. 显见,m 的不同的正除数对应于不相交的子集合,所以,集合(6)就是所有这种子集之并集. 我们来求这种子集:

$$(j,m)=d,\quad 1\leqslant j\leqslant m. \tag{7}$$

设 $j=dh$,式(7)就等价于(利用 § 4 定理 12)

$$(h,m/d)=1,\quad 1\leqslant h\leqslant m/d. \tag{8}$$

而这样的 h 的个数就是 $\varphi(m/d)$,这也就是满足式(7)的 j 的个数. 因而由以上讨论知

$$m=\sum_{d\mid m}\varphi\left(\frac{m}{d}\right), \tag{9}$$

由此及 § 2 定理 2 即得所要结论. 证毕.

应该指出的是在证明二中实际上只用到了 $\varphi(m)$ 的定义而没有用 $\varphi(m)$ 的其他性质. 但这里用到了初等数论中一个极其重要的论证方法: 把一个整数集合(在这里是由式(6)给出)按其与对一个给定的正整数 K(在这里是 m)的最大公约数来分类. 此外,由式

(7)确定的 j 组成的子集，通过关系式 $j=dh$ 由式(8)就可看出，它实际上是 $1,2,\cdots,m/d$ 中所有与 m/d 互素的数乘以同一个 d 而得到，因此，实质上就是把集合 $\{1,2,\cdots,m\}$ 分解成了这样的各个子集合之和，d 取模 m 的全体正除数. 式(9)就是刻画了这一关系. 例如，取 $m=12$，正除数 $d=1,2,3,4,6$. 这种分解见表 1.

表 1

$(12,j)$ \ j	1	2	3	4	5	6	7	8	9	10	11	12
1	1				5		7				11	
2		2								10		
3			3						9			
4				4				8				
6						6						12

习 题 十 三

1. 证明：(i) 必有无穷多个正整数 n，使得 $3\nmid\varphi(n)$；

(ii) 对任一正整数 $d\geqslant 3$，必有无穷多个正整数 n，使得 $d\nmid\varphi(n)$.

2. 对给定的正整数 k，仅有有限多个 n 使得 $\varphi(n)=k$.

3. 证明：(i) $\varphi(mn)=(m,n)\varphi([m,n])$；

(ii) $\varphi(mn)\varphi((m,n))=(m,n)\varphi(m)\varphi(n)$；

(iii) 当 $(m,n)>1$ 时，则有 $\varphi(mn)>\varphi(m)\varphi(n)$.

4. 求最小正整数 k，使得 $\varphi(n)=k$ 无解；恰有两个解；恰有三个解；恰有四个解(一个没有解决的猜想是：不存在正整数 k，使得 $\varphi(n)=k$ 恰有一个解).

5. 求 $\varphi(n)=24$ 的全部正整数 n.

6. 设 $n>1$，$f(n)$表示不超过 n 且与 n 既约的所有正整数之和，证明：若 $f(n)=f(m)$，则 $m=n$.

7. 证明：若 $n>1$，$\varphi(m)=\varphi(mn)$，则必有 $n=2$，$2\nmid m$.

8. (i) 设 $k \mid n$,证明:$\sum\limits_{\substack{d=1\\(d,n)=k}}^{n} 1=\varphi(n/k)$.

(ii) 设 $f(n)$是一数论函数,证明:

$$\sum_{d=1}^{n} f((d,n))=\sum_{d \mid n} f(d) \varphi(n/d).$$

(iii) 证明:$\sum\limits_{d=1}^{n}(d,n) \mu((d,n))=\mu(n)$.

9. 证明:$\mu(n)=\sum\limits_{\substack{d=1\\(d,n)=1}}^{n} \mathrm{e}^{2\pi i d/n}$.

10. 以 $f(n)$表示满足:$1 \leqslant d \leqslant n,(d,n)=(d+1,n)=1$ 的 d 的个数. 证明:$f(n)$是积性函数,且 $f(n)=n \prod\limits_{p \mid n}\left(1-\frac{2}{p}\right)$.

§ 14 Möbius 变换及其反转公式

在前面几节中多次讨论了这样的问题：由给定的数论函数 $f(n)(n\in\boldsymbol{N})$，来构造一个新的数论函数

$$F(n)=\sum_{d|n}f(d),\quad n\in\boldsymbol{N}. \tag{1}$$

例如，

$f(n)$	1	n	$\mu(n)$	$\varphi(n)$
$F(n)$	$\tau(n)$	$\sigma(n)$	$[1/n]$	n

§ 11 式(19)指出了计算式(1)右边和式的一般方法，特别当 $f(n)$ 是积性函数时，这和式是容易计算的，式(1)是关于数论函数的一种重要运算. 我们把 $F(n)$ 称为是 $f(n)$ 的 **Möbius 变换**，而把 $f(n)$ 称为是 $F(n)$ 的 **Möbius 逆变换**. 本节要讨论这种变换的基本性质.

定理 1 设 $f(n)$ 和 $F(n)$ 是定义在 $\boldsymbol{N}$ 上的数论函数. 那么，式(1)成立的充要条件是

$$f(n)=\sum_{d|n}\mu(d)F\left(\frac{n}{d}\right),\quad n\in\boldsymbol{N}. \tag{2}$$

证 必要性 假设式(1)成立. 我们有

$$\begin{aligned}\sum_{d|n}\mu(d)F\left(\frac{n}{d}\right)&=\sum_{d|n}\mu(d)\sum_{l|n/d}f(l)\\&=\sum_{l|n}f(l)\sum_{d|n/l}\mu(d)=f(n),\end{aligned}$$

最后一步用到了 § 12 引理 1，所以式(2)成立.

充分性 假设式(2)成立. 我们有

$$\sum_{d|n}f(d)=\sum_{d|n}\sum_{l|d}\mu(l)F\left(\frac{d}{l}\right)$$

$$=\sum_{l|n}\mu(l)\sum_{l|d,d|n}F\left(\frac{d}{l}\right),$$

令 $d=lk$ 得

$$\sum_{d|n}f(d)=\sum_{l|n}\mu(l)\sum_{k|n/l}F(k)$$
$$=\sum_{k|n}F(k)\sum_{l|n/k}\mu(l)=F(n),$$

即式(1)成立,最后一步也用到了§12引理1.证毕.

§13的式(5)和式(3)正是在定理1中取 $f(n)=\varphi(n)$,$F(n)=n$ 的特例.定理1表明,给定 $F(n)$,必存在唯一的 Möbius 逆变换 $f(n)$,且 $f(n)$ 由式(2)给出.§11定理2已经证明:若 $f(n)$ 是积性函数,则它的 Möbius 变换 $F(n)$ 一定也是积性函数.反过来是否对呢?回答是肯定的.我们来证明一个更一般的结论.

定理2 设 $h(n)$,$g(n)$ 是定义在 $\boldsymbol{N}$ 上的积性函数.那么

$$H(n)=\sum_{d|n}h(d)g\left(\frac{n}{d}\right),\quad n\in\boldsymbol{N},\tag{3}$$

也是积性函数.

证 由 $h(1)=g(1)=1$ 知 $H(1)=1$.当 $1<n=p_1^{\alpha_1}\cdots p_r^{\alpha_r}$ 时有(利用§11式(19)及积性)

$$H(n)=\sum_{e_1=0}^{\alpha_1}\cdots\sum_{e_r=0}^{\alpha_r}h(p_1^{e_1}\cdots p_r^{e_r})g(p_1^{\alpha_1-e_1}\cdots p_r^{\alpha_r-e_r})$$
$$=\sum_{e_1=0}^{\alpha_1}\cdots\sum_{e_r=0}^{\alpha_r}\{h(p_1^{e_1})\cdots h(p_r^{e_r})\}\{g(p_1^{\alpha_1-e_1})\cdots g(p_r^{\alpha_r-e_r})\}$$
$$=\left\{\sum_{e_1=0}^{\alpha_1}h(p_1^{e_1})g(p_1^{\alpha_1-e_1})\right\}\cdots\left\{\sum_{e_r=0}^{\alpha_r}h(p_r^{e_r})g(p_r^{\alpha_r-e_r})\right\}$$
$$=H(p_1^{\alpha_1})\cdots H(p_r^{\alpha_r}).$$

由此,从§11定理1就推出 $H(n)$ 是积性的.证毕.

推论3 设 $F(n)$ 是 $f(n)$ 的 Möbius 变换.那么,$f(n)$ 是积性函数的充要条件是 $F(n)$ 也是积性函数.

证 必要性就是§11定理2(事实上取 $g(n)\equiv1$,这里的定理

2 就是 §11 的定理 2).

充分性　已知 $F(n)$是积性的. 在定理 2 中取 $h(n)=\mu(n)$, $g(n)=F(n)$, 由定理 1 知, 这时 $H(n)=f(n)$, 因此, $f(n)$是积性的. 证毕.

数论函数(不一定是积性的)$h(n)$, $g(n)$, $H(n)$若满足式(3), 则称 $H(n)$为 $h(n)$和 $g(n)$的 **Dirichlet 卷积**, 记作

$$H=h*g.$$

关于卷积有许多有趣的性质, 这将安排在习题中. 显见式(3)中的和式也可表为

$$\sum_{d|n}h(d)g\left(\frac{n}{d}\right)=\sum_{d|n}h\left(\frac{n}{d}\right)g(d)=\sum_{n=dl}h(d)g(l),$$

最后一个求和号表示对所有满足 $n=dl$ 的不同的正整数对 $\{d,l\}$ 求和.

例 1　求 Liouville 函数 $\lambda(n)$的 Möbius 变换.

解

$$\sum_{d|p^\alpha}\lambda(d)=(-1)^0+(-1)^1+\cdots+(-1)^\alpha=\begin{cases}1, & 2|\alpha;\\ 0, & 2\nmid\alpha.\end{cases}$$

由此及 $\lambda(n)$是积性函数得

$$\sum_{d|n}\lambda(d)=\begin{cases}1, & n\text{ 是完全平方};\\ 0, & \text{其他}.\end{cases}$$

例 2　求 $\mu^2(n)/\varphi(n)$的 Möbius 变换.

解

$$\sum_{d|p^\alpha}\mu^2(d)/\varphi(d)=1+1/(p-1)=(1-1/p)^{-1}.$$

由此及 $\mu^2(n)/\varphi(n)$是积性函数得

$$\sum_{d|n}\mu^2(d)/\varphi(d)=\prod_{p|n}(1-1/p)^{-1}=n/\varphi(n).$$

例 3　求 $\Omega(n)$的 Möbius 变换 $F(n)$.

解　$\Omega(n)$不是积性函数. 只能利用 §11 式(19)计算. $F(1)=0$, $1<n=p_1^{\alpha_1}\cdots p_r^{\alpha_r}$ 时,

$$F(n)=\sum_{e_1=0}^{\alpha_1}\cdots\sum_{e_r=0}^{\alpha_r}\Omega(p_1^{e_1}\cdots p_r^{e_r})$$
$$=\sum_{e_1=0}^{\alpha_1}\cdots\sum_{e_r=0}^{\alpha_r}(e_1+\cdots+e_r)$$
$$=\frac{1}{2}\alpha_1(\alpha_1+1)\cdots(\alpha_r+1)+\cdots+\frac{1}{2}\alpha_r(\alpha_1+1)\cdots(\alpha_r+1)$$
$$=\frac{1}{2}\Omega(n)\tau(n).$$

例 4 求 $F(n)=n^t$ 的 Möbius 逆变换 $f(n)$.

解 n^t 是积性的,由式(2)得

$$f(p^\alpha)=p^{\alpha t}-p^{(\alpha-1)t}=p^{\alpha t}(1-p^{-t}).$$

因此有

$$f(n)=n^t\prod_{p|n}(1-p^{-t}).$$

例 5 求 $F(n)=\varphi(n)$的 Möbius 逆变换.

解 $\varphi(n)$是积性的,由式(2)得

$$f(p^\alpha)=\varphi(p^\alpha)-\varphi(p^{\alpha-1})=\begin{cases}p(1-2/p), & \alpha=1;\\ p^\alpha(1-p^{-1})^2, & \alpha\geqslant 2.\end{cases}$$

因此有

$$f(n)=n\prod_{p\parallel n}\left(1-\frac{2}{p}\right)\prod_{p^2|n}\left(1-\frac{1}{p}\right)^2.$$

例 6 求 $F(n)=\ln n$ 的 Möbius 逆变换 $\Lambda(n)$.

解 由式(2)及§12 引理 1 得

$$\Lambda(n)=\sum_{d|n}\mu(d)\ln\frac{n}{d}=\ln n\sum_{d|n}\mu(d)-\sum_{d|n}\mu(d)\ln d$$
$$=-\sum_{d|n}\mu(d)\ln d. \tag{4}$$

因此,$\Lambda(1)=0$,以及当 $1<n=p_1^{\alpha_1}\cdots p_r^{\alpha_r}$ 时

$$\Lambda(n)=-\sum_{e_1=0}^{\alpha_1}\cdots\sum_{e_r=0}^{\alpha_r}\mu(p_1^{e_1}\cdots p_r^{e_r})\ln(p_1^{e_1}\cdots p_r^{e_r})$$

$$=-\sum_{e_1=0}^{1}\cdots\sum_{e_r=0}^{1}(-1)^{e_1+\cdots+e_r}\{e_1\ln p_1+\cdots+e_r\ln p_r\}$$

$$=-(\ln p_1)\Big\{\sum_{e_1=0}^{1}\cdots\sum_{e_r=0}^{1}e_1(-1)^{e_1+\cdots+e_r}\Big\}\cdots$$

$$-(\ln p_r)\Big\{\sum_{e_1=0}^{1}\cdots\sum_{e_r=0}^{1}e_r(-1)^{e_1+\cdots+e_r}\Big\}.$$

容易计算

$$\sum_{e_1=0}^{1}\cdots\sum_{e_r=0}^{1}e_j(-1)^{e_1+\cdots+e_r}=\begin{cases}-1, & r=1;\\ 0, & r>1.\end{cases}$$

因此

$$\Lambda(n)=\begin{cases}\ln p, & n=p^\alpha,\alpha\geqslant 1;\\ 0, & \text{其他}.\end{cases} \tag{5}$$

这是一个十分重要的数论函数，在素数分布理论中起重要作用，通常称为 Mangoldt 函数，它满足式(4)及

$$\sum_{d\mid n}\Lambda(d)=\ln n,\quad n\in\boldsymbol{N}. \tag{6}$$

习 题 十 四

1. 证明：$f(n)$的 Möbius 变换的 Möbius 变换为

$$\sum_{d\mid n}f(d)\tau(n/d).$$

2. 证明：$Q_k(n)=\sum_{d^k\mid n}\mu(d)$，$Q_k(n)$同习题十一第 5 题.

3. 求$|\mu(n)|$的 Möbius 变换及 Möbius 逆变换.

4. 求 $P_k(n)$（见习题十一第 4 题）的 Möbius 变换及 Möbius 逆变换. 证明：$P_2(n)$的 Möbius 逆变换是 $\lambda(n)$.

5. 求 $Q_k(n)$（见习题十一第 5 题）的 Möbius 变换及 Möbius 逆变换.

6. 设 k 是给定的正整数. 以 $\varphi_k(n)$表满足以下条件的数组$\{d_1,d_2,\cdots,d_k\}$的个数：

$$1\leqslant d_j\leqslant n,1\leqslant j\leqslant k \text{ 及}(d_1,\cdots,d_k,n)=1$$

(显见,$\varphi_1(n)=\varphi(n)$). 证明:

(i) $\varphi_k(n)$的 Möbius 变换是 n^k(用两种不同的证法);

(ii) $\varphi_k(n)=n^k\prod_{p\mid n}\left(1-\frac{1}{p^k}\right)$.

7. 设 $S_k(n)=n^{-k}\sum_{j=1}^{n}j^k,S_k^*(n)=n^{-k}\sum_{\substack{j=1\\(j,n)=1}}^{n}j^k$.

(i) 证明 $S_k^*(n)$的 Möbius 变换是 $S_k(n)$(用两种方法证);

(ii) 求 $S_1^*(n),S_2^*(n)$的值.

8. 设 $h(n)$是完全积性函数,$f(n)$及 $F(n)$是两个数论函数. 证明: $F(n)=\sum_{d\mid n}f(d)h(n/d)$成立的充要条件是

$$f(n)=\sum_{d\mid n}\mu(d)F(n/d)h(d).$$

以下第 9~17 题是关于 Dirichlet 卷积的习题,$U,I,\mu,E,\varphi,\tau,\sigma$ 分别表示数论函数 $U(n)\equiv1,I(n)=[1/n],\mu(n),E(n)=n,\varphi(n),\tau(n),\sigma(n)$.

9. 设 f_1,f_2,f_3 是数论函数. 证明:

(i) $f_1*f_2=f_2*f_1$;

(ii) $(f_1*f_2)*f_3=f_1*(f_2*f_3)$;

(iii) $(f_1+f_2)*f_3=(f_1*f_3)+(f_2*f_3)$,这里"+"号表示函数的加法;

(iv) $f_1*I=f_1$.

10. 证明: (i) $\mu*U=I$; (ii) $\tau=U*U$; (iii) $\varphi=\mu*E$; (iv) $\sigma=U*E$; (v) $\sigma=\varphi*\tau$; (vi) $\sigma*\varphi=E*E$; (vii) $\tau^2*\mu=\tau*\mu^2$.

11. 设 f 是数论函数,$f(1)\neq0$. 证明: 必有唯一的一个数论函数 g 使得 $f*g=I$. 我们称 g 是 f 的 **Dirichlet 逆**,记作 f^{-1}. 证明:

$$(f^{-1})^{-1}=f;\quad (f_1*f_2)^{-1}=(f_1^{-1})*(f_2^{-1}).$$

12. 若 f 是积性函数,则 f^{-1}也是积性函数.

13. 设 $h=f*g$. 证明：若 h 和 g 都是积性的，则 f 也是积性的.

14. 证明：(i) $\mu^{-1}=U$；(ii) $\tau^{-1}=\mu*\mu$；(iii) 求 E^{-1}；(iv) 求 σ^{-1},φ^{-1}；(v) 求 Liouville 函数 λ 的逆.

15. 设 f 是积性函数. 证明：f 是完全积性的充要条件是对每个素数 p 及所有整数 $l\geqslant 2$ 有 $f^{-1}(p^l)=0$.

16. 设 f 是完全积性函数，g 是一个数论函数，$g(1)\neq 0$. 证明：(i) $(fg)^{-1}=fg^{-1}$；(ii) $f^{-1}=\mu f$.

17. 设 f 是积性函数. 证明：f 是完全积性的充要条件是上题中的(ii)成立.

18. 以下是几个推广形式的 Möbius 反转公式，它们可以直接验证，也可以利用 $\sum\limits_{d\mid n}\mu(d)=[1/n]$ 来导出.

(i) 设 $x\geqslant 1$，K 是给定正整数. 再设 $1\leqslant n\leqslant x$，$n\mid K$. 证明：$F(n)=\sum\limits_{\substack{d\mid K\\ n\mid d\leqslant x}}f(d)$ 成立的充要条件是 $f(n)=\sum\limits_{\substack{d\mid K\\ n\mid d\leqslant x}}\mu(d/n)F(d)$.

(ii) 设实数 $0<x_0\leqslant x_1$，$\alpha(x)$，$\beta(x)$ 是定义在区间 $[x_0,x_1]$ 上的实变数 x 的函数. 证明：$\beta(x)=\sum\limits_{1\leqslant d\leqslant x_1/x}\alpha(dx)$ 成立的充要条件是 $\alpha(x)=\sum\limits_{1\leqslant d\leqslant x_1/x}\mu(d)\beta(dx)$，这里 d 是整变数.

(iii) 设 $\alpha(x)$，$\beta(x)$ 是定义在 $x\geqslant 1$ 上的函数. 证明：$\beta(x)=\sum\limits_{1\leqslant d\leqslant x}\alpha(x/d)$ 成立的充要条件是 $\alpha(x)=\sum\limits_{1\leqslant d\leqslant x}\mu(d)\beta(x/d)$，这里 d 是整变数.

19. 设 $x\geqslant 1$，$\Psi(x)=\sum\limits_{n\leqslant x}\Lambda(n)$. 证明：(i)

$$\sum_{n\leqslant x}\Psi(x/n)=\ln([x]!).$$

(ii) $\Psi(x)=\sum\limits_{n\leqslant x}\mu(n)\ln([x/n]!)$.

(iii) 设正整数 $n\geqslant 1$. 证明：

$$\Psi(2n)-\Psi(n)\leqslant\ln\frac{(2n)!}{(n!)^2}\leqslant\Psi(2n).$$

(iv) 设 $x\geqslant 2$. 证明：

$$\left(\frac{1}{4}\ln 2\right)x<\Psi(x)<(4\ln 2)x.$$

这是 Chebyshev 不等式(§10 定理 1 式(1))的另一形式.

§15 同　　余

定义 1(同余)　设 $m\neq 0$. 若 $m|a-b$,即 $a-b=km$,则称 **a 同余于 b 模 m,b 是 a 对模 m 的剩余**,记作

$$a\equiv b(\mathrm{mod}\ m); \tag{1}$$

不然,则称 **a 不同余于 b 模 m,b 不是 a 对模 m 的剩余**,记作

$$a\not\equiv b(\mathrm{mod}\ m).$$

关系式(1)称为**模 m 的同余式**,或简称**同余式**.

由于 $m|a-b$ 等价于 $-m|a-b$,所以同余式(1)等价于

$$a\equiv b(\mathrm{mod}\ (-m)),$$

因此,以后**总假定模 $m\geqslant 1$**. 在同余式(1)中,若 $0\leqslant b<m$,则称 **b 是 a 对模 m 的最小非负剩余**;若 $1\leqslant b\leqslant m$,则称 **b 是 a 对模 m 的最小正剩余**;若 $-m/2<b\leqslant m/2$(或 $-m/2\leqslant b<m/2$),则称 **b 是 a 对模 m 的绝对最小剩余**.

这样,$m|a$ 就可记为 $a\equiv 0(\mathrm{mod}\ m)$,所以,所有的偶数可表为 $a\equiv 0(\mathrm{mod}\ 2)$. 由于奇数 a 满足 $2|a-1$,所以,所有的奇数可表为 $a\equiv 1(\mathrm{mod}\ 2)$. 对给定的 b 和模 m,所有同余于 b 模 m 的数就是算术数列

$$b+km,\quad k=0,\pm 1,\pm 2,\cdots.$$

定理 1　a 同余于 b 模 m 的充要条件是 a 和 b 被 m 除后所得的最小非负余数相等,即若

$$a=q_1m+r_1,\quad 0\leqslant r_1<m;$$
$$b=q_2m+r_2,\quad 0\leqslant r_2<m,$$

则 $r_1=r_2$.

证　我们有 $a-b=(q_1-q_2)m+(r_1-r_2)$. 因此,$m|a-b$ 的充要条件是 $m|r_1-r_2$,由此及 $0\leqslant|r_1-r_2|<m$ 即得 $r_1=r_2$. 证毕.

“同余”按其词意来说，就是“余数相同”，定理1正好说明了这一点. 容易证明(留给读者)：a 对模 m 的最小非负剩余、最小正剩余、及绝对最小剩余正好分别是 a 被 m 除后所得的最小非负余数、最小正余数、及绝对最小余数(见§3定理2后). 同余式(1)就是一般的带余数除法

$$a=km+b. \tag{2}$$

我们知道，若式(2)成立，那么在讨论一个 a 的整系数多项式被 m 去除的问题时，b 与 a 是一样的，即 a 可用 b 代替，而其中的“部分商”k 不起作用. 同余式符号(1)正是抓住了这一关键；在上面的除法算式中去掉了 k，保留了 b，突出了 a 与 b 在讨论被 m 整除的问题中两者起相同的作用. 应用同余式的符号在讨论整除问题中，确实比应用整除符号及除法算式方便、有效，能起到旧有符号起不到的作用. 这将在以后的讨论中及与以前各节的论证的比较中看出. 为了学会应用这一新的符号，首先要来讨论它的基本性质，即用同余符号来表示整除性质.

对固定的模 m，同余、同余式和相等、等式有以下同样的性质：

性质Ⅰ 同余是一种等价关系，即有

自反性：$a\equiv a(\mathrm{mod}\ m)$，

对称性：$a\equiv b(\mathrm{mod}\ m)\Longleftrightarrow b\equiv a(\mathrm{mod}\ m)$，

传递性：$a\equiv b(\mathrm{mod}\ m), b\equiv c(\mathrm{mod}\ m)\Longrightarrow a\equiv c(\mathrm{mod}\ m)$.

证 由 $m\mid a-a=0, m\mid a-b\Longleftrightarrow m\mid b-a$，以及 $m\mid a-b$，$m\mid b-c\Longrightarrow m\mid(a-b)+(b-c)=a-c$，就推出这三个性质.

性质Ⅱ 同余式可以相加，即若有

$$a\equiv b(\mathrm{mod}\ m),\quad c\equiv d(\mathrm{mod}\ m), \tag{3}$$

则

$$a+c\equiv b+d(\mathrm{mod}\ m).$$

证 由 $m\mid a-b, m\mid c-d\Longrightarrow m\mid(a-b)+(c-d)=(a+c)-(b+d)$，就证明了所要结论.

性质Ⅲ 同余式可以相乘，即若式(3)成立，则有

$$ac\equiv bd(\mathrm{mod}\ m).$$

证 由 $a=b+k_1m, c=d+k_2m$ 推出

$$ac=bd+(bk_2+dk_1+k_1k_2m)m,$$

这就证明了所要的结论.

由性质Ⅰ,Ⅱ,Ⅲ立即推出(证明留给读者):

性质Ⅳ 设 $f(x)=a_nx^n+\cdots+a_0, g(x)=b_nx^n+\cdots+b_0$ 是两个整系数多项式,满足

$$a_j\equiv b_j(\mathrm{mod}\ m),\quad 0\leqslant j\leqslant n. \tag{4}$$

那么,若 $a\equiv b(\mathrm{mod}\ m)$,则

$$f(a)\equiv g(b)(\mathrm{mod}\ m).$$

通常我们把满足条件(4)的这两个多项式 $f(x), g(x)$ 称为**多项式 $f(x)$ 同余于多项式 $g(x)$ 模 m**,记作

$$f(x)\equiv g(x)(\mathrm{mod}\ m). \tag{5}$$

应该指出的是:对所有的整数 x 有

$$f(x)\equiv g(x)(\mathrm{mod}\ m) \tag{6}$$

成立时,并不一定有式(5)成立.例如,对所有整数 x 有

$$x(x-1)\cdots(x-m+1)\equiv 0(\mathrm{mod}\ m)$$

成立;由§4例7(ii)知,当 $m=$素数 p 时,对所有整数 x 有

$$x^p-x\equiv 0(\mathrm{mod}\ p)$$

成立.但是,显然有

$$x(x-1)\cdots(x-m+1)\not\equiv 0(\mathrm{mod}\ m),$$

$$x^p-x\not\equiv 0(\mathrm{mod}\ p).$$

对所有整数 x 都成立的同余式(6)称为是**模 m 的恒等同余式**.显见,式(5)一定是恒等同余式,但上面两例表明反过来并不一定对.

下面是涉及模的两个简单性质.

性质Ⅴ 设 $d\geqslant 1, d|m$.那么,若同余式(1)成立,则

$$a\equiv b(\mathrm{mod}\ d).$$

证 这由 $d|m, m|a-b\Longrightarrow d|a-b$ 即得.

性质Ⅵ 设 $d\neq 0$. 那么同余式(1)等价于

$$da\equiv db(\bmod\ |d|m).$$

证 这由 $|d|m|da-db\Longleftrightarrow m|a-b$ 推出.

一般说来,在模不变的条件下,同余式两边不能相约,即由 $d\neq 0$, $da\equiv db(\bmod\ m)$ 不能推出必有 $a\equiv b(\bmod\ m)$. 例如:$6\cdot 3\equiv 6\cdot 8(\bmod\ 10)$, 但 $3\not\equiv 8(\bmod\ 10)$.

以上的性质仅是最简单的整除性质(§2 定理 1)用同余符号相表示. 由进一步的整除性质可得到相应的同余式的性质,这些性质和等式性质不同.

性质Ⅶ 同余式

$$ca\equiv cb(\bmod\ m) \tag{7}$$

等价于

$$a\equiv b(\bmod\ m/(c,m)).$$

特别地,当 $(c,m)=1$ 时,同余式(7)等价于

$$a\equiv b(\bmod\ m),$$

即同余式(7)两边可约去 c.

证 同余式(7)即 $m|c(a-b)$, 这等价于

$$\frac{m}{(c,m)}\left|\frac{c}{(c,m)}(a-b)\right..$$

由 §4 定理 14 及 $(m/(c,m),c/(c,m))=1$ 知,这等价于

$$\frac{m}{(c,m)}\left|a-b\right..$$

这就证明了所要的结论.

性质Ⅷ 若 $m\geqslant 1$, $(a,m)=1$, 则存在 c 使得

$$ca\equiv 1(\bmod\ m). \tag{8}$$

我们把 c 称为是 **a 对模 m 的逆**,记作 $a^{-1}(\bmod\ m)$ 或 a^{-1}.

证 由 §4 定理 8 知,存在 x_0,y_0, 使得 $ax_0+my_0=1$. 取 $c=x_0$ 即满足要求.

例如

a	1	2	3	4	5	6
$a^{-1}(\bmod 7)$	1	4	5	2	3	6

a	1	5	7	11
$a^{-1}(\bmod 12)$	1	5	7	11

a	1	2	3	4	5	6	7	8	9	10	11	12
$a^{-1}(\bmod 13)$	1	7	9	10	8	11	2	5	3	4	6	12

显见，a 对模 m 的逆 c 不是唯一的. 当 c 是 a 对模 m 的逆时，任一 $\tilde{c}\equiv c(\bmod m)$ 也一定是 a 对模 m 的逆；以及由性质Ⅶ知，a 对模 m 的任意两个逆 c_1,c_2 必有 $c_1\equiv c_2(\bmod m)$. 以后我们写 $a^{-1}(\bmod m)$ 或 a^{-1} 时是指任一取定的满足式(8)的 c. 此外，显见 $(a^{-1},m)=1$ 及 $(a^{-1})^{-1}\equiv a(\bmod m)$.

性质Ⅸ 同余式组

$$a\equiv b(\bmod m_j),\quad j=1,2,\cdots,k$$

同时成立的充要条件是

$$a\equiv b(\bmod [m_1,\cdots,m_k]).$$

证 由§4定理6知，$m_j\mid a-b(j=1,\cdots,k)$ 同时成立的充要条件是 $[m_1,\cdots,m_k]\mid a-b$. 这就是要证的结论.

由于同余式有以上这些性质，特别是有类似于等式的性质使得我们在解整除问题时，利用同余符号比利用整除符号要方便得多. 下面来举几个例子.

例1 求 3^{406} 写成十进位数时的个位数.

按题意是要求 a 满足

$$3^{406}\equiv a(\bmod 10),\quad 0\leqslant a\leqslant 9.$$

显然有，$3^2\equiv 9\equiv -1(\bmod 10)$，$3^4\equiv 1(\bmod 10)$. 进而有 $3^{404}\equiv 1(\bmod 10)$. 因此，$3^{406}\equiv 3^{404}\cdot 3^2\equiv 9(\bmod 10)$. 所以个位数是 9.

例2 求 3^{406} 写成十进位数时的最后两位数.

我们只要求出 b 满足

$$3^{406}\equiv b(\bmod 100),\quad 0\leqslant b\leqslant 99.$$

注意到 $100=4\cdot 25,(4,25)=1$. 显然有 $3^2\equiv 1(\bmod 4)$, $3^4\equiv 1(\bmod 5)$. 注意到 4 是最小的方次，由 §4 例 11 知，使 $3^d\equiv 1(\bmod 25)$成立的 d，必有 $4|d$. 因此计算：

$$3^4\equiv 81\equiv 6(\bmod 25),\quad 3^8\equiv 36\equiv 11(\bmod 25),$$

$$3^{12}\equiv 66\equiv -9(\bmod 25),\quad 3^{16}\equiv -54\equiv -4(\bmod 25),$$

$$3^{20}\equiv -24\equiv 1(\bmod 25).$$

由此及 $3^{20}\equiv 1(\bmod 4)$，从性质 Ⅸ 推出 $3^{20}\equiv 1(\bmod 100)$, $3^{400}\equiv 1(\bmod 100)$. 因此，$3^{406}\equiv 3^{400}\cdot 3^6\equiv 3^6\equiv 29(\bmod 100)$. 所以，个位数为 9，十位数为 2.

如果不利用性质 $4|d$，就要逐个计算 3^j 对模 25 的剩余 b_j（为便于计算 b_j 应取绝对最小剩余），具体做法如下表：

j	1	2	3	4	5	6	7	8	9	10
b_j	3	9	2	6	−7	4	12	11	8	−1

由这里得到的 $3^{10}\equiv -1(\bmod 25)$就推出 $3^{20}\equiv 1(\bmod 25)$.

例 3 证明 $641|2^{2^5}+1$.

由于数目很大要直接用除法做是很繁的. 利用同余式就是要证 $2^{32}\equiv -1(\bmod 641)$. 641 是素数，利用性质可逐步计算得：

$$2^9\equiv 512\equiv -129(\bmod 641),\quad 2^{11}\equiv 4(-129)\equiv 125(\bmod 641),$$

$$2^{13}\equiv 4\cdot 125\equiv -141(\bmod 641), 2^{15}\equiv 4(-141)\equiv 77(\bmod 641),$$

$$2^{18}\equiv 8\cdot 77\equiv -25(\bmod 641),\quad 2^{22}\equiv 16(-25)\equiv 241(\bmod 641),$$

$$2^{23}\equiv 2\cdot 241\equiv -159(\bmod 641), 2^{25}\equiv 4(-159)\equiv 5(\bmod 641),$$

$$2^{32}\equiv 2^7\cdot 5\equiv -1(\bmod 641).$$

这就证明了所要结论. 本题也可以通过计算 $2^8,2^{16},2^{32}$对模 641 的剩余来算，这时数目要大些.

例 4 证明不定方程 $x^2+2y^2=203$ 无解.

由 $203=7\cdot 29$ 知，若有解 x_0,y_0，则必有$(x_0y_0,203)=1$. 显见有 $x_0^2\equiv -2y_0^2(\bmod 7)$. 由于$(y_0,7)=1$，由性质Ⅷ知 y_0 对模 7 有逆

y_0^{-1}. 在同余式两边乘$(y_0^{-1})^2$得

$$
\begin{aligned}
(x_0y_0^{-1})^2 &\equiv x_0^2(y_0^{-1})^2 \equiv -2y_0^2(y_0^{-1})^2 \\
&\equiv -2(y_0y_0^{-1})^2 \equiv -2 \pmod 7.
\end{aligned}
$$

但n^2对模7的剩余仅可能是：0,1,−3,2,不可能是−2,所以原方程无解.

例5 设$n\geqslant 1$,b的素因数都大于n. 证明：对任意正整数a必有

$$n!\,|\,a(a+b)(a+2b)\cdots(a+(n-1)b).$$

证 由条件知$(b,n!)=1$. 由性质Ⅷ知,b对模$n!$有逆b^{-1}. 我们有

$$
\begin{aligned}
&(b^{-1})^n\cdot a(a+b)\cdots(a+(n-1)b)\\
&\quad\equiv ab^{-1}(ab^{-1}+bb^{-1})\cdots(ab^{-1}+(n-1)bb^{-1})\\
&\quad\equiv ab^{-1}(ab^{-1}+1)\cdots(ab^{-1}+(n-1)) \pmod{n!}.
\end{aligned}
$$

上式右端是n个相邻整数乘积,因此,由§7推论3得到

$$(b^{-1})^n\cdot a(a+b)\cdots(a+(n-1)b)\equiv 0 \pmod{n!}.$$

由于$(b^{-1},n!)=1$,由此从性质Ⅵ就推出

$$a(a+b)\cdots(a+(n-1)b)\equiv 0 \pmod{n!}.$$

这就证明了所要的结论.

例6 设$m>n\geqslant 1$. 求最小的$m+n$使得

$$1000\,|\,1978^m-1978^n.$$

问题就是要求最小的$m+n$使

$$1978^m-1978^n\equiv 0 \pmod{1000} \tag{9}$$

成立. 先来讨论使上式成立的m,n要满足什么条件. 记$k=m-n$. 式(9)即

$$2^n\cdot 989^n(1978^k-1)\equiv 0 \pmod{2^3\cdot 5^3}.$$

由性质Ⅶ,Ⅸ知,它等价于

$$
\begin{cases}
2^n\equiv 0 \pmod{2^3}, & (10)\\
1978^k-1\equiv 0 \pmod{5^3}. & (11)
\end{cases}
$$

由(10)知$n\geqslant 3$. 下面来求使(11)成立的k. 先求使

$$1978^l-1\equiv 0 \pmod 5$$

成立的最小的 l，记作 d_1. 由于

$$1978\equiv 3 \pmod 5.$$

所以 $d_1=4$. 再求使

$$1978^h-1\equiv 0 \pmod{5^2}$$

成立的最小的 h，记作 d_2. 由§4 例 11 知 $4|d_2$，注意到

$$1978\equiv 3 \pmod{5^2},$$

由例 2 的计算知，$d_2=20$. 最后求使

$$1978^k-1\equiv 0 \pmod{5^3}$$

成立的最小 的 k，记作 d_3. 由§4 例 11 知 $20|d_3$. 注意到

$$1978\equiv -22 \pmod{5^3},$$

$$(-22)^{20}\equiv(25-3)^{20}\equiv 3^{20}\equiv(243)^4$$
$$\equiv 7^4\equiv(50-1)^2\equiv 26 \pmod{5^3}.$$

通过计算得

$$1978^{20}\equiv 26 \pmod{5^3}, 1978^{40}\equiv(25+1)^2\equiv 51 \pmod{5^3},$$
$$1978^{60}\equiv(25+1)(50+1)\equiv 76 \pmod{5^3},$$
$$1978^{80}\equiv(50+1)^2\equiv 101 \pmod{5^3},$$
$$1978^{100}\equiv(100+1)(25+1)\equiv 1 \pmod{5^3}.$$

因此，$d_3=100$. 所以由§4 例 11 知必有 $100|k$，最小的 $k=100$. 由此推出为使式(10)和(11)，即式(9)成立的充要条件是

$$n\geqslant 3, \quad 100|m-n.$$

所以，最小的 $m+n=(m-n)+2n=106$.

习 题 十 五

1. 判断以下结论是否成立. 对的给以证明，错的举出反例.

(i) 若 $a^2\equiv b^2 \pmod m$ 成立，则 $a\equiv b \pmod m$.

(ii) 若 $a^2\equiv b^2 \pmod m$，则 $a\equiv b \pmod m$ 或 $a\equiv -b \pmod m$ 至少有一个成立.

(iii) 若 $a\equiv b \pmod m$，则 $a^2\equiv b^2 \pmod{m^2}$.

(iv) 若 $a\equiv b(\bmod 2)$，则 $a^2\equiv b^2(\bmod 2^2)$.

(v) 设 p 是奇素数，$p\nmid a$. 那么，$a^2\equiv b^2(\bmod p)$成立的充要条件是 $a\equiv b(\bmod p)$或 $a\equiv -b(\bmod p)$有且仅有一式成立.

(vi) 设$(a,m)=1$，$k\geqslant 1$. 那么，从 $a^k\equiv b^k(\bmod m)$，$a^{k+1}\equiv b^{k+1}(\bmod m)$同时成立可推出 $a\equiv b(\bmod m)$.

2. 当正整数 m 满足什么条件时，

$$1^3+2^3+\cdots+(m-1)^3+m^3\equiv 0(\bmod m)$$

一定成立(不要计算左边的和式).

3. 设素数 $p\nmid a$，$k\geqslant 1$. 证明：$n^2\equiv an(\bmod p^k)$成立的充要条件是 $n\equiv 0(\bmod p^k)$或 $n\equiv a(\bmod p^k)$.

4. (i) 求 2^{400}对模 10 的最小非负剩余；(ii) 求 2^{1000}的十进位表示中的最后两位数字；(iii) 求 9^{9^9}及 $9^{9^{9^9}}$ 的十进位表示中的最后两位数字；(iv) 求$(13481^{56}-77)^{28}$被 111 除后所得的最小非负余数；(v) 求 2^s 对模 10 的最小非负剩余，$s=2^k$，$k\geqslant 2$.

5. (i) 求 3 对模 7 的逆；(ii) 求 13 对模 10 的逆.

6. 设 a^{-1}是 a 对模 m 的逆. 证明：

(i) $an\equiv c(\bmod m)$成立的充要条件是 $n\equiv a^{-1}c(\bmod m)$；

(ii) $a^{-1}b^{-1}$是 ab 对模 m 的逆，即$(ab)^{-1}\equiv a^{-1}b^{-1}(\bmod m)$. 特别对任意正整数 k，$(a^k)^{-1}\equiv(a^{-1})^k(\bmod m)$.

7. 证明：对任意整数 n，下面五个同余式中至少有一个成立：$n\equiv 0(\bmod 2)$，$n\equiv 0(\bmod 3)$，$n\equiv 1(\bmod 4)$，$n\equiv 5(\bmod 6)$，$n\equiv 7(\bmod 12)$.

8. 证明以下不定方程无解：(i) $x^2-2y^2=77$；(ii) $x^2-3y^2+5z^2=0$.

9. 求出所有的正整数三元组$\{a,b,c\}$，满足条件：

$$a\equiv b(\bmod c),b\equiv c(\bmod a),c\equiv a(\bmod b).$$

10. 设 p 是素数，$f(x)$是整系数多项式，

$$f(x)=q(x)(x^p-x)+r(x),$$

$q(x)$及 $r(x)$是整系数多项式，$r(x)$的次数$<p$. 证明：对所有整数

x,

$$f(x) \equiv r(x) \pmod p,$$

即这是一个模 p 的恒等同余式.

11. 设 p 是素数,$f(x)$是整系数多项式. 再设 $a_1,\cdots,a_k$ 两两对模 p 不同余,满足 $f(a_j)\equiv 0 \pmod p$,$1\leqslant j\leqslant k$. 证明:存在整系数多项式 $q(x)$,使得

$$f(x) \equiv q(x)(x-a_1)\cdots(x-a_k) \pmod p,$$

这里的符号同 § 15 式(5). 进而证明:

$$x^{p-1}-1 \equiv (x-1)\cdots(x-p+1) \pmod p, \tag{a}$$

$$x^p - x \equiv x(x-1)\cdots(x-p+1) \pmod p, \tag{b}$$

$$(p-1)! \equiv -1 \pmod p, \tag{c}$$

及 $p>3$ 时,

$$\sum_{1\leqslant i<j\leqslant p-1} ij \equiv 0 \pmod p. \tag{d}$$

12. 设素数 $p>3$. 证明:

$$\frac{(p-1)!}{1}+\frac{(p-1)!}{2}+\cdots+\frac{(p-1)!}{(p-1)} \equiv 0 \pmod{p^2}.$$

§16 同余类与剩余系

定义 1 同余类(剩余类) 由§15性质Ⅰ知,对给定的模 m,整数的同余关系是一个等价关系,因此全体整数可按对模 m 是否同余分为若干个两两不相交的集合,使得在同一个集合中的任意两个数对模 m 一定同余,而属于不同集合中的两个数对模 m 一定不同余. 每一个这样的集合称为是**模 m 的同余类**,或**模 m 的剩余类**. 我们以 $r \bmod m$ 表 r 所属的模 m 的同余类.

由定义立即推出

定理 1 (i) $r \bmod m=\{r+km: k\in \mathbf{Z}\}$;

(ii) $r \bmod m=s \bmod m$ 的充要条件是 $r\equiv s \pmod m$;

(iii) 对任意的 r,s,要么 $r \bmod m=s \bmod m$,要么 $r \bmod m$ 与 $s \bmod m$ 的交集为空集.

定理 1(ii)表明同余式就是同余类(看为一个元素)的等式,因此,§15 中关于同余式的性质都可表述为同余类的性质.

定理 2 对给定的模 m,有且恰有 m 个不同的模 m 的同余类,它们是

$$0 \bmod m,\ 1 \bmod m,\cdots,(m-1) \bmod m. \tag{1}$$

证 由定理 1(ii)知这是 m 个两两不同的同余类. 对每个整数 a,由§3 定理 1 知

$$a=qm+r,\quad 0\leqslant r<m.$$

因此,由定理 1(i)知,$a\in r \bmod m$,即 a 必属于(1)中的某个同余类. 证毕.

由定理 2 及盒子原理(§1 定理 5)立即推出:

定理 3 (i) 在任意取定的 $m+1$ 个整数中,必有两个数对模 m 同余;

(ii) 存在 m 个数两两对模 m 不同余.

证 因为对模 m 共有 m 个由式(1)给出的同余类,所以 $m+1$ 个数中必有两个数属于同一个模 m 的同余类,这两个数就对模 m 同余. 这就证明了(i). 在每个同余类 $r \bmod m(0\leqslant r<m)$中取定一个数 x_r 作代表,这样就得到 m 个两两对模 m 不同余的数 $x_0,x_1,\cdots,x_{m-1}$. 这就证明了(ii).

由定理 3 可引进以下概念:

定义 2(完全剩余系) 一组数 $y_1,\cdots,y_s$ 称为是**模 m 的完全剩余系**,如果对任意的 a 有且仅有一个 y_j 是 a 对模 m 的剩余,即 a 同余于 y_j 模 m.

由定义中 y_j 的唯一性知这 s 个数一定是两两对模 m 不同余. 由定理 3 知,模 m 的完全剩余系是存在的,且 $s=m$,以及给定的 m 个数是一组模 m 的完全剩余系的充要条件是它们两两对模 m 不同余. 事实上,一组模 m 的完全剩余系就是在模 m 的每个同余类中取定一个数作为代表所构成的一组数;而对于一组模 m 的完全剩余系 $y_1,\cdots,y_m$,

$$y_1 \bmod m,\cdots,y_m \bmod m \tag{2}$$

就是模 m 的 m 个两两不同的同余类,以及

$$\mathbf{Z}=\bigcup_{1\leqslant j\leqslant m} y_j \bmod m. \tag{3}$$

完全剩余系的形式是多种多样的,学会在不同的问题中选取合适的完全剩余系是十分重要的. 由定理 2 知,对任意取定的 m 个整数 $k_r(0\leqslant r<m)$,

$$r+k_r m,\quad 0\leqslant r<m \tag{4}$$

是模 m 的一组完全剩余系,以及对模 m 的任给的一组完全剩余系,一定可以选取适当的 $k_r(0\leqslant r<m)$,使它由式(4)表出. 一般地,由式(2)知,当 $y_j(1\leqslant j\leqslant m)$是任给的一组模 m 的完全剩余系时,对任取的整数 $h_j(1\leqslant j\leqslant m)$,

$$y_j+h_j m,\quad 1\leqslant j\leqslant m, \tag{4'}$$

是模 m 的一组完全剩余系；反过来，对模 m 的任意一组完全剩余系，一定可以选取适当的 $h_j(1\leqslant j\leqslant m)$，使它由式(4)表出. 下面举出几组常用的完全剩余系.

模 m 的**最小非负完全剩余系**：

$$0,1,\cdots,m-1.$$

这可由式(4)取 $k_r=0(0\leqslant r<m)$ 得到.

模 m 的**最小正完全剩余系**：

$$1,2,\cdots,m.$$

这可由式(4)取 $k_0=1,k_r=0(1\leqslant r<m)$ 得到(次序不同).

模 m 的**最大非正完全剩余系**：

$$-(m-1),-(m-2),\cdots,-1,0.$$

这可由式(4)取 $k_0=0,k_r=-1(1\leqslant r<m)$ 得到(次序不同).

模 m 的**最大负完全剩余系**：

$$-m,-(m-1),\cdots,-2,-1.$$

这可由式(4)取 $k_r=-1(0\leqslant r<m)$ 得到.

模 m 的**绝对最小完全剩余系**：

$$-(m-1)/2,\cdots,-1,0,1,\cdots,(m-1)/2,\quad 当\ 2\nmid m;$$

$$m/2,\cdots,-1,0,1,\cdots,m/2-1,\quad 当\ 2\mid m.$$

两式合起来可统一表为：

$$-[m/2],\cdots,-1,0,1,\cdots,[(m+1)/2]-1.$$

这可由式(4)取 $k_r=0(0\leqslant r<m/2),k_r=-1(m/2\leqslant r<m)$ 得到(次序不同). 当 $2\mid m$ 时，也可取为(如何在式(4)中取 k_r?)

$$-m/2+1,\cdots,-1,0,1,\cdots,m/2.$$

灵活应用式(4′)，可以得到具有各种特殊性质的完全剩余系. 例如，取 $y_j=j,h_j=j(1\leqslant j\leqslant m)$ 得到

$$(m+1)\cdot 1,(m+1)\cdot 2,\cdots,(m+1)m;$$

取 $h_j=y_ja_j(1\leqslant j\leqslant m)$，$a_j$ 是任意取定的整数，得到

$$(a_1m+1)y_1,(a_2m+1)y_2,\cdots,(a_mm+1)y_m.$$

显见，任意两组模 m 的完全剩余系，它们各自元素之和对模

m 是同余的. 容易求出：这和同余于

$$0+1+\cdots+(m-1)\equiv(m-1)m/2$$
$$\equiv\begin{cases}0(\mathrm{mod}\ m), & 2\nmid m;\\ m/2(\mathrm{mod}\ m), & 2\mid m.\end{cases}\tag{5}$$

定理 4 设 $m_1\mid m$. 那么,对任意的 r 有

$$r \bmod m\subseteq r \bmod m_1,$$

等号仅当 $m_1=m$ 时成立. 更精确地说,若 $l_1,\cdots,l_d$ 是模 $d=m/m_1$ 的一组完全剩余系,则

$$r \bmod m_1=\bigcup_{1\leqslant j\leqslant d}(r+l_jm_1) \bmod m,\tag{6}$$

右边和式中的 d 个模 m 的同余类两两不同. 特别地有

$$r \bmod m_1=\bigcup_{0\leqslant j< d}(r+jm_1) \bmod m.\tag{7}$$

证 只要证明式(6). 我们把同余类 $r \bmod m_1$ 中的数按模 m 来分类. 对 $r \bmod m_1$ 中任意两个数 $r+k_1m_1,r+k_2m_1$,

$$r+k_1m_1\equiv r+k_2m_1(\mathrm{mod}\ m)$$

成立的充要条件是(利用 §1 性质Ⅶ)：

$$k_1\equiv k_2(\mathrm{mod}\ d).$$

由此就推出式(6)右边和式中的 d 个模 m 的同余类是两两不同的,且 $r \bmod m_1$ 中的任一数 $r+km_1$ 必属于其中的一个同余类. 另一方面,对任意的 j 必有

$$(r+l_jm_1) \bmod m\subseteq(r+l_jm_1) \bmod m_1=r \bmod m_1.$$

这就证明了所要的结论.

在定理 4 中取 $m_1=1,r=0$,式(6)就是式(3),因此定理 4 是式(3)的推广. 应该指出,§3 例 1 中讨论的集合 $S_{a,j}$ 就是同余类 $j \bmod a$. 那里的例 1 就是定理 2. 定理 4 是经常用到的,通常是用以下同余式语言表述.

定理 4′ 设 $m_1\mid m$. 那么,对任意的 r,

$$n\equiv r(\mathrm{mod}\ m_1)$$

成立的充要条件是以下 $d=m/m_1$ 个同余式有且仅有一个成立：

$$n \equiv r + jm_1 \pmod m, \quad 0 \leqslant j < d.$$

例如,取 $m_1=2$,奇数 $n\equiv 1\pmod 2$,若取 $m=4$,则 $n\equiv 1\pmod 4$,$n\equiv 3\pmod 4$有且必有一个成立;若取 $m=8$,则 $n\equiv 1,3,5$,或 $7\pmod 8$ 有且必有一个成立. 取 $m_1=3$,对 $n\equiv -1\pmod 3$,若取 $m=6$,则 $n\equiv -1$ 或$2\pmod 6$有且必有一个成立;若取 $m=15$,则 $n\equiv -1,2,5,8,11\pmod{15}$有且必有一个成立.

在进一步讨论既约同余类、既约剩余系之前,先来给出一个例子,以说明引进同余类的概念是有好处的.

例 1 设 n,k 是正整数,$(k,n)=1$,$0<k<n$. 再设集合 $M=\{1,2,\cdots,n-1\}$. 现对集合 M 中的每个数 i 涂上蓝色或白色,要满足以下条件: (i) i 和 $n-i$ 要涂上同一种颜色;(ii) 当 $i\neq k$ 时,i 和 $|k-i|$要涂上同一种颜色. 证明: 所有的数一定都涂上同一种颜色.

我们的想法是把要涂色的集合 M 扩充到全体整数,满足: (a) 属于同一个模 n 的同余类中的数涂相同的颜色;(b) 仍保持条件(i),(ii)成立. 这样,为使条件(ii)成立,必须满足: (iii) 0 和 k 要涂同一种颜色. 这样,我们就对全体整数 $\mathbf{Z}$ 涂色,满足条件(a)及(i),(ii),(iii). 我们来考察这样的涂色有什么性质.

[1] 对任意的 $j\in\mathbf{Z}$,j 和 $-j$ 一定涂相同的颜色. 因为必有 $0\leqslant i<n$,使 $j\equiv i\pmod n$,由(a)知 j 和 i 同色. 当 $i=0$ 时,$-j\equiv j\equiv 0\pmod n$,所以由(a)知 j 和 $-j$ 同色;当 $0<i<n$ 时,由(i)知 i 和 $n-i$ 同色,进而由(a)知 i 和 $-i$,$-i$ 和 $-j$ 同色,所以,亦有 j 和 $-j$同色.

[2] 对任意的 $j\in\mathbf{Z}$,j 和 $j\pm k$ 同色,即属于同一个模 k 的同余类中的数涂同色. 因为必有 $0\leqslant i<n$ 使 $j\equiv i\pmod n$,由(a)知 j 和 i 同色,由(ii)和(iii)知 i 和 $|k-i|$同色,进而由(1)推出 $|k-i|$和 $i-k$ 同色,而由(a)知 $i-k$ 和 $j-k$ 同色,所以 j 和 $j-k$ 同色. 由此及(1)推得,j 和 $-j$,$-j-k$,$j+k$ 都同色. 这就证明了所要结论.

由(a)和[2]知，任一 $j\in\mathbf{Z}$ 必和 $j+sn+tk$ 同色，这里 s,t 是任意整数. 由 $(n,k)=1$，知必有 s_0,t_0 使得 $s_0n+t_0k=1$，所以，j 和 $j+1$ 同色. 这就证明了所有整数都涂同一种颜色.

这一解法比其他的解法要思路清晰、自然，且看出了这种涂色方法的实质是满足条件(a)和[2].

为了引进既约同余类、既约剩余系的概念，先证明一个定理.

定理 5 模 m 的一个同余类中的任意两个整数 a_1,a_2 与 m 的最大公约数相等，即 $(a_1,m)=(a_2,m)$.

证 设 $a_1\in r \bmod m$，$a_2\in r \bmod m$. 由定理 1(i)知 $a_j=r+k_jm$，$j=1,2$. 进而由§4 定理 1(iv)得

$$(a_j,m)=(r+k_jm,m)=(r,m),\quad j=1,2.$$

这就证明了所要的结论.

定义 3 模 m 的同余类 $r \bmod m$ 称为是**模 m 的既约(或互素)同余类**，如果 $(r,m)=1$. 模 m 的所有既约同余类的个数记作 $\varphi(m)$，通常称为 **Euler 函数**[①].

定义 4 一组数 $z_1,\cdots,z_t$ 称为是**模 m 的既约(或互素)剩余系**，如果 $(z_j,m)=1$，$1\leqslant j\leqslant t$；以及对任意的 a，$(a,m)=1$，有且仅有一个 z_j 是 a 对模 m 的剩余，即 a 同余于 z_j 模 m.

由定理 5 知，既约同余类的定义是合理的，即不会因为一个同余类中的代表元素 r 取得不同而得到矛盾的结论. 由定义及定理 2(以 $m \bmod m$ 代 $0 \bmod m$)立即推出

定理 6 模 m 的所有不同的既约同余类是：

$$r \bmod m,\quad (r,m)=1,\quad 1\leqslant r\leqslant m. \tag{8}$$

$\varphi(m)$ 等于 $1,2,\cdots,m$ 中和 m 既约的数的个数.

由于每个和 m 既约的数必属于某个模 m 的既约同余类，所以由定理 6 及盒子原理立即推出(证明留给读者).

定理 7 (i) 在任意取定的 $\varphi(m)+1$ 个均和 m 既约的整数

---

① 由定理 6 知，这和§13 的定义是一致的.

中，必有两个数对模 m 同余；

(ii) 存在 $\varphi(m)$ 个数两两对模 m 不同余且均和 m 既约.

由定义 4 中 z_j 的唯一性知这 t 个数一定两两对模 m 不同余. 由定理 7 知既约剩余系是存在的，且 $t=\varphi(m)$. 事实上，模 m 的既约剩余系就是在模 m 的每个既约同余类中取定一个数作代表所构成的一组数，因此它的一般形式是：

$$r+k_r m, \quad (r,m)=1, \quad 1\leqslant r\leqslant m, \tag{9}$$

其中 k_r 是任意取定的整数；而对于模 m 的一组既约剩余系 $z_1,\cdots,z_{\varphi(m)}$，

$$z_1 \bmod m,\cdots,z_{\varphi(m)} \bmod m, \tag{10}$$

就给出了模 m 的 $\varphi(m)$ 个两两不同的既约同余类.

$m=1$ 时，模 1 的同余类只有一个：$0 \bmod 1$，它是既约同余类，所以 $\varphi(1)=1$. 0 或任一整数就构成模 1 的既约剩余系. $m=2$ 时，模 2 的同余类有两个：$0 \bmod 2$，$1 \bmod 2$. 只有 $1 \bmod 2$ 是既约同余类，所以 $\varphi(2)=1$. 1 或任一奇数就构成模 2 的既约剩余系. 模 4 的既约同余类是：$1 \bmod 4$，$3 \bmod 4$，$\varphi(4)=2$. 1，3 是模 4 的一组既约剩余系. 模 12 的既约同余类是：$1 \bmod 12$，$5 \bmod 12$，$7 \bmod 12$，$11 \bmod 12$，$\varphi(12)=4$. 1，5，7，11 是模 12 的一组既约剩余系. 当 $m=p^k$，p 是素数时有下面的结论.

定理 8 设 p 是素数，$k\geqslant 1$. 那么

$$\varphi(p^k)=p^{k-1}(p-1), \tag{11}$$

以及模 p^k 的既约同余类是：

$$(a+bp) \bmod p^k, \quad 1\leqslant a\leqslant p-1, \quad 0\leqslant b\leqslant p^{k-1}-1. \tag{12}$$

证 由定理 6 知，$\varphi(p^k)$ 等于满足以下条件的 r 的个数：

$$1\leqslant r\leqslant p^k, \quad (r,p^k)=1.$$

由于 p 是素数，所以有

$$(r,p)=\begin{cases}1, & p\nmid r;\\ p, & p\mid r.\end{cases}$$

由此及 §4 定理 13 知：$(r,p^k)=1$ 的充要条件是 $(r,p)=1$，即

$p \nmid r$. 因此，$\varphi(p^k)$就等于 $1,2,\cdots,p^k$ 中不能被 p 整除的数的个数. 由于 $1,2,\cdots,p^k$ 中能被 p 整除的数有 p^{k-1}个，所以，$\varphi(p^k)=p^k-p^{k-1}$，这就是式(11). 利用带余数除法易证：任一 r 满足 $1\leqslant r\leqslant p^k$，$p \nmid r$ 的充要条件是

$$r=bp+a,\quad 1\leqslant a\leqslant p-1,\quad 0\leqslant b\leqslant p^{k-1}-1.$$

这就证明了式(12). 证毕.

例如：$m=3^3$ 时，$\varphi(3^3)=3^3-3^2=18$，模 3^3 的既约同余类是：

$$(a+b\cdot 3) \bmod 3^3,\quad 1\leqslant a\leqslant 2,\quad 0\leqslant b\leqslant 8.$$

1,2,4,5,7,8,10,11,13,14,16,17,19,20,22,23,25,26 就是模 3^3 的一组既约剩余系. 如果取绝对最小剩余，那么，$\pm 1,\pm 2,\pm 4,\pm 5,\pm 7,\pm 8,\pm 9,\pm 10,\pm 11,\pm 13$ 就是模 3^3 的一组既约剩余系.

应该指出的是：模 m 的一组完全剩余系中所有和 m 既约的数组成模 m 的一组既约剩余系. 这一点在考虑问题时是有用的. 此外，任意给定的 $\varphi(m)$个和 m 既约的数，只要它们两两对模 m 不同余就一定是模 m 的既约剩余系.

Euler 函数 $\varphi(m)$在数论中是十分重要的. 如何求它的值是首先要解决的问题，上面讨论了最简单的情形. 在 §13 中从不同的观点用不同的方法得到了 $\varphi(m)$的性质和计算公式. 利用定理 8，在 §17 和 §21 将对这些结论给出不同的证明.

最后，给出剩余系的两个基本性质，它们是很有用的.

定理 9 (i) 设 c 是任意整数. 那么，x 遍历模 m 的一组完全剩余系时，$x+c$ 也遍历模 m 的一组完全剩余系. 也就是说，$x_1,\cdots,x_m$ 是模 m 的一组完全剩余系的充要条件是 $x_1+c,\cdots,x_m+c$ 是模 m 的一组完全剩余系.

(ii) 设 $k_1,\cdots,k_{\varphi(m)}$是任意整数. 那么，$y_1,\cdots,y_{\varphi(m)}$是模 m 的一组既约剩余系的充要条件是 $y_1+k_1m,\cdots,y_{\varphi(m)}+k_{\varphi(m)}m$ 是模 m 的一组既约剩余系.

证明是显然的，留给读者.

定理 10 设$(a,m)=1$. 那么，x 遍历模 m 的完全(既约)剩余系的充要条件是 ax 遍历模 m 的完全(既约)剩余系. 也就是说，$x_1,\cdots,x_s$ 是模 m 的完全(既约)剩余系的充要条件是 $ax_1,\cdots,ax_s$ 是模 m 的完全(既约)剩余系.

证 由§15 性质Ⅶ知：当$(a,m)=1$时，对任意的 i,j 有

$$x_i\not\equiv x_j \pmod m \Longleftrightarrow ax_i\not\equiv ax_j \pmod m, \tag{13}$$

以及由§4 定理 13 知：当$(a,m)=1$时，对任意的 i 有

$$(ax_i,m)=(x_i,m). \tag{14}$$

对于完全剩余系来说，定理中的 $s=m$，由此及式(13)就推出关于完全剩余系的结论，因为 m 个数只要两两对模 m 不同余就一定是模 m 的完全剩余系. 对于既约剩余系来说，$s=\varphi(m)$，由此及式(13)，(14)就推出关于既约剩余系的结论，因为 $\varphi(m)$个均和 m 既约的数，只要两两对模 m 不同余就一定是模 m 的既约剩余系.

定理 10 表明：只要$(a,m)=1$，我们就可以找到这样的模 m 的完全剩余系和既约剩余系，它们的元素都是 a 的倍数；而当$(a,m)>1$时，这是一定不可能的. 例如，$3\cdot0,3\cdot1,\cdots,3\cdot7$ 是模 8 的完全剩余系，$3\cdot1,3\cdot3,3\cdot5,3\cdot7$ 是模 8 的既约剩余系. 取 $a=-1$ 就推出 x 与 $-x$ 同时遍历模 m 的完全(既约)剩余系. 结合定理 9，10 及式(4′)就可得到各种形式的完全或既约剩余系.

定理 11 设 $m=m_1m_2$，$x_i^{(1)}(1\leqslant i\leqslant m_1)$是模 m_1 的完全剩余系，$x_j^{(2)}(1\leqslant j\leqslant m_2)$是模 m_2 的完全剩余系. 那么，$x_{ij}=x_i^{(1)}+m_1x_j^{(2)}$ 是模 m 的完全剩余系. 也就是说当 $x^{(1)}$，$x^{(2)}$分别遍历模 m_1，模 m_2 的完全剩余系时，$x=x^{(1)}+m_1x^{(2)}$遍历模 $m=m_1m_2$ 的完全剩余系.

证 这定理实际上是定理 4 的直接推论. 我们下面给一个直接证明. 这时 x_{ij}共有 $m=m_1m_2$ 个数，因此只要证明它们两两对模 m 不同余. 若

$$x_{i_1}^{(1)}+m_1x_{j_1}^{(2)}\equiv x_{i_1j_1}\equiv x_{i_2j_2}\equiv x_{i_2}^{(1)}+m_1x_{j_2}^{(2)} \pmod{m_1m_2}, \tag{15}$$

则必有

$$x_{i_1}^{(1)} \equiv x_{i_2}^{(1)} \pmod{m_1},$$

由此及 $x_i^{(1)}$ 在同一个模 m 的完全剩余系中取值，所以必有 $x_{i_1}^{(1)} = x_{i_2}^{(1)}$，$i_1 = i_2$. 由此及式(15)得

$$m_1 x_{j_1}^{(2)} \equiv m_1 x_{j_2}^{(2)} \pmod{m_1 m_2},$$

即

$$x_{j_1}^{(2)} \equiv x_{j_2}^{(2)} \pmod{m_2},$$

因而同理有 $x_{j_1}^{(2)} = x_{j_2}^{(2)}$，$j_1 = j_2$. 这就证明了所要的结论.

定理 11 刻画了完全剩余系的某种结构，表明大模 $m = m_1 m_2$ 的完全剩余系，可以某种形式表为两个较小的模 m_1、模 m_2 的完全剩余系的组合，且对模不加限制条件，是很有用的. 请读者用归纳法把这定理推广到 k 个模的情形，即证明：

定理 12 设 $m = m_1 m_2 \cdots m_k$，及

$$x = x^{(1)} + m_1 x^{(2)} + m_1 m_2 x^{(3)} + \cdots + m_1 \cdots m_{k-1} x^{(k)}, \qquad (16)$$

那么，当 $x^{(j)}$ $(1 \leqslant j \leqslant k)$ 分别遍历模 m_j 的完全剩余系时，x 遍历模 m 的完全剩余系. 也就是说，当 $x_{i_j}^{(j)}$ $(1 \leqslant i_j \leqslant m_j)$ 是模 m_j 的完全剩余系 $(1 \leqslant j \leqslant k)$ 时，

$$x_{i_1 i_2 \cdots i_k} = x_{i_1}^{(1)} + m_1 x_{i_2}^{(2)} + m_1 m_2 x_{i_3}^{(3)} + \cdots + m_1 \cdots m_{k-1} x_{i_k}^{(k)},$$

是模 m 的完全剩余系. 此外，若 $m_1 = m_2 = \cdots = m_k = n$，$m = n^k$，那么，当 $x^{(1)}$ 遍历模 n 的既约剩余系，$x^{(j)}$ $(2 \leqslant j \leqslant k)$ 分别遍历模 n 的完全剩余系时，x 遍历模 n^k 的既约剩余系.

定理 12 后半部分结论的证明亦留给读者.

例 2 利用模 10、模 199 的完全剩余系来表示模 1990 的完全剩余系.

解 (i) $x = x^{(1)} + 10x^{(2)}$，当 $x^{(1)}$ 遍历模 10 的完全剩余系及当 $x^{(2)}$ 遍历模 199 的完全剩余系时，x 遍历模 1990 的完全剩余系. 特别地，取 $1 \leqslant x^{(1)} \leqslant 10$，$0 \leqslant x^{(2)} \leqslant 198$ 时，x 取值 $1, 2, \cdots, 1990$；取

$0\leqslant x^{(1)}\leqslant 9$,$0\leqslant x^{(2)}\leqslant 198$ 时,x 取 0,1,…,1989;取 $-4\leqslant x^{(1)}\leqslant 5$,$-99\leqslant x^{(2)}\leqslant 99$时,$x$ 取值-994,-993,…,995,即取模 1990 的绝对最小完全剩余系.

(ii) $x=x^{(1)}+199x^{(2)}$,当 $x^{(1)}$,$x^{(2)}$分别遍历模 199、模 10 的完全剩余系时,x 遍历模 1990 的完全剩余系. 特别地,取 $1\leqslant x^{(1)}\leqslant 199$,$0\leqslant x^{(2)}\leqslant 9$ 时,x 取值 1,2,…,1990;取 $0\leqslant x^{(1)}\leqslant 198$,$0\leqslant x^{(2)}\leqslant 9$ 时,x 取 0,1,…,1989;取 $-198\leqslant x^{(1)}\leqslant 0$,$-4\leqslant x^{(2)}\leqslant 5$ 时,x 取值-994,-993,…,995,即是模 1990 的绝对最小完全剩余系;取 $1\leqslant x^{(1)}\leqslant 199$,$-5\leqslant x^{(2)}\leqslant 4$ 时,x 也取值-994,-993,…,995.

(iii) $x=199x^{(1)}+10x^{(2)}$. 由于$(199,10)=1$,从定理 10 知 $x^{(1)}$和 $199x^{(1)}$同时遍历模 10 的完全剩余系,所以当 $x^{(1)}$,$x^{(2)}$分别遍历模 10,模 199 的完全剩余系时,x 遍历模 1990 的完全剩余系.

例 3 利用模 3 的剩余系来表示模 3^n $(n\geqslant 2)$的剩余系.

解 由定理 12,当 $x^{(1)}$遍历模 3 的完全(既约)剩余系,$x^{(j)}$$(2\leqslant j\leqslant n)$遍历模 3 的完全剩余系时,

$$x=x^{(1)}+3x^{(2)}+\cdots+3^{n-1}x^{(n)}$$

遍历模 3^n 的完全(既约)剩余系. 特别地,取 $x^{(1)}=0,1,2$(或 1,2),$x^{(j)}=0,1,2$$(2\leqslant j\leqslant n)$时,$x$ 遍历模 3^n 的最小非负完全(或既约)剩余系;取 $x^{(1)}=1,2,3$(或 1,2),$x^{(j)}=0,1,2$$(2\leqslant j\leqslant n)$时,$x$ 遍历模 3^n 的最小正完全(或既约)剩余系;取 $x^{(1)}=-1,0,1$(或-1,1),$x^{(j)}=-1,0,1$$(2\leqslant j\leqslant n)$时,$x$ 遍历模 3^n 的绝对最小完全(或既约)剩余系.

习 题 十 六

1. (i) 写出模 9 的一个完全剩余系,它的每个数是奇数.

(ii) 写出模 9 的一个完全剩余系,它的每个数是偶数.

(iii) (i)或(ii)中的要求对模 10 的完全剩余系能实现吗?

(iv) 若 $2|m$,则模 m 的一组完全剩余系中一定一半是偶数,一半是奇数.

2. 证明：当 $m>2$ 时，$0^2,1^2,\cdots,(m-1)^2$ 一定不是模 m 的完全剩余系.

3. 设 $r_1,\cdots,r_m;r_1',\cdots,r_m'$ 分别是模 m 的两组完全剩余系. 证明：当 m 是偶数时，$r_1+r_1',\cdots,r_m+r_m'$ 一定不是模 m 的完全剩余系.

4. 设有 m 个整数，它们都不属于剩余类 $0 \bmod m$. 那么，其中必有两个数之差属于剩余类 $0 \bmod m$.

5. 在任意取定的对模 m 两两不同余的 $[m/2]+1$ 个数中，必有两数之差属于剩余类 $1 \bmod m$. 如何推广本题？

6. (i) 把剩余类 $1 \bmod 5$ 写成模 15 的剩余类之和；(ii) 把剩余类 $6 \bmod 10$ 写成模 120 的剩余类之和；(iii) 把剩余类 $6 \bmod 10$ 写成模 80 的剩余类之和.

7. 设 $n>2$ 为给定的整数. 试问：模 $2n-1$ 的一组完全剩余系最少要属于模 $n-2$ 的几个剩余类？一般地，$K>m\geqslant 1$，模 K 的一组完全剩余系最少要属于模 m 的几个剩余类？

8. 具体写出模 $m=16,17,18$ 的最小非负既约剩余系、绝对最小既约剩余系，并算出 $\varphi(16),\varphi(17),\varphi(18)$.

9. 设 $m\geqslant 3$，$r_1,\cdots,r_s$ 是所有小于 $m/2$ 且和 m 既约的正整数. 证明：$-r_s,\cdots,-r_1,r_1,\cdots,r_s$ 及 $r_1,\cdots,r_s,(m-r_s),\cdots,(m-r_1)$ 都是模 m 的既约剩余系. 由此推出当 $m\geqslant 3$ 时 $2\mid\varphi(m)$.

10. 设 $m\geqslant 3$. 证明：

(i) 模 m 的一组既约剩余系的所有元素之和对模 m 必同余于零；

(ii) 模 m 的最小正既约剩余系的各数之和等于 $m\varphi(m)/2$. 这结论对 $m=2$ 也成立.

11. 设 $d\geqslant 1$，$d\mid n$. 证明：$n-\varphi(n)\geqslant d-\varphi(d)$，等号仅当 $d=n$ 时成立.

12. 设 $m>1$，$(a,m)=1$. 证明：

(i) 对任意整数 b, $\sum_{x \bmod m} \left\{ \frac{ax+b}{m} \right\} = \frac{1}{2}(m-1)$;

(ii) $\sum_{x \bmod m}' \left\{ \frac{ax}{m} \right\} = \frac{1}{2}\varphi(m)$.

13. 试求模 4 的一组完全剩余系 $r_1, \cdots, r_4$, 模 5 的一组完全剩余系 $s_1, \cdots, s_5$, 使得(i) $r_i s_j (1 \leqslant i \leqslant 4, 1 \leqslant j \leqslant 5)$是模 20 的完全剩余系; (ii) $r_i + s_j (1 \leqslant i \leqslant 4, 1 \leqslant j \leqslant 5)$及 $r_i s_j (1 \leqslant i \leqslant 4, 1 \leqslant j \leqslant 5)$同时是模 20 的完全剩余系.

14. 上题的两个结论对既约剩余系能成立吗?

§ 17　Euler 函数 $\varphi(m)$（B）

本节是利用剩余系的性质（§ 16 定理 9 和 10）来讨论 Euler 函数 $\varphi(m)$ 的性质. § 13 的定理 1 已给出不同的证明，即

定理 1　$\varphi(m)$ 是积性函数，即若 $(m,n)=1$，则有

$$\varphi(mn)=\varphi(m)\varphi(n). \tag{1}$$

证　显见

$$lm+k,\quad 0\leqslant l\leqslant n-1,\quad 1\leqslant k\leqslant m, \tag{2}$$

恰好给出了模 mn 的完全剩余系：$1,2,\cdots,m,m+1,\cdots,2m,\cdots,(n-1)m+1,\cdots,nm$. 对取定的 l，以下 m 个正整数：$lm+k,1\leqslant k\leqslant m$，是模 m 的一组完全剩余系，所以其中恰有 $\varphi(m)$ 个数与 m 互素，它们是 $lm+k,1\leqslant k\leqslant m,(k,m)=1$. 因此，式(2)给出的 mn 个数中恰有以下 $n\varphi(m)$ 个数与 m 互素：

$$lm+k,\ 0\leqslant l\leqslant n-1,\ 1\leqslant k\leqslant m,\ (k,m)=1. \tag{3}$$

另一方面，对取定的 k，以下 n 个正整数：$lm+k,0\leqslant l\leqslant n-1$，由 $(m,n)=1$ 及 § 16 定理 9 和 10 知，是模 n 的一组完全剩余系，因此，其中恰有 $\varphi(n)$ 个数与 n 互素（与 k 的取值无关）. 因此，由式(3)给出的 $n\varphi(m)$ 个数中恰有 $\varphi(m)\varphi(n)$ 个数与 m,n 均互素，亦即由式(2)给出的 mn 个数中恰有 $\varphi(m)\varphi(n)$ 个数与 m,n 均互素.

由于当 $(m,n)=1$ 时，一个整数与 mn 互素的充要条件是它与 m,n 均互素. 故从以上讨论就推出，由式(2)给出的模 mn 的完全剩余系中恰有 $\varphi(m)\varphi(n)$ 个数与 mn 互素，这就证明了式(1). 证毕.

由定理 1 及 § 16 定理 8 立即推出（证明留给读者）

定理 2　设 $1<m=p_1^{\alpha_1}\cdots p_r^{\alpha_r}$. 我们有

$$\varphi(m)=(p_1^{\alpha_1}-p_1^{\alpha_1-1})\cdots(p_1^{\alpha_r}-p_r^{\alpha_r-1})$$
$$=m\prod_{p|m}\left(1-\frac{1}{p}\right), \tag{4}$$

其中连乘号表示对 m 的不同素因数求积.

由定理 1 还可推出

定理 3 对任意正整数 m 有

$$\sum_{d|m}\varphi(d)=m. \tag{5}$$

这就是 § 13 定理 2. 证明相同.

模 m 的既约剩余系可以取种种不同的形式,但每个既约剩余系中所有数的乘积对模 m 是不变的,即若 $r_1,\cdots,r_{\varphi(m)};r'_1,\cdots,r'_{\varphi(m)}$ 都是模 m 的既约剩余系,那么,必有

$$\prod_{j=1}^{\varphi(m)}r_j\equiv\prod_{j=1}^{\varphi(m)}r'_j(\mathrm{mod}\ m). \tag{6}$$

由此及 § 16 定理 10 就可推出著名的 **Fermat-Euler 定理**.

定理 4 设 $(a,m)=1$,则有

$$a^{\varphi(m)}\equiv1(\mathrm{mod}\ m). \tag{7}$$

特别当 p 为素数时,对任意的 a 有

$$a^p\equiv a(\mathrm{mod}\ p). \tag{8}$$

证 取 $r_1,\cdots,r_{\varphi(m)}$ 是模 m 的一组既约剩余系,由 § 16 定理 10 知,当 $(a,m)=1$ 时,$ar_1,\cdots,ar_{\varphi(m)}$ 也是模 m 的既约剩余系,因此由式(6)得

$$\prod_{j=1}^{\varphi(m)}r_j\equiv\prod_{j=1}^{\varphi(m)}(ar_j)=a^{\varphi(m)}\prod_{j=1}^{\varphi(m)}r_j(\mathrm{mod}\ m),$$

由于 $(r_j,m)=1$,利用 § 15 性质 Ⅶ,从上式即得式(7). 当 $m=p$ 为素数时,由式(7)及 $\varphi(p)=p-1$ 得

$$a^{p-1}\equiv1(\mathrm{mod}\ p),\quad p\nmid a. \tag{9}$$

由此推出对任意的 a 式(8)成立. 证毕.

通常把式(8)称为 **Fermat 小定理**(§ 4 例 7 给出了另一证明),式(7)是它的推广称为 **Euler 定理**.

推论 5 (i) 当 $m\geqslant 3$ 时必有 $2|\varphi(m)$.

(ii) 设$(a,m)=1$. 那么,a 对模 m 的逆

$$a^{-1}\equiv a^{\varphi(m)-1}(\bmod m). \tag{10}$$

证 在式(7)中取 $a=-1$,由此及 $m\geqslant 3$ 即得(i). (ii)由式(7)推出. 证毕.

由式(7)和 § 4 例 11 可得以下结论:设$(a,m)=1$. 那么必有正整数 d 使

$$a^{d}\equiv 1(\bmod m), \tag{11}$$

且使式(11)成立的最小正整数 $d=d_0$,必满足

$$d_0|\varphi(m). \tag{12}$$

以上的讨论自然会引出两个问题:[1] 模 m 的既约剩余系的乘积对模 m 究竟同余于什么? 这将在下节讨论. [2] 在什么情形下,会有使(11)成立的最小正整数 $d_0=\varphi(m)$. 这问题比较复杂,将在 § 27 和 § 28 讨论. 但我们先可证明以下结论,由此也可看出这问题的重要性.

定理 6 设$(a,m)=1$. 那么,d_0 是使式(11)成立的最小正整数 d 的充要条件是:

$$a^{d_0}\equiv 1(\bmod m), \tag{13}$$

及

$$a^0=1,a,\cdots,a^{d_0-1} \tag{14}$$

对模 m 两两不同余. 特别地,$d_0=\varphi(m)$的充要条件是式(14)($d_0=\varphi(m)$)给出了模 m 的一组既约剩余系.

证 先证定理的第一部分. 若 d_0 是使(11)成立的最小正整数 d,则式(13)当然成立. 如果有 $0\leqslant i<j<d_0$ 使得

$$a^{j}\equiv a^{i}(\bmod m),$$

则由 § 15 性质Ⅶ得

$$a^{j-i}\equiv 1(\bmod m).$$

但 $1\leqslant j-i<d_0$,这和 d_0 的最小性矛盾,因此由式(14)给出的 d_0 个数两两对模 m 不同余,这就证明了必要性. 再证充分性,由式

(14)给出的数两两对模 m 不同余推出

$$a^j \not\equiv a^0 \equiv 1 \pmod{m}, \quad 1 \leqslant j < d_0,$$

由此及式(13)成立推出 d_0 是使(11)成立的最小正整数 d.

下面证定理的第二部分. 先证明必要性. 上面的必要性证明中已指出：由式(14)给出的 $\varphi(m)$ 个数两两对模 m 不同余，而由 $(a, m)=1$ 知，它们均和 m 既约，所以这是一组模 m 的既约剩余系. 充分性的证明由 Euler 定理(式(7))及上面的充分性证明推出. 证毕.

当 $d_0=\varphi(m)$ 时，式(14)给出了既约剩余系的一个极为方便的形式，这一点是十分重要的. 但例 1 表明这并不一定能实现.

例 1 设 $m=2^l (l \geqslant 3)$，$a=5$. 求使式(11)成立的最小正整数 $d=d_0$.

解 由 $\varphi(2^l)=2^{l-1}$ 及 $d_0 \mid \varphi(2^l)$ 知，$d_0=2^k$，$0 \leqslant k \leqslant l-1$. 先证对任意的 a，$2 \nmid a$，必有

$$a^{2^{l-2}} \equiv 1 \pmod{2^l}. \tag{15}$$

对 l 用归纳法来证式(15). 设 $a=2t+1$. 当 $l=3$ 时

$$a^2=4t(t+1)+1 \equiv 1 \pmod{2^3},$$

所以式(15)成立. 假设式(15)对 $l=n (\geqslant 3)$ 成立. 当 $l=n+1$ 时，由

$$a^{2^{n-1}}-1=(a^{2^{n-2}}-1)(a^{2^{n-2}}+1),$$

及归纳假设推出

$$a^{2^{n-1}}-1 \equiv 0 \pmod{2^{n+1}},$$

即式(15)对 $l=n+1$ 成立. 这就证明了式(15)对任意的 $l \geqslant 3$ 都成立. 因此，对任意的 $a (2 \nmid a)$，它所对应的 $d_0=2^k$，必有 $0 \leqslant k \leqslant l-2$. 下面来求 $a=5$ 时所对应的 d_0. 由

$$5^{2^0} \equiv 5^1 \not\equiv 1 \pmod{2^3}, \tag{16}$$

及式(15)$(a=5, l=3)$就推出 $l=3$ 时，$d_0=2^{3-2}=2$. 由

$$5^{2^1} \equiv 25 \not\equiv 1 \pmod{2^4},$$

及式(15)($a=5,l=4$)就推出 $l=4$ 时，$d_0=2^{4-2}=2^2$. 我们来证明：对任意的 $l\geqslant 3$，必有

$$5^{2^{l-3}}\not\equiv 1(\bmod 2^l). \tag{17}$$

对 l 用归纳法. 当 $l=3$ 时，由式(16)知式(17)成立. 假设式(17)对 $l=n(\geqslant 3)$ 成立. 由于，当 $l\geqslant 3$ 时必有

$$5^{2^{l-3}}\equiv 1(\bmod 2^{l-1}), \tag{18}$$

这当 $l=3$ 时可直接验证，当 $l>3$ 时这就是式(15). 由归纳假设及式(18)知，

$$5^{2^{n-3}}=1+s\cdot 2^{n-1},\quad 2\nmid s.$$

因而有(注意 $n\geqslant 3$)

$$5^{2^{n-2}}=1+s(1+s\cdot 2^{n-2})2^n,\quad 2\nmid s(1+s\cdot 2^{n-2}).$$

这就证明了式(17)当 $l=n+1$ 时也成立. 所以，式(17)对 $l\geqslant 3$ 都成立. 由此推出(为什么)

$$5^{2^j}\not\equiv 1(\bmod 2^l),\quad 0\leqslant j\leqslant l-3.$$

由此及式(15)就推出，当 $a=5$ 时对应的 $d_0=2^{l-2}$. 从定理 6 知：当 $l\geqslant 3$ 时，

$$5^0=1,5^1,5^2,5^3,\cdots,5^{2^{l-2}-1}, \tag{19}$$

这 2^{l-2} 个数对模 2^l 两两不同余.

式(15)表明，对模 $2^l(l\geqslant 3)$ 不可能有形如(14)的既约剩余系. 另一方面，从式(19)给出的 2^{l-2} 个数两两对模 2^l 不同余，

$$1\equiv 5^j\not\equiv -5^j\equiv -1(\bmod 2^2),\quad 0\leqslant j<2^{l-2}$$

及 $\varphi(2^l)=2^{l-1}$ 就推出：

定理 7 对模 $2^l(l\geqslant 3)$，以下 2^{l-1} 个数给出了它的一组既约剩余系：

$$(-1)^{j_0}5^{j_1},\quad 0\leqslant j_0<2,0\leqslant j_1<2^{l-2}. \tag{20}$$

事实上，对任意的 $2\nmid g_0,l\geqslant 3$($l=3$ 时，$g_0\neq 8k-1$)，若使同余式(11)($a=g_0,m=2^l$)成立的最小的 $d=2^{l-2}$，那么，以下 2^{l-1} 个数给出了模 2^l 的一组既约剩余系：

$$(-1)^{j_0}g_0^{j_1},\quad 0\leqslant j_0<2,0\leqslant j_1<2^{l-2}. \tag{21}$$

例如,可取 $g_0=3$. 请读者证明.

例 2 设 $a>1$,p 是奇素数. 再设 q 是 a^p-1 的素因数. 证明: $q\mid a-1$ 或 $2p\mid q-1$ 至少有一个成立.

证 由条件知 $(a,q)=1$. 设 d_0 是使 $a^d\equiv1 \pmod q$ 成立的最小正整数 d. 若 $d_0=1$,则 $q\mid a-1$ 成立. 若 $d_0>1$,则 $q\nmid a-1$,及 q 为奇素数. 利用 §4 例 11 的(ii),由条件及式(12)($m=q$)推出: $d_0\mid p, d_0\mid q-1$. 所以,$d_0=p\mid q-1$(为什么). 由此及 p,q 均为奇数就得 $2p\mid q-1$. 证毕.

习 题 十 七

1. 求出所有的正整数 n,使得 $\varphi(n)\mid n$.

2. 设 $m=2^{\alpha_0}p_1^{\alpha_1}\cdots p_r^{\alpha_r}$,$p_j$ 是不同的奇素数,$(a,m)=1$. 再设 $c=[c_0,\varphi(p_1^{\alpha_1}),\cdots,\varphi(p_r^{\alpha_r})]$,其中 $c_0=1$,当 $\alpha_0=0$;$c_0=2^{\alpha_0-1}$,当 $1\leqslant\alpha_0\leqslant2$;$c_0=2^{\alpha_0-2}$,当 $\alpha_0\geqslant3$. 证明:

$$a^c\equiv1 \pmod m.$$

3. 设 $m=p_1^{\alpha_1}\cdots p_r^{\alpha_r}$,$p_j$ 是不同的素数,$c_j=\varphi(p_j^{\alpha_j})$,$\alpha=\max(\alpha_1,\cdots,\alpha_r)$. 证明: 对任意整数 a 有

(i) $a^{\alpha+\varphi(m)}\equiv a^{\alpha} \pmod m$; (ii) $a^m\equiv a^{m-\varphi(m)} \pmod m$;

(iii) $a^{\alpha}f(a)\equiv0 \pmod m$,其中 $f(x)$ 是多项式 $x^{c_1}-1,\cdots,x^{c_r}-1$ 的最小公倍式. 解释本题的含意.

4. 设 $(m,n)=1$. 证明: $m^{\varphi(n)}+n^{\varphi(m)}\equiv1 \pmod{mn}$.

5. 设 $f(x)$ 是整系数多项式. 证明: $(f(x))^p\equiv f(x^p) \pmod p$,其中 p 是素数.

6. 设素数 $p>2$,$a>1$. 证明:

(i) a^p+1 的素因数 q 必是 $a+1$ 的因数,或是 $q\equiv1 \pmod{2p}$;

(ii) 形如 $2kp+1$ 的素数有无穷多个.

7. 设 a,r 是正整数,$(a,r)=1$. 证明: 在算术数列 $a+kr$($k=$

0,1,2,…)中一定可以选出一个几何数列来.

8. 设 p 是素数,$a^p \equiv b^p \pmod{p}$. 证明:$a^p \equiv b^p \pmod{p^2}$.

9. 证明:(i) $2^{10} \not\equiv 1 \pmod{11^2}$, $3^{10} \equiv 1 \pmod{11^2}$;

(ii) $2^{1092} \equiv 1 \pmod{1093^2}$, $3^{1092} \not\equiv 1 \pmod{1093^2}$.

用本节所介绍的方法重做习题十三第 1～7 题.

§ 18 Wilson 定 理

定理 1(Wilson) 设 p 是素数,$r_1,\cdots,r_{p-1}$是模 p 的既约剩余系,我们有

$$\prod_{r \bmod p}{}' r \equiv r_1 \cdots r_{p-1} \equiv -1 \pmod{p}. \tag{1}$$

特别地有

$$(p-1)! \equiv -1 \pmod{p}^{①}. \tag{2}$$

证 当 $p=2$ 时结论显然成立. 所以可设 $p \geqslant 3$. 由 § 15 性质Ⅷ及其后的说明知,对取定的这一组既约剩余系中的每个 r_i 必有唯一的一个 r_j 使得

$$r_i r_j \equiv 1 \pmod{p}. \tag{3}$$

使 $r_i = r_j$ 的充要条件是

$$r_i^2 \equiv 1 \pmod{p}.$$

即

$$(r_i - 1)(r_i + 1) \equiv 0 \pmod{p}.$$

由于 p 是素数且 $p \geqslant 3$,所以上式成立当且仅当

$$r_i - 1 \equiv 0 \pmod{p} \text{ 或 } r_i + 1 \equiv 0 \pmod{p}.$$

由于素数 $p \geqslant 3$,所以,这两式不能同时成立. 因此,在这组模 p 的既约剩余系中,除了

$$r_i \equiv 1, -1 \pmod{p} \tag{4}$$

这两个数外,对其他的 r_i 必有 $r_j \neq r_i$ 使式(3)成立. 不妨设 $r_1 \equiv 1 \pmod{p}$,$r_{p-1} \equiv -1 \pmod{p}$. 这样,在这组模 p 的既约剩余系中除去满足式(4)的两个数之外,其他的数恰好可按关系式(3)两两

---

① 习题十五第 11 题给出了另一证明.

分完，即有

$$r_2\cdots r_{p-2}\equiv 1(\bmod p).$$

由此就推出式(1). 1,2,…,$p-1$ 是模 p 的既约剩余系，所以式(2)成立. 证毕.

例如，对 $p=13$. 取 $r_j=j(1\leqslant j\leqslant 12)$，我们有

$$2\cdot 7\equiv 3\cdot 9\equiv 4\cdot 10\equiv 5\cdot 8\equiv 6\cdot 11\equiv 1(\bmod 13).$$

所以式(2)($p=13$)成立. 仔细分析定理1的证明，可以看出，当 p 为奇素数时，以模 $p^l(l\geqslant 2)$ 代替模 p，所有的论证全部成立. 由此可得以下定理(具体推导留给读者).

定理 2 设素数 $p\geqslant 3, l\geqslant 1$. $c=\varphi(p^l)$，以及 $r_1,r_2,\cdots,r_c$ 是模 p^l 的一组既约剩余系. 我们有

$$r_1\cdot r_2\cdots r_c\equiv -1(\bmod p^l). \tag{5}$$

特别地有

$$\prod_{r=1}^{p-1}\prod_{s=0}^{p^{l-1}-1}(r+ps)\equiv -1(\bmod p^l). \tag{6}$$

例如，对 $m=3^3$. 1,2,4,5,7,8,10,11,13,14,16,17,19,20,22,23,25,26 是一组模 3^3 的既约剩余系. 我们有

$$\begin{aligned}2\cdot 14&\equiv 4\cdot 7\equiv 5\cdot 11\equiv 8\cdot 17\equiv 10\cdot 19\\&\equiv 13\cdot 25\equiv 16\cdot 22\equiv 20\cdot 23\equiv 1(\bmod 3^3).\end{aligned}$$

所以式(5)和(6)($p=3, l=3$)成立.

在定理2的符号和条件下，我们有(为什么)

$$c=\varphi(p^l)=\varphi(2p^l).$$

现取

$$r_j'=\begin{cases}r_j, & 当\ 2\nmid r_j;\\ r_j+p^l, & 当\ 2\mid r_j.\end{cases}$$

显见，$r_j'(1\leqslant j\leqslant c)$仍是模 p^l 的一组既约剩余系，且都是奇数. 因此它也是模 $2p^l$ 的一组既约剩余系，且有(为什么)

$$r_1'\cdots r_c'\equiv -1(\bmod 2p^l).$$

这样我们就证明了

定理 3 设素数 $p\geqslant 3, l\geqslant 1. c=\varphi(2p^l)$，以及 $r_1,\cdots,r_c$ 是模 $2p^l$ 的一组既约剩余系. 我们有

$$r_1\cdot r_2\cdots r_c\equiv -1(\bmod 2p^l). \tag{7}$$

最后来证明：

定理 4 设 $c=\varphi(2^l)=2^{l-1}, l\geqslant 1, r_1,\cdots,r_c$ 是模 2^l 的既约剩余系. 我们有

$$r_1\cdots r_c\equiv\begin{cases}-1(\bmod 2^l), & l=1,2;\\ 1(\bmod 2^l), & l\geqslant 3.\end{cases} \tag{8}$$

证 $l=1,2$ 时结论可直接验证. 现设 $l\geqslant 3$. 同样由 §1 性质Ⅷ及其后的说明知，对每个 r_i 必有唯一的 r_j 使

$$r_ir_j\equiv 1(\bmod 2^l). \tag{9}$$

$r_i=r_j$ 的充要条件是

$$r_i^2\equiv 1(\bmod 2^l),$$

即

$$(r_i-1)(r_i+1)\equiv 0(\bmod 2^l).$$

注意到 $(r_i,2)=1$，上式即

$$\frac{r_i-1}{2}\cdot\frac{r_i+1}{2}\equiv 0(\bmod 2^{l-2}).$$

注意到：

$$\left(\frac{r_i-1}{2},\frac{r_i+1}{2}\right)=1,$$

就推出 $r_i=r_j$ 的充要条件是

$$\frac{r_i-1}{2}\equiv 0(\bmod 2^{l-2}) \text{ 或 } \frac{r_i+1}{2}\equiv 0(\bmod 2^{l-2}),$$

即

$$r_i\equiv 1(\bmod 2^{l-1}) \text{ 或 } r_i\equiv -1(\bmod 2^{l-1}).$$

因此，在这个模 2^l 的既约剩余系中仅当

$$r_i\equiv 1,\quad 2^{l-1}+1,\quad 2^{l-1}-1 \text{ 或 } 2^l-1(\bmod 2^l) \tag{10}$$

时，才可能有 $r_i=r_j$. 这样，对模 2^l 的既约剩余系中的每个 r_i 除去

这四个数(这四个数两两对模 2^l 不同余)外，必有 $r_j \neq r_i$. 所以除了这四个数外，既约剩余系中的 $c-4$ 个数可按关系式(9)两两分对分完，即这 $c-4$ 个数的乘积对模 2^l 同余于 1. 由此及式(10)就证明了式(8)对 $l \geqslant 3$ 成立. 证毕. ①

总结以上讨论，我们证明了当 $m=1,2,4,p^l,2p^l$(p 为奇素数)时，模 m 的一组既约剩余系的乘积同余 -1 模 m. 可以证明在其他情形必同余于 1 模 m，这将安排在习题中.

Wilson 定理是很有用的. 下面来举两个例子.

例 1 设 $r_0, r_1, \cdots, r_{p-1}$ 及 $r_0', r_1', \cdots, r_{p-1}'$ 是模 p 的两组完全剩余系，p 是奇素数. 证明：$r_0 r_0', r_1 r_1', \cdots, r_{p-1} r_{p-1}'$ 一定不是模 p 的完全剩余系.

证 用反证法. 假设 $r_0 r_0', r_1 r_1', \cdots, r_{p-1} r_{p-1}'$ 是模 p 的完全剩余系，那么，其中有且仅有一个被 p 整除，不妨设

$$p \mid r_0 r_0', \quad p \nmid r_j r_j', \quad 1 \leqslant j \leqslant p-1.$$

因此，必有(为什么)

$$p \mid r_0, \quad p \mid r_0', \quad p \nmid r_j, \quad p \nmid r_j', \quad 1 \leqslant j \leqslant p-1.$$

所以，$r_1, \cdots, r_{p-1}$ 及 $r_1', \cdots, r_{p-1}'$ 都是模 p 的既约剩余系，且 $r_1 r_1', \cdots, r_{p-1} r_{p-1}'$ 也是模 p 的既约剩余系，我们来证明这是不可能的. 因为，由定理 1 知

$$r_1 \cdots r_{p-1} \equiv -1 \pmod{p},$$

$$r_1' \cdots r_{p-1}' \equiv -1 \pmod{p},$$

以及

$$(r_1 r_1') \cdots (r_{p-1} r_{p-1}') \equiv -1 \pmod{p}.$$

但前两式相乘得

$$(r_1 r_1') \cdots (r_{p-1} r_{p-1}') \equiv 1 \pmod{p}.$$

因而有

---

① 利用 §17 定理 7 所给出的模 2^l($l \geqslant 3$)的既约剩余系，也可证明本定理.

$$1\equiv -1 \pmod p.$$

但 $p\geqslant 3$ 这是不可能. 这就证明了所要的结论.

例 2 设 p 是奇素数,证明

$$1^2\cdot 3^2\cdots(p-2)^2\equiv(-1)^{(p+1)/2}\pmod p.$$

证 注意到当 p 为奇素数时

$$\begin{aligned}(p-1)! &= (1\cdot(p-1))(3\cdot(p-3))\cdots((p-4)(p-(p-4)))\\&\quad\cdot((p-2)(p-(p-2)))\\&\equiv(-1)^{(p-1)/2}\cdot 1^2\cdot 3^2\cdots(p-2)^2\pmod p,\end{aligned}$$

由此及定理 1 即得所要结论.

习 题 十 八

1. 证明: n 是素数的充要条件是:

(i) $n\mid(n-1)!+1$; (ii) $n\mid(n-2)!-1$;

(iii) 存在正整数 $k\leqslant n$, 使得 $n\mid(k-1)!(n-k)!+(-1)^{k-1}$.

2. 设 p 是奇素数. 证明:

(i) $2^2\cdot 4^2\cdots(p-1)^2\equiv(-1)^{(p+1)/2}\pmod p$;

(ii) $(((p-1)/2)!)^2\equiv(-1)^{(p+1)/2}\pmod p$;

(iii) $(p-1)!!\equiv(-1)^{(p-1)/2}(p-2)!!\pmod p$.

3. 设 p 为素数, a 为任意整数. 证明:

(i) $p\mid a^p+(p-1)!a$; (ii) $p\mid(p-1)!a^p+a$.

4. 设 $m=4, p^\alpha, 2p^\alpha$, p 为奇素数, $\alpha\geqslant 1$. 再设 $r_1,\cdots,r_c$, 及 $r_1',\cdots,r_c'$ 是模 m 的两组既约剩余系. 证明: $r_ir_i'(1\leqslant i\leqslant c)$ 一定不是模 m 的既约剩余系.

5. 设 $m=4, p^\alpha, 2p^\alpha$, p 为奇素数, $\alpha\geqslant 1$. 再设 $r_1,\cdots,r_m$ 及 $r_1',\cdots,r_m'$ 是模 m 的两组完全剩余系. 证明: $r_ir_i'(1\leqslant i\leqslant m)$ 一定不是模 m 的完全剩余系.

6. 设 $r_1,\cdots,r_4$ 及 $r_1',\cdots,r_4'$ 是模 8 的两组既约剩余系. $r_1r_1',\cdots,r_4r_4'$ 是否一定不是模 8 的既约剩余系? 举例说明. 对模 15 的两组既约剩余系作同样的讨论.

7. 设 $m\geqslant 3, r_1, \cdots, r_m$ 及 $r_1', \cdots, r_m'$ 是模 m 的两组完全剩余系. 证明：$r_1r_1', \cdots, r_mr_m'$ 一定不是模 m 的完全剩余系(提示：利用 § 13 定理 2(即 § 17 定理 3)的证明二中的方法,及本节例 1).

8. 设 $m\neq 1, 2, 4, p^\alpha, 2p^\alpha$, p 为奇素数. 证明：

$$R=\prod_{r \bmod m}{}' r\equiv 1 \pmod m,$$

即任意一组模 m 的既约剩余系的元素的乘积同余 1 模 m(提示：利用 § 17 定理 3 的证明方法,证明：对任一素数 p, $p^\alpha \parallel m$,这时必有 $R\equiv 1 \pmod{p^\alpha}$.).

§19 同余方程的基本概念

给定正整数 m,及 n 次整系数多项式

$$f(x)=a_nx^n+a_{n-1}x^{n-1}+\cdots+a_1x+a_0. \tag{1}$$

我们经常要讨论这样的问题: 求出所有整数 x,使同余式

$$f(x)\equiv 0(\bmod m) \tag{2}$$

成立. 这就是所谓**解同余方程**,式(2)称为**模 m 的同余方程**.

同余方程的解与解数 若 $x=c$ 时同余式(2)成立,则称 c 是**同余方程(2)的解**. 显见,这时剩余类 $c \bmod m$ 中的任一整数也是解,我们把这些解都看作是相同的,并说剩余类 $c \bmod m$ 是**同余方程(2)的一个解**,这个解记为

$$x\equiv c(\bmod m).$$

当 c_1,c_2 均为同余方程(2)的解,且对模 m 不同余时,我们就称它们是**同余方程(2)的不同的解**,所有对模 m 两两不同余的解的个数,称为是同余方程(2)的解数,记作

$$T(f;m).$$

综上所述,我们只要在任意取定的模 m 的一组完全剩余系中来求解模 m 的同余方程(2),在这完全剩余系中解的个数就是解数. 因此必有

$$T(f;m)\leqslant m.$$

例 1 求同余方程 $4x^2+27x-12\equiv 0(\bmod 15)$的解.

解 取模 15 的绝对最小完全剩余系: $-7,-6,\cdots,-1,0,1,2,\cdots,7$,直接计算知 $x=-6,3$ 是解. 所以,这个同余方程的解是

$$x\equiv -6,3(\bmod 15),$$

解数为 2.

例 2 求同余方程 $4x^2+27x-7\equiv 0(\bmod 15)$的解.

同样直接计算知 $x=-7,-2,-1,4$ 是解. 所以它的解是

$$x\equiv -7,-2,-1,4 \pmod{15},$$

解数为 4.

例 3 求解同余方程 $4x^2+27x-9\equiv 0 \pmod{15}$.

直接计算知，这方程无解.

当 $f(x)$ 的系数都是模 m 的倍数时，显见，任意的整数值 x 都是同余方程(2)的解，这样的同余方程(2)的解数为 m. 但这并不是同余方程(2)的解数为 m 的必要条件，这可由下面的例子看出.

例 4 由 § 17 定理 4(Fermat-Euler 定理)知，同余方程

$$x^5-x\equiv 0 \pmod 5 \tag{3}$$

的解数为 5；同余方程

$$x^7-x\equiv 0 \pmod 7 \tag{4}$$

的解数为 7；以及同余方程

$$x(x^2-1)(x^2+1)(x^4+x^2+1)\equiv 0 \pmod{35},$$

即

$$x^9+x^7-x^3-x\equiv 0 \pmod{35}$$

的解数为 35(为什么)；一般地，对素数 p，同余方程

$$x^p-x\equiv 0 \pmod p$$

的解数为 p.

同余方程的次数 当 $m\mid(a_n,\cdots,a_0)$ 时，所有整数 x 都是同余方程(2)的解，这种显然情形是用不着讨论的. 当

$$m\nmid(a_n,\cdots,a_0)$$

时，必有唯一的 l，$0\leqslant l\leqslant n$，满足

$$m\mid a_j,\quad l<j\leqslant n,\quad m\nmid a_l.$$

显见，这时模 m 的同余方程(2)与模 m 的同余方程

$$a_lx^l+\cdots+a_1x+a_0\equiv 0 \pmod m$$

是一样的，即它们的解与解数均相同. 我们把 l 称为是**模 m 的同余方程(2)的次数**，也称为是**多项式 f 关于模 m 的次数**，记作

$$\deg(f;m).$$

当 $m\mid(a_n,\cdots,a_0)$时就不说它们的次数.这与多项式的次数 $\deg(f)$ 是两个不同的概念,显见,当 $m\nmid(a_n,\cdots,a_0)$时有

$$0\leqslant\deg(f;m)\leqslant\deg(f).$$

多项式 f 关于模 m 的次数不仅与 f 有关,而且也和模 m 有关.例如,取 $f(x)=48x^4-24x^3-12x^2+6x+3$,我们有

$$\deg(f;9)=4,\quad \deg(f;48)=3,\quad \deg(f;24)=2,$$
$$\deg(f;12)=1,\quad \deg(f;6)=0.$$

对模 $m=3$ 就不说它的次数.

最后,给出几个经常用到而又显然的性质(定理 1 和 2 的证明留给读者).

定理 1 (i) 若 $f(x)\equiv g(x)(\bmod m)$,则同余方程(2)的解与解数和同余方程 $g(x)\equiv0(\bmod m)$相同.

(ii) 若$(a,m)=1$,则同余方程(2)的解与解数和同余方程 $af(x)\equiv0(\bmod m)$相同.特别地,当$(a_n,m)=1$时,取 a 为 a_n 关于模 m 的逆,则 $af(x)$的首项系数 $aa_n\equiv1(\bmod m)$.

定理 2 设正整数 $d\mid m$.那么,模 m 的同余方程(2)有解的必要条件是模 d 的同余方程

$$f(x)\equiv0(\bmod d)\tag{5}$$

有解.进而,设(5)有解,它的全部解为

$$x\equiv c_1,\cdots,c_s(\bmod d),\tag{6}$$

那么,对(2)的每个解(如果有的话)a 有且仅有一个 c_i 满足

$$a\equiv c_i(\bmod d).\tag{7}$$

定理 3 若正整数 $d\mid(a_n,\cdots,a_0,m)$,则满足模 m 的同余方程(2)的所有 x 的值(不是解数),与满足模 m/d 的同余方程

$$g(x)=\frac{1}{d}f(x)\equiv0\left(\bmod \frac{m}{d}\right)\tag{8}$$

的所有 x 的值相同,且有

$$T(f;m)=d\cdot T(g;m/d).\tag{9}$$

证 前一部分的结论是显然的.下面来证式(9).设同余方程

(8)的全部解为

$$x \equiv c_1, \cdots, c_s (\bmod m/d). \tag{10}$$

由前一部分结论知，满足模 m 的同余方程(2)的所有 x 的值(不是解数)即是由式(10)给出的全部 x 的值(不是同余类). 由 § 16 定理 4 知，对应于每一个同余类 $x \equiv c_j (\bmod m/d)$，恰好是模 m 的 d 个不同的同余类之和，由此就推出式(9). 证毕.

下面举例说明它们的应用.

例 5 解同余方程 $4x^2+27x-9 \equiv 0 (\bmod 15)$.

考虑模 5 的同余方程

$$4x^2+27x-9 \equiv 0 (\bmod 5). \tag{11}$$

由于

$$4x^2+27x-9 \equiv -x^2+2x+1 (\bmod 5),$$

由定理 1(i)知，(11)与

$$-x^2+2x+1 \equiv 0 (\bmod 5)$$

的解相同. 上式即

$$(x-1)^2 \equiv 2 (\bmod 5).$$

容易验证它无解. 因而由定理 2 知原同余方程无解.

例 6 解同余方程 $x^3+5x^2+9 \equiv 0 (\bmod 9)$.

解 由直接计算知，同余方程 $x^3+5x^2+9 (\bmod 3)$ 有两解：

$$x \equiv 0, 1 (\bmod 3).$$

利用定理 2，先来求原同余方程 $x^3+5x^2+9 \equiv 0 (\bmod 9)$ 相应于

$$x \equiv 0 (\bmod 3) \tag{12}$$

的解. 这时 $x=3y$，代入原同余方程得

$$(3y)^3+5(3y)^2+9=27y^3+45y^2+9 \equiv 0 (\bmod 9).$$

显见，上式对所有 y 都成立. 因此，相应的全部解即为满足式(12)的全部 x 的值. 由 § 16 定理 4 知，原模 9 的同余方程有三个相应的解：

$$x \equiv -1, 0, 1 (\bmod 9).$$

再来求相应于

$$x \equiv 1 \pmod 3 \tag{13}$$

的解. 这时 $x=3y+1$,代入原同余方程得

$$(3y+1)^3+5(3y+1)^2+9 \equiv 0 \pmod 9.$$

利用定理 1,它可化为

$$30y+6 \equiv 0 \pmod 9.$$

由定理 3 知,满足上式的 y 的值即为

$$10y+2 \equiv 0 \pmod 3,$$

$$y \equiv 1 \pmod 3.$$

所以,$y=3k+1, x=9k+4, k \in \mathbf{Z}$. 因此,原同余方程恰有一个相应的解

$$x \equiv 4 \pmod 9.$$

这样,由定理 2 推出,原同余方程的解数为 4,

$$x \equiv -1,0,1,4 \pmod 9.$$

以上讨论了一个变数的同余方程的基本概念. 类似的可以讨论一个变数的同余方程组. 给定正整数 $m_1,\cdots,m_k$,及整系数多项式 $f_1(x),\cdots,f_k(x)$. 求所有整数 x 满足同余式组

$$f_j(x) \equiv 0 \pmod{m_j}, \quad 1 \leqslant j \leqslant k, \tag{14}$$

就是所谓**解同余方程组**. 式(14)称为**同余方程组**. 若 $x=c$ 时,式(14)成立,则称 c 是**同余方程组(14)的解**. 显见,剩余类 $c \bmod m$ 中的任一数均满足(14),这里

$$m=[m_1,\cdots,m_k], \tag{15}$$

我们把这些属于模 m 的同一个剩余类的解看作是相同的,并说剩余类 $c \bmod m$ 是**同余方程组(14)的一个解**,记为

$$x \equiv c \pmod m.$$

当 c_1, c_2 均为解且对模 m 不同余时,就说它们是**同余方程组(14)的两个不同的解**,所有模 m 两两不同余的(14)的解的个数称为是**同余方程组(14)的解数**. 同样,我们只要在任意取定的模 m 的一组完全剩余系中来求解同余方程组(14),在其中的解的个数就是解数. 此外,只要式(14)中有一个同余方程无解,则同余方程组

(14)就无解.

更一般地,可以讨论多个变数的同余方程和同余方程组.此外,也可以限制变数在某个整数集合中取值(事实上,例6就是分别求原同余方程满足条件(12)和(13)的解).这里就不细述了,读者容易把这些基本概念作相应推广.以后会遇到一些简单的特例.

习 题 十 九

1. 通过直接计算求下列同余方程的解和解数:

(i) $x^5-3x^2+2\equiv0 \pmod 7$;

(ii) $3x^2-12x-19\equiv0 \pmod{28}$;

(iii) $x^2+8x-13\equiv0 \pmod{28}$;

(iv) $x^{26}+7x^{21}-5x^{17}+2x^{11}+8x^5-3x^2-7\equiv0 \pmod 5$.

2. 设$(2a,m)=1$.证明:同余方程$ax^2+bx+c\equiv0 \pmod m$一定可化为$(dx+e)^2\equiv f \pmod m$.利用这一方法来解§1例1,2,3中的同余方程.

3. 设p是素数.证明:同余方程$f^2(x)\equiv0 \pmod{p^\alpha}$与$f(x)\equiv0 \pmod{p^{[(\alpha+1)/2]}}$的解相同.

4. 设p为素数.若$g(x)\equiv0 \pmod p$无解,则$f(x)\equiv0 \pmod p$与$f(x)g(x)\equiv0 \pmod p$的解与解数相同.

5. 以$N(k)$记同余方程$f(x)\equiv k \pmod m$的解数.证明:

$$\sum_{k=1}^{m}N(k)=m.$$

6. 对哪些值a,同余方程$x^3\equiv a \pmod 9$有解.

7. 设同余方程$h(x)\equiv0 \pmod m$的解数等于m.再设整系数多项式$f(x)$,$g(x)$,及$r(x)$满足

$$f(x)\equiv q(x)h(x)+r(x) \pmod m. \qquad (*)$$

证明:同余方程$f(x)\equiv0 \pmod m$与同余方程$r(x)\equiv0 \pmod m$的解和解数相同.此外,若$h(x)$的最高次项系数为1,则对任意的$f(x)$,必有$q(x)$和$r(x)$使式$(*)$成立,且$r(x)$的次数小于$h(x)$

的次数.

8. (i) 设 $m=7, h(x)=x^7-x, f(x)=3x^{11}+3x^8+5$. 求满足第 7 题式(*)的 $r(x)$.

(ii) 设 $m=5, h(x)=x^5-x, f(x)=4x^{20}+3x^{13}+2x^7+3x-2$. 求满足第 7 题式(*)的 $r(x)$.

§ 20 一次同余方程

设 $m \nmid a$. 这一节讨论最简单的**模 m 的一次同余方程**

$$ax \equiv b \pmod{m}. \tag{1}$$

如果同余方程(1)有解 $x=x_1$,则有某个整数 y_1 使得

$$ax_1 = b + my_1.$$

因此,(1)有解的必要条件是

$$(a,m) \mid b. \tag{2}$$

例如,同余方程

$$4x \equiv 2 \pmod{8}$$

一定无解,因为 $(4,8)=4 \nmid 2$. 同余方程

$$3x \equiv 2 \pmod{8}$$

满足条件(2),因为 $(3,8)=1$. 在模 8 的绝对最小完全剩余系 -3, $-2,-1,0,1,2,3,4$ 中,x 逐一取值验算知,仅有解 $x=-2$,即其解为 $x \equiv -2 \pmod{8}$,解数为 1. 同余方程

$$6x \equiv 2 \pmod{8}$$

也满足条件(2),因为 $(6,8)=2 \mid 2$. 同样,x 逐一取值验算知,$x=-1,3$ 是解,即这同余方程的解是

$$x \equiv -1,3 \pmod{8},$$

解数为 2.

定理 1 当 $(a,m)=1$ 时,同余方程(1)必有解,且其解数为 1.

证法一 由 § 16 定理 10 知,当 $(a,m)=1$ 时,x 遍历模 m 的一组完全剩余系时,ax 也遍历模 m 的完全剩余系,即若 $r_1,\cdots,r_m$ 是模 m 的一组完全剩余系,则 $ar_1,\cdots,ar_m$ 也是模 m 的一组完全剩余系. 因此,有且仅有一个 r_i 使得

$$ar_i \equiv b \pmod{m},$$

即同余方程(1)有且仅有一个解 $x\equiv r_i(\mathrm{mod}\ m)$.

证法二 当$(a,m)=1$时,由§15性质Ⅷ知,a 对模 m 有逆 a^{-1}(任取一个)满足

$$aa^{-1}\equiv 1(\mathrm{mod}\ m).$$

容易看出

$$x_1=a^{-1}b$$

就满足同余方程(1). 若还有解 x_2,则有

$$ax_2\equiv ax_1(\mathrm{mod}\ m),$$

由此从§15性质Ⅶ推出

$$x_2\equiv x_1(\mathrm{mod}\ m).$$

这就证明了解数为1. 特别地,由§17式(10)知,这时同余方程(1)的解是

$$x\equiv a^{\varphi(m)-1}b(\mathrm{mod}\ m). \tag{3}$$

定理2 同余方程(1)有解的充要条件是式(2)成立. 在有解时,它的解数等于(a,m),以及若 x_0 是(1)的解,则它的(a,m)个解是

$$x\equiv x_0+\frac{m}{(a,m)}t(\mathrm{mod}\ m),$$
$$t=0,\cdots,(a,m)-1. \tag{4}$$

证法一 当 $g=(a,m)=1$ 时,这就是定理1. 所以可假定 $g>1$. 必要性前面已经证明,下证充分性. 若式(2)成立,则由§19定理3知,满足同余方程(1)的 **x 的值**和满足同余方程

$$\frac{a}{g}x\equiv\frac{b}{g}\left(\mathrm{mod}\ \frac{m}{g}\right) \tag{5}$$

的 **x 的值**是相同的. 由于$(a/g,m/g)=1$,故由定理1知同余方程(5)有解,所以同余方程(1)也有解. 这就证明了充分性. 若 x_0 是同余方程(1)的解,则它也是同余方程(5)的解,进而由定理1知,满足同余方程(5)的**所有的 x 的值**是

$$x\equiv x_0\left(\mathrm{mod}\ \frac{m}{g}\right). \tag{6}$$

由上面讨论知，式(6)也给出了满足同余方程(1)的**所有的 x 的值**(不是解数)．由 §16 定理 4 的式(7)(取 $m_1=m/g, r=x_0, d=g$)知，由式(6)给出的模 m/g 的同余类 $x_0 \bmod (m/g)$ 就是以下 g 个模 m 的同余类之和：

$$\left(x_0+\frac{m}{g}t\right) \bmod m, \quad t=0,\cdots,g-1.$$

这就证明了定理的后一半结论．

证法二 我们通过讨论一次同余方程和一次不定方程的关系来证明定理．显见，同余方程(1)与不定方程

$$ax=my+b \tag{7}$$

同时有解或无解，且有解时满足这两个方程的 **x 的值完全相同**．由 §8 定理 1 知，不定方程(7)有解的充要条件是 $(a,m)=(a,-m) \mid b$．这就证明了定理的前一半结论．当同余方程(1)有解 x_0 时，不定方程(7)有解 x_0, y_0，这里

$$y_0=(ax_0-b)/m. \tag{8}$$

进而，由 §8 定理 2 知，不定方程(7)的全部解为(注意正负号)：

$$x=x_0+\frac{m}{(a,m)}t, \quad y=y_0+\frac{a}{(a,m)}t,$$
$$t=0,\pm 1,\pm 2,\cdots. \tag{9}$$

由前面讨论知，满足同余方程(1)的**所有的 x 的值**为

$$x=x_0+\frac{m}{(a,m)}t, \quad t=0,\pm 1,\pm 2,\cdots. \tag{10}$$

这就是模 $m/(a,m)$ 的一个同余类

$$x_0 \bmod \frac{m}{(a,m)}.$$

由 §16 定理 4 的式(7)(取 $m_1=m/(a,m), r=x_0, d=g$)知，这个模 $m/(a,m)$ 的同余类就是式(4)给出的 (a,m) 个模 m 的同余类之和．这就证明了定理的后一半结论．

定理 1 和定理 2 不仅从理论上完全解决了同余方程(1)的求解问题，而且给出的不同的证法实际上是指出了具体求解的各种

方法. 下面来介绍一种直接求解同余方程(1)的算法,它类似于§8例3中解二元一次不定方程的算法.

(i) 取 $a_1\equiv a \pmod{m}$, $-m/2<a_1\leqslant m/2$; $b_1\equiv b \pmod{m}$, $-m/2<b_1\leqslant m/2$. 由§19定理1知,同余方程(1)就是同余方程

$$a_1x\equiv b_1 \pmod{m}. \tag{11}$$

(ii) 同余方程(11)与同余方程

$$my\equiv -b_1 \pmod{|a_1|} \tag{12}$$

同时有解或无解. 这是因为由定理2的证法二中知,同余方程(11)与不定方程

$$a_1x=my+b_1$$

同时有解或无解,而这不定方程可写为

$$my=-b_1+a_1x.$$

同样理由,上述不定方程与同余方程(12)同时有解或无解.

(iii) 若 $y_0 \bmod |a_1|$ 是(12)的解,则 $x_0 \bmod m$ 是(11),即(1)的解,这里

$$x_0=(my_0+b_1)/a_1. \tag{13}$$

反过来,若 $x_0 \bmod m$ 是(1)即(11)的解,则 $y_0 \bmod |a_1|$ 是(12)的解,这里

$$y_0=(a_1x_0-b_1)/m. \tag{14}$$

此外,若 $y_0 \bmod |a_1|$, $y_0' \bmod |a_1|$ 是(12)的两个不同的解,则相应地确定的 $x_0 \bmod m$, $x_0' \bmod m$ 也是(11)即(1)的两个不同的解. 所以(12)和(11)即(1)的解数相同(请读者自己验证这些结论).

以上的步骤(i),(ii),(iii)表明:求解模 m 的同余方程(1),通过同余方程(11)转化为求解较小的模 $|a_1|$ 的同余方程(12). 如果(12)能立即解出,则由(13)就得到(1)的全部解;如果(12)还不容易解出,则继续对它用步骤(i),(ii),化为一模更小的同余方程. 这样进行下去总能使问题归结为求解一模很小且能直接看出其是否有解的同余方程. 再依次利用式(13)(即步骤(iii))反向推导即可求得(1)的全部解. 下面来举个具体例子.

例 1 解同余方程 $589x\equiv1026 \pmod{817}$.

$$589x\equiv1026 \pmod{817} \overset{\text{(i)}}{\Longleftrightarrow} -228x\equiv209 \pmod{817}$$

$$\overset{\text{(ii)}}{\Longleftrightarrow} 817y\equiv-209 \pmod{228} \overset{\text{(i)}}{\Longleftrightarrow} -95y\equiv19 \pmod{228}$$

$$\overset{\text{(ii)}}{\Longleftrightarrow} 228z\equiv-19 \pmod{95} \overset{\text{(i)}}{\Longleftrightarrow} 38z\equiv-19 \pmod{95}$$

$$\overset{\text{(ii)}}{\Longleftrightarrow} 95w\equiv19 \pmod{38} \overset{\text{(i)}}{\Longleftrightarrow} 19w\equiv19 \pmod{38}$$

$$\overset{\text{(ii)}}{\Longleftrightarrow} 38u\equiv-19 \pmod{19} \overset{\text{(i)}}{\Longleftrightarrow} 0\cdot u\equiv0 \pmod{19}.$$

这表明最后一个关于 u 的同余方程对模 19 有 19 个解:

$$u\equiv0,1,2,\cdots,18 \pmod{19}.$$

按(iii),即式(13)逐次反向推导得:关于 w 对模 38 的同余方程有 19 个解

$$w\equiv(38u+19)/19\equiv2u+1 \pmod{38},$$

$$u=0,1,\cdots,18;$$

关于 z 对模 95 的同余方程有 19 个解:

$$z\equiv(95w-19)/38\equiv5u+2 \pmod{95},$$

$$u=0,1,\cdots,18;$$

关于 y 对模 228 的同余方程有 19 个解:

$$y\equiv(228z+19)/(-95)\equiv-12u-5 \pmod{228},$$

$$u=0,1,\cdots,18;$$

最后得到 x 对模 817 的同余方程有 19 个解:

$$x\equiv(817y+209)/(-228)\equiv43u+17 \pmod{817},$$

$$u=0,1,\cdots,18.$$

在运用这一方法时,千万不要把 m,a_1,b_1 搞错(特别是 a_1 的正负号).此外,如果在运用这方法的过程中,利用同余式的性质化简同余方程时,改变了同余方程的模,则要注意方程的解数.例如,在例 1 中,当得到了同余方程

$$38z\equiv-19 \pmod{95} \tag{15}$$

后,如果利用 §15 性质 Ⅵ,就得到

$$2z\equiv-1 \pmod{5}.$$

容易看出，满足这同余方程的**所有的 z 的值**是

$$z\equiv 2(\bmod 5).$$

但原来对 z 的同余方程的模为 95，为了得到原方程(15)的解数，就要利用 §16 定理 4，得到(15)有 19 个解：

$$z\equiv 2+5u,\quad u=0,1,\cdots,18.$$

这就是在例 1 中得到的. 下面的做法和例 1 一样.

例 2 $21x\equiv 38(\bmod 117)$.

$$21x\equiv 38(\bmod 117)$$

$$\overset{\text{(ii)}}{\Longleftrightarrow}117y\equiv -38(\bmod 21)\overset{\text{(i)}}{\Longleftrightarrow}-9y\equiv 4(\bmod 21)$$

$$\overset{\text{(ii)}}{\Longleftrightarrow}21z\equiv -4(\bmod 9)\overset{\text{(i)}}{\Longleftrightarrow}3z\equiv -4(\bmod 9)$$

$$\overset{\text{(ii)}}{\Longleftrightarrow}9w\equiv 4(\bmod 3)\overset{\text{(i)}}{\Longleftrightarrow}0\cdot w\equiv 1(\bmod 3),$$

最后的同余方程无解，所以原方程无解.

习 题 二 十

1. 求解下列一元一次同余方程.

(i) $3x\equiv 2(\bmod 7)$； (ii) $9x\equiv 12(\bmod 15)$；

(iii) $20x\equiv 4(\bmod 30)$； (iv) $64x\equiv 83(\bmod 105)$；

(v) $987x\equiv 610(\bmod 1597)$； (vi) $49x\equiv 5000(\bmod 999)$.

2. 设 a 是正整数，$a\nmid m$，以及 a_1 是 m 对模 a 的最小正剩余. 证明：同余方程 $ax\equiv b(\bmod m)$ 的解一定是同余方程 $a_1x\equiv -b[m/a](\bmod m)$ 的解. 反过来对吗？举例说明.

3. 你能利用上题提出一个解一元一次同余方程的方法吗？用你提出的方法来解(i) $6x\equiv 7(\bmod 23)$；(ii) $5x\equiv 1(\bmod 12)$. 并指出应用这一方法时要注意什么？

4. 设 $(a,m)=1$，b 是整数. 再设 $f(x)$ 是整系数多项式，

$$g(y)=f(ay+b).$$

证明：同余方程 $f(x)\equiv 0(\bmod m)$ 与 $g(y)\equiv 0(\bmod m)$ 的解数相同. 并指出如何从解出 $f(x)\equiv 0(\bmod m)$ 的解来求出 $g(y)\equiv$

0(mod m)的解.

5. 利用上题来解 § 19 中的例 1,例 2 及例 3.

6. 证明:同余方程 $f(x)\equiv 0 \pmod{m}$ 的解数

$$T=\frac{1}{m}\sum_{l=0}^{m-1}\sum_{x=0}^{m-1}\mathrm{e}^{2\pi i l f(x)/m}.$$

由此推出,当 $f(x)=ax-b$ 时,

$$T=\begin{cases}(a,m), & \text{当}(a,m)\mid b;\\ 0, & \text{当}(a,m)\nmid b.\end{cases}$$

§ 21　一次同余方程组、孙子定理

本节来讨论最简单的同余方程组，即由下面定理 1 中式(1)给出的一次同余方程组. 定理 1 称为孙子定理，是数论中最重要的基本定理之一.

定理 1(孙子定理)　设 $m_1,\cdots,m_k$ 是两两既约的正整数. 那么，对任意整数 $a_1,\cdots,a_k$，一次同余方程组

$$x\equiv a_j(\mathrm{mod}\ m_j),\quad 1\leqslant j\leqslant k \tag{1}$$

必有解，且解数为 1. 事实上，同余方程组(1)的解是

$$x\equiv M_1M_1^{-1}a_1+\cdots+M_kM_k^{-1}a_k(\mathrm{mod}\ m), \tag{2}$$

这里 $m=m_1\cdots m_k$，$m=m_jM_j(1\leqslant j\leqslant k)$，以及 M_j^{-1} 是满足

$$M_jM_j^{-1}\equiv 1(\mathrm{mod}\ m_j),\quad 1\leqslant j\leqslant k \tag{3}$$

的一个整数(即是 M_j 对模 m_j 的逆)①.

证法一　由于 $m_1,\cdots,m_k$ 两两既约，所以

$$m=[m_1,\cdots,m_k]=m_1\cdots m_k. \tag{4}$$

先来证若同余方程组(1)有解 c_1,c_2，则必有

$$c_1\equiv c_2(\mathrm{mod}\ m).$$

这是因为当 c_1,c_2 均是同余方程组(1)的解时，必有

$$c_1\equiv c_2(\mathrm{mod}\ m_j),\quad 1\leqslant j\leqslant k.$$

由于 $m_1,\cdots,m_r$ 两两既约，利用 § 15 性质 Ⅸ，从上式及式(4)就推出所要的结论. 这就证明了同余方程组(1)若有解则解数为 1. 下面来证由式(2)中给出的

$$c=M_1M_1^{-1}a_1+\cdots+M_kM_k^{-1}a_k \tag{5}$$

---

① 这里 $M_1^{-1},\cdots,M_k^{-1}$ 只要取定一个整数，对不同的取值，式(2)表面上含有不同的值，但对模 m 是同余的.

确是同余方程组(1)的解. 显见, $(m_j, M_j)=1$, 所以满足式(3)的 M_j^{-1} 必存在. 由式(3)及 $m_j | M_i$, $j \neq i$, 就推出

$$c \equiv M_j M_j^{-1} a_j \equiv a_j \pmod{m_j}, \quad 1 \leqslant j \leqslant k,$$

即 c 是解. 证毕.

证法一虽然简单, 但为什么有形式(2)的解则看不清楚. 下面以 $k=2$ 为例来给出另一证法.

证法二 为简单起见考虑 $k=2$ 的情形, 现在, $m=m_1 m_2$, $M_1=m_2$, $M_2=m_1$, 及同余方程组(1)是

$$\begin{cases} x \equiv a_1 \pmod{m_1}, \\ x \equiv a_2 \pmod{m_2}. \end{cases} \tag{6}$$

由第一个方程知, 可把 x 表为

$$x = a_1 + m_1 y. \tag{7}$$

这样, 同余方程组(6)变为同余方程

$$m_1 y \equiv a_2 - a_1 \pmod{m_2},$$

即

$$M_2 y \equiv a_2 - a_1 \pmod{m_2}.$$

由 §20 定理 1 的证法二知

$$y \equiv M_2^{-1}(a_2 - a_1) \pmod{m_2}.$$

进而有

$$m_1 y \equiv M_2 M_2^{-1}(a_2 - a_1) \pmod{m}.$$

由此及式(7)得

$$\begin{aligned} x &\equiv a_1 + M_2 M_2^{-1}(a_2 - a_1) \pmod{m} \\ &\equiv (1 - M_2 M_2^{-1}) a_1 + M_2 M_2^{-1} a_2 \pmod{m}. \end{aligned} \tag{8}$$

由 m_1, m_2 的对称性, 同样可得

$$x \equiv M_1 M_1^{-1} a_1 + (1 - M_1 M_1^{-1}) a_2 \pmod{m}. \tag{9}$$

但式(8), (9)还都不是我们需要的式(2)$(k=2)$的形式. 但利用式(3)$(k=2)$, 容易看出

$$M_1 M_1^{-1} \equiv 1 - M_2 M_2^{-1} \pmod{m_1},$$

$$M_1M_1^{-1}\equiv 1-M_2M_2^{-1}(\bmod m_2).$$

所以

$$M_1M_1^{-1}\equiv 1-M_2M_2^{-1}(\bmod m).$$

由此及式(8)(或(9))立即推出：若 x 是解则必有

$$x\equiv M_1M_1^{-1}a_1+M_2M_2^{-1}a_2(\bmod m).$$

容易验证 $M_1M_1^{-1}a_1+M_2M_2^{-1}a_2$ 的确是同余方程组(6)的解. 证毕.

大约在公元 5～6 世纪，我国南北朝时期有一部著名的算术著作《孙子算经》，其中有这样一个“物不知数”问题：“今有物，不知其数，三三数之剩二，五五数之剩三，七七数之剩二，问物几何？”这就是要求同余方程组

$$\begin{cases} x\equiv 2(\bmod 3), \\ x\equiv 3(\bmod 5), \\ x\equiv 2(\bmod 7) \end{cases} \tag{10}$$

的正整数解. 书中求出了满足这一问题的最小正整数解 $x=23$，所用的具体解法实质上就是求这同余方程组的形如式(2)的解. 因此，把定理 1 称为**孙子剩余定理**或**孙子定理**，国际上称为**中国剩余定理**. 我们来解同余方程组(10)，这里

$$m_1=3,\quad m_2=5,\quad m_3=7,$$
$$M_1=35,\quad M_2=21,\quad M_3=15.$$

容易算出可取 $M_1^{-1}=2, M_2^{-1}=1, M_3^{-1}=1$. 因此(10)的解为

$$\begin{aligned} x &\equiv 35\cdot 2\cdot 2+21\cdot 1\cdot 3+15\cdot 1\cdot 2 \\ &\equiv 233\equiv 23(\bmod 105). \end{aligned}$$

因此，满足“物不知数”问题的正整数解是

$$x=23+105t,\quad t=0,1,2,\cdots,$$

最小的为 23.

孙子定理是数论中最重要的基本定理之一. 它实质上刻画了剩余系的结构. 这就是下面的定理.

定理 2 设 $m_1,\cdots,m_k,m,M_1,\cdots,M_k,M_1^{-1},\cdots,M_k^{-1}$ 同定理 1. 再设

$$x=M_1M_1^{-1}x_1+\cdots+M_kM_k^{-1}x_k. \tag{11}$$

那么,当 $x_1,\cdots,x_k$ 分别遍历模 $m_1,\cdots$,模 m_k 的完全(既约)剩余系时,x 遍历模 m 的完全(既约)剩余系,且有

$$x\equiv x_j(\bmod m_j),\quad 1\leqslant j\leqslant k. \tag{12}$$

证 先来证关于完全剩余系的结论. 当 $x_1,\cdots,x_k$ 分别遍历模 $m_1,\cdots$,模 m_k 的完全剩余系时,由式(11)共得到 $m_1\cdots m_k=m$ 个 x 的值. 因此,只要证明这 m 个 x 值两两不同余模 m. 设

$$x'=M_1M_1^{-1}x_1'+\cdots+M_kM_k^{-1}x_k'.$$

那么,$x\equiv x'(\bmod m)$的充要条件是

$$x\equiv x'(\bmod m_j),\quad 1\leqslant j\leqslant k.$$

由式(3)及 $M_jM_j^{-1}\equiv 0(\bmod m_l),l\neq j$,可推出: 式(12)成立且上式即为

$$x_j\equiv x_j'(\bmod m_j),\quad 1\leqslant j\leqslant k.$$

由于 x_j,x_j' 在模 m_j 的同一个完全剩余系中取值,所以 $x_j=x_j'$,$x=x'$. 这就证明了所要结论.

下证关于既约剩余系的结论. 由于一个完全剩余系中与模互素的数组成一个既约剩余系. 因此,在已经证明了关于完全剩余系的结论后,只要证明: 由式(11)给出的 x,$(x,m)=1$ 的充要条件是

$$(x_j,m_j)=1,\quad 1\leqslant j\leqslant k. \tag{13}$$

由于$(x,m)=1$ 成立的充要条件是(为什么)

$$(x,m_j)=1,\quad 1\leqslant j\leqslant k.$$

由此及式(12)就推出式(13)成立. 证毕.

由定理 2 及 §16 定理 10 立即推出

定理 3 在定理 2 的条件、符号下,设 $a_1,\cdots,a_k$ 是给定整数,$(a_j,m_j)=1,1\leqslant j\leqslant k$. 再设

$$x^*=M_1a_1x_1+\cdots+M_ka_kx_k. \tag{14}$$

那么,当 $x_1,\cdots,x_k$ 分别遍历模 $m_1,\cdots$,模 m_k 的完全(既约)剩余系

时，x^* 遍历模 m 的完全(既约)剩余系.

证 由 §16 定理 10 知，x_j 与 $a_jM_jx_j$ 同时遍历模 m_j 的完全(既约)剩余系. 所以，在定理 2 式(11)中以 $a_jM_jx_j$ 代 x_j 结论仍然成立. 这时式(11)变为

$$x=M_1M_1^{-1}(a_1M_1x_1)+\cdots+M_kM_k^{-1}(a_kM_kx_k).$$

由此及(为什么)

$$M_jM_j^{-1}(a_jM_jx_j)\equiv M_ja_jx_j(\mathrm{mod}\ m)$$

就推出所要结论. 证毕.

由定理 2 可立即推出 Euler 函数 $\varphi(m)$ 是积性函数，即给出了又一个证明(另两证明见 §13 定理 1、§17 定理 1).

定理 4 Euler 函数 $\varphi(m)$ 是积性函数，即

$$\varphi(m_1m_2)=\varphi(m_1)\varphi(m_2),\quad (m_1,m_2)=1. \tag{15}$$

证 在定理 2 中取 $k=2$. 当 x_1 遍历模 m_1 的既约剩余系时，x_1 取 $\varphi(m_1)$ 个值，x_2 遍历模 m_2 的既约剩余系时，x_2 取 $\varphi(m_2)$ 个值，这时相应由式(11)$(k=2)$给出的 x 取 $\varphi(m_1)\varphi(m_2)$ 个值. 而定理 2 已经证明：相应的这些值 x 恰好是模 m 的既约剩余系，即有 $\varphi(m)$ 个值. 由此及 $m=m_1m_2$ 就证明了式(15). 证毕.

下面来举几个例.

例 1 解同余方程组

$$\begin{cases}x\equiv 1(\mathrm{mod}\ 3),\\ x\equiv -1(\mathrm{mod}\ 5),\\ x\equiv 2(\mathrm{mod}\ 7),\\ x\equiv -2(\mathrm{mod}\ 11).\end{cases}$$

解 取 $m_1=3,m_2=5,m_3=7,m_4=11$，满足定理 1 的条件. 这时，$M_1=5\cdot 7\cdot 11,M_2=3\cdot 7\cdot 11,M_3=3\cdot 5\cdot 11,M_4=3\cdot 5\cdot 7$. 我们来求 M_j^{-1}. 由于 $M_1\equiv(-1)\cdot(1)\cdot(-1)\equiv 1(\mathrm{mod}\ 3)$，所以

$$1\equiv M_1M_1^{-1}\equiv M_1^{-1}(\mathrm{mod}\ 3),$$

因此可取 $M_1^{-1}=1$. 由 $M_2\equiv(-2)\cdot(2)\cdot 1\equiv 1(\mathrm{mod}\ 5)$知，

$$1\equiv M_2M_2^{-1}\equiv M_2^{-1}(\mathrm{mod}\ 5),$$

因此可取 $M_2^{-1}=1$. 由 $M_3\equiv 3\cdot 5\cdot 4\equiv 4 \pmod 7$ 知，

$$1\equiv M_3M_3^{-1}\equiv 4M_3^{-1} \pmod 7,$$

因此可取 $M_3^{-1}=2$. 由 $M_4\equiv 3\cdot 5\cdot 7\equiv 4\cdot 7\equiv 6 \pmod{11}$ 知，

$$1\equiv M_4M_4^{-1}\equiv 6M_4^{-1} \pmod{11},$$

因此可取 $M_4^{-1}=2$,进而由定理 1 知同余方程组解为

$$x\equiv(5\cdot 7\cdot 11)\cdot 1\cdot 1+(3\cdot 7\cdot 11)\cdot 1\cdot(-1)+(3\cdot 5\cdot 11)\cdot 2\cdot 2$$
$$+(3\cdot 5\cdot 7)\cdot 2\cdot(-2) \pmod{3\cdot 5\cdot 7\cdot 11},$$

即

$$x\equiv 385-231+660-420\equiv 394 \pmod{1155}.$$

例 2 求相邻的四个整数,它们依次可被 $2^2,3^2,5^2$ 及 7^2 整除.

解 设这四个相邻整数是 $x-1,x,x+1,x+2$. 按要求应满足

$$x-1\equiv 0 \pmod{2^2},\quad x\equiv 0 \pmod{3^2},$$
$$x+1\equiv 0 \pmod{5^2},\quad x+2\equiv 0 \pmod{7^2}.$$

所以,这是一个解同余方程组问题,这里

$$m_1=2^2,\quad m_2=3^2,\quad m_3=5^2,\quad m_4=7^2$$

两两既约,满足定理 1 的条件,$M_1=3^25^27^2$, $M_2=2^25^27^2$, $M_3=2^23^27^2$, $M_4=2^23^25^2$. 由 $M_1\equiv 1\cdot 1\cdot 1\equiv 1 \pmod{2^2}$ 知，

$$1=M_1M_1^{-1}\equiv M_1^{-1} \pmod{2^2},$$

因此可取 $M_1^{-1}=1$. 由 $M_2\equiv 10^2\cdot 7^2\equiv 1\cdot 4\equiv 4 \pmod{3^2}$ 知

$$1\equiv M_2M_2^{-1}\equiv 4M_2^{-1} \pmod{3^2},$$

因此可取 $M_2^{-1}=-2$. 由 $M_3\equiv 2^2\cdot 21^2\equiv 2^2\cdot 4^2\equiv -11 \pmod{5^2}$ 知，

$$1\equiv M_3M_3^{-1}\equiv -11M_3^{-1} \pmod{5^2},$$
$$2\equiv -22M_3^{-1}\equiv 3M_3^{-1} \pmod{5^2},$$
$$16\equiv 24M_3^{-1}\equiv -M_3^{-1} \pmod{5^2},$$

因此可取 $M_3^{-1}=9$. 由 $M_4=(-13)(-24)\equiv 3\cdot 6\equiv 18 \pmod{7^2}$ 知

$$1\equiv M_4M_4^{-1}\equiv 18M_4^{-1} \pmod{7^2},$$
$$3\equiv 54M_4^{-1}\equiv 5M_4^{-1} \pmod{7^2},$$
$$30\equiv 50M_4^{-1}\equiv M_4^{-1} \pmod{7^2},$$

因此可取 $M_4^{-1}=-19$. 因而由定理 1 知

$$x\equiv 3^2\cdot 5^2\cdot 7^2\cdot 1\cdot 1+2^2\cdot 5^2\cdot 7^2\cdot(-2)\cdot 0+2^2\cdot 3^2\cdot 7^2\cdot 9\cdot(-1)$$
$$+2^2\cdot 3^2\cdot 5^2\cdot(-19)\cdot(-2)(\mathrm{mod}\ 2^2\cdot 3^2\cdot 5^2\cdot 7^2).$$
$$x\equiv 11025-15876+34200\equiv 29349(\mathrm{mod}\ 44100).$$

所以满足要求的四个相邻整数有无穷多组,它们是

$$29348+44100t,\quad 29349+44100t,$$
$$29350+44100t,\quad 29351+44100t,$$
$$t=0,\pm 1,\pm 2,\cdots.$$

最小的这样的四个相邻正整数是:

29348,29349,29350,29351.

例 3 求模 11 的一组完全剩余系,使其中每个数被 2,3,5,7 除后的余数分别为 1,-1,1,-1.

解 在定理 2 中取 $m_1=2, m_2=3, m_3=5, m_4=7, m_5=11$,以及 $x_1=1, x_2=-1, x_3=1, x_4=-1$. 这样,由定理 2 知,当 x_5 遍历模 11 的完全剩余系时,

$$x=M_1M_1^{-1}-M_2M_2^{-1}+M_3M_3^{-1}-M_4M_4^{-1}+M_5M_5^{-1}x_5$$

就给出了所要求的完全剩余系(为什么). 下面来求 $M_j^{-1}(1\leqslant j\leqslant 5)$. 由 $M_1\equiv 1(\mathrm{mod}\ 2)$知,

$$1\equiv M_1M_1^{-1}\equiv M_1^{-1}(\mathrm{mod}\ 2),$$

所以可取 $M_1^{-1}=1$. 由 $M_2\equiv -1(\mathrm{mod}\ 3)$知,

$$1\equiv M_2M_2^{-1}\equiv(-1)\cdot M_2^{-1}(\mathrm{mod}\ 3),$$

所以可取 $M_2^{-1}=-1$. 由 $M_3\equiv 2(\mathrm{mod}\ 5)$知,

$$1\equiv M_3M_3^{-1}\equiv 2M_3^{-1}(\mathrm{mod}\ 5),$$

所以可取 $M_3^{-1}=-2$. 由 $M_4\equiv 1(\mathrm{mod}\ 7)$知,

$$1\equiv M_4M_4^{-1}\equiv M_4^{-1}(\mathrm{mod}\ 7),$$

所以可取 $M_4^{-1}=1$. 由 $M_5\equiv 1(\mathrm{mod}\ 11)$知,

$$1\equiv M_5M_5^{-1}\equiv M_5^{-1}(\mathrm{mod}\ 11),$$

所以可取 $M_5^{-1}=1$. 这样就得到

$$x=3\cdot 5\cdot 7\cdot 11+2\cdot 5\cdot 7\cdot 11+2\cdot 3\cdot 7\cdot 11\cdot(-2)$$

$$-2\cdot3\cdot5\cdot11+2\cdot3\cdot5\cdot7x_5$$
$$=1155+770-924-330+210x_5$$
$$=671+210x_5=210(x_5+3)+41.$$

具有这样性质的最小的正的模 11 的完全剩余系是：

$$41,210+41,210\cdot2+41,$$
$$210\cdot3+41,210\cdot4+41,210\cdot5+41,$$
$$210\cdot6+41,210\cdot7+41,210\cdot8+41,$$
$$210\cdot9+41,210\cdot10+41.$$

例 4 解同余方程组

$$x\equiv3(\bmod 8),\quad x\equiv11(\bmod 20),\quad x\equiv1(\bmod 15).$$

解 这里 $m_1=8,m_2=20,m_3=15$ 不两两既约，所以不能直接用定理 1. 容易看出，这同余方程组的解和同余方程组

$$\begin{cases}x\equiv3(\bmod 8),\\x\equiv11(\bmod 4),\\x\equiv11(\bmod 5),\\x\equiv1(\bmod 5),\\x\equiv1(\bmod 3)\end{cases}$$

的解相同. 显见，满足第一个方程的 x 必满足第二个方程，而第三，第四个方程是一样的. 因此，原同余方程组和同余方程组

$$\begin{cases}x\equiv3(\bmod 8),\\x\equiv1(\bmod 5),\\x\equiv1(\bmod 3)\end{cases}\tag{16}$$

的解相同. 同余方程组(16)满足定理 1 的条件. 容易解出(留给读者)同余方程组(16)的解为

$$x\equiv-29(\bmod 120).$$

注意到$[8,20,15]=120$，所以这也就是原同余方程组的解，且解数为 1.

例 4 给出了模 $m_1,\cdots,m_k$ 不是两两既约时，同余方程组(1)如何求解的具体例子. 对于一般情形的解法原则上也是这样. 这些讨

论将放在习题中.

例 5 解同余方程 $19x\equiv556(\text{mod } 1155)$.

解 这是一个一次同余方程,当然可以用 §20 的方法来解.这里我们把它化为模较小的一次同余方程组来解,这种办法有时是方便的.由于 $1155=3\cdot5\cdot7\cdot11$,所以由 §15 性质 IX 知,这个同余方程和同余方程组

$$19x\equiv556(\text{mod } 3),\quad 19x\equiv556(\text{mod } 5),$$
$$19x\equiv556(\text{mod } 7),\quad 19x\equiv556(\text{mod } 11)$$

的解相同.利用 §19 的定理 1(i),这同余方程组就是

$$x\equiv1(\text{mod } 3),\qquad -x\equiv1(\text{mod } 5),$$
$$-2x\equiv3(\text{mod } 7),\qquad -3x\equiv6(\text{mod } 11).$$

进而,再利用 §19 的定理 1 的(ii)和(i)(即解出上述同余方程组中的第二,第三,第四个方程),上述同余方程组就变为

$$x\equiv1(\text{mod } 3),\quad x\equiv-1(\text{mod } 5),$$
$$x\equiv2(\text{mod } 7),\quad x\equiv-2(\text{mod } 11).$$

这同余方程组就可用定理 1 的方法来解.实际上,这就是例 1 中的同余方程组,它的解是

$$x\equiv394(\text{mod } 1155).$$

这就是原同余方程的解.

例 6 解同余方程组

$$x\equiv3(\text{mod } 7),\quad 6x\equiv10(\text{mod } 8).$$

解 这不是定理 1 中的同余方程组的形式.容易看出,第二个同余方程有解且解数为 2(具体求解留给读者):

$$x\equiv-1,3(\text{mod } 8).$$

因此,原同余方程组的解就是以下两个同余方程组的解:

$$x\equiv3(\text{mod } 7),\quad x\equiv-1(\text{mod } 8);\tag{17}$$

及

$$x\equiv3(\text{mod } 7),\quad x\equiv3(\text{mod } 8).\tag{18}$$

容易求出(留给读者),同余方程组(17)的解是 $x\equiv31(\text{mod } 56)$;同

余方程组(18)的解是 $x\equiv 3\pmod{56}$. 所以,原同余方程组的解数为 2,其解为

$$x\equiv 3,31\pmod{56}.$$

例 7 解同余方程组

$$\begin{cases}3x\equiv 1\pmod{10},\\ 4x\equiv 7\pmod{15}.\end{cases}$$

解 利用解例 4 的方法. 这同余方程组的解与同余方程组

$$\begin{cases}3x\equiv 1\pmod{2},\\ 3x\equiv 1\pmod{5},\\ 4x\equiv 7\pmod{3},\\ 4x\equiv 7\pmod{5}\end{cases}$$

的解相同. 但第二个同余方程 $3x\equiv 1\pmod{5}$ 可化为 $x\equiv 2\pmod{5}$,第四个同余方程 $4x\equiv 7\pmod{5}$ 可化为 $x\equiv -2\pmod{5}$,与 $x=2\pmod{5}$ 矛盾,所以原同余方程组无解.

最后,证明一个有关同余方程解数的定理,它是孙子定理的推论.

定理 5 设 $m_1,\cdots,m_k$ 两两互素,$m=m_1\cdots m_k$,以及 $f(x)$ 是整系数多项式. 我们有

$$T(f;m)=T(f;m_1)\cdots T(f;m_k),\tag{19}$$

这里 $T(f;n)$ 表示同余方程 $f(x)\equiv 0\pmod{n}$ 的解数(见 §19). 也就是说,解数 $T(f;n)$ 是 n 的积性函数.

证 记 $t=T(f;m)$,$t_j=T(f;m_j)$,$1\leqslant j\leqslant k$. 由 §19 讨论知,同余方程

$$f(x)\equiv 0\pmod{m}\tag{20}$$

的解与解数和同余方程组

$$f(x)\equiv 0\pmod{m_j},\quad 1\leqslant j\leqslant k\tag{21}$$

的解与解数相同. 因此,只要有某一个 $t_j=0$,式(19)就成立. 所以下面假定 $t_j>0(1\leqslant j\leqslant k)$. 设 $a_1^{(j)},\cdots,a_{t_j}^{(j)}$ 是同余方程

$$f(x)\equiv 0\pmod{m_j}\tag{22}$$

的全部两两不同余模 m_j 的解. $a_1,\cdots,a_t$ 是同余方程(20),即同余方程组(21)的全部两两不同余模 m 的解. 这样,对每一个 $a_r(1\leqslant r\leqslant t)$,及取定的 $j(1\leqslant j\leqslant k)$,有且仅有一个 $a_{r_j}^{(j)}(1\leqslant r_j\leqslant t_j)$满足

$$a_r\equiv a_{r_j}^{(j)}(\bmod m_j). \tag{23}$$

因此,对每个 a_r 必有唯一的数组

$$\left\{a_{r_1}^{(1)},\cdots,a_{r_k}^{(k)}\right\} \tag{24}$$

与之对应,且不同的 a_r 一定对应于不同的数组(24). 由于共有 $t_1\cdots t_k$个不同的数组(24),所以有

$$t\leqslant t_1\cdots t_k.$$

反过来,对给定的一个数组(24),由孙子定理知,同余方程组

$$x\equiv a_{r_j}^{(j)}(\bmod m_j),\quad 1\leqslant j\leqslant k, \tag{25}$$

对模 m 有唯一解 c. 显见 c 满足同余方程组(21),即同余方程(20),因而,必有唯一的 $a_r(1\leqslant r\leqslant t)$满足

$$c\equiv a_r(\bmod m).$$

即每个数组(24)必有唯一的 a_r 与之对应. 再由孙子定理知,两个不同的数组(24)所对应的 a_r 一定是不同的,所以

$$t_1\cdots t_k\leqslant t.$$

因此,$t=t_1\cdots t_k$,即式(19)成立. 证毕.

定理 5 的意义还在于指出了一般同余方程(20)(即同余方程组(21))的求解途径: 即先解出每一个同余方程(22)的全部解 $a_1^{(j)},\cdots,a_{t_j}^{(j)}$;然后,对每一个数组(24),求一次同余方程组(25)的解;由这样得到的 $t_1\cdots t_k$ 个解就是同余方程(20)的全部解. 当对某个 j,同余方程(22)无解,同余方程(20)也无解. 通常,当 $m=p_1^{\alpha_1}\cdots p_k^{\alpha_k}$时,取 $m_j=p_j^{\alpha_j}$. 这样,一般同余方程的求解就归结为模为素数幂的同余方程的求解,后者将在 § 26 讨论. 应该指出,前面的例 5 就是按这样的方法求解的.

习题二十一

1. 求解下列一元一次同余方程组.

(i) $x\equiv 4(\bmod 11), x\equiv 3(\bmod 17)$;

(ii) $x\equiv 2(\bmod 5), x\equiv 1(\bmod 6), x\equiv 3(\bmod 7)$,

$x\equiv 0(\bmod 11)$;

(iii) $8x\equiv 6(\bmod 10), 3x\equiv 10(\bmod 17)$;

(iv) $x\equiv 6(\bmod 35), x\equiv 11(\bmod 55), x\equiv 2(\bmod 33)$

(其中(i),(iii)用定理1的证法二中的方法来解).

2. 把同余方程化为同余方程组来解.

(i) $23x\equiv 1(\bmod 140)$; (ii) $17x\equiv 229(\bmod 1540)$.

3. 有一个人每工作八天后休息两天.有一次他在星期六、星期日休息,问最少要几周后他可以在星期天休息.

4. 设k是给定的正整数,$a_1,\cdots,a_k$是两两既约的正整数.证明:一定存在k个相邻整数,使得第j个数被a_j整除($1\leqslant j\leqslant k$).

5. 设$m_1,\cdots,m_k$两两既约.那么,同余方程组

$$a_jx\equiv b_j(\bmod m_j),\quad 1\leqslant j\leqslant k$$

有解的充要条件是每一个同余方程$a_jx\equiv b_j(\bmod m_j)$均可解,即$(a_j,m_j)\mid b_j(1\leqslant j\leqslant k)$.当$m_1,\cdots,m_k$不两两既约时这结论成立吗?

6. 证明:同余方程组$x\equiv a_j(\bmod m_j)(j=1,2)$有解的充要条件是$(m_1,m_2)\mid(a_1-a_2)$,若有解则对模$[m_1,m_2]$的解数为1.

7. 证明:同余方程组$x\equiv a_j(\bmod m_j)(1\leqslant j\leqslant k)$有解的充要条件是$(m_i,m_j)\mid(a_i-a_j)(1\leqslant i\neq j\leqslant k)$.若有解则对模$[m_1,\cdots,m_k]$的解数为1.

8. 设$m=[m_1,\cdots,m_k]$.证明:

(i) 一定可找到一组正整数$m_1',\cdots,m_k'$满足:$m_j'\mid m_j(1\leqslant j\leqslant k)$,$m_1',\cdots,m_k'$两两既约,及$m=m_1'\cdots m_k'$;

(ii) 若同余方程组$x\equiv a_j(\bmod m_j)(1\leqslant j\leqslant k)$有解,则它的解与同余方程组$x\equiv a_j(\bmod m_j')$的解相同.

9. 求下列二元一次同余方程组的解:

(i) $3x+4y\equiv 5(\bmod 13), 2x+5y\equiv 7(\bmod 13)$;

(ii) $x+3y\equiv 1(\bmod 5), 3x+4y\equiv 2(\bmod 5)$;

(iii) $2x+3y\equiv 5 \pmod 7$, $x+5y\equiv 6 \pmod 7$.

10. 设 $m\geqslant 1$, $\Delta=ad-bc$, $(m,\Delta)=1$. 那么,二元一次同余方程组

$$\begin{cases} ax+by\equiv e \pmod m, \\ cx+dy\equiv f \pmod m \end{cases}$$

对模 m 有唯一解:

$$x\equiv \Delta^{-1}(de-bf) \pmod m, \quad y\equiv \Delta^{-1}(af-ce) \pmod m,$$

这里 $\Delta^{-1}\Delta\equiv 1 \pmod m$.

11. (i) 求模 13 的一组完全剩余系 $r_1,\cdots,r_{13}$,满足

$$r_i\equiv i \pmod 3, \quad r_i\equiv 0 \pmod 7, \quad 1\leqslant i\leqslant 13.$$

(ii) 求模 23 的一组完全剩余系 $r_1,\cdots,r_{23}$,满足

$$r_i\equiv -1 \pmod 2, \quad r_i\equiv 1 \pmod 3,$$

$$r_i\equiv i \pmod 5, \quad r_i\equiv 0 \pmod 7, \quad 1\leqslant i\leqslant 23.$$

12. 求同余方程 $x^2+x\equiv 0 \pmod m$ 的解数公式.

13. 设 $m_1,\cdots,m_k$ 两两既约, $(a_j,m_j)=1$. 证明:当 $x^{(j)}$ 分别遍历模 m_j 的完全(既约)剩余系($1\leqslant j\leqslant k$)时,

$$x=(M_1a_1x^{(1)}+M_2+\cdots+M_k)(M_1+M_2a_2x^{(2)}+M_3+\cdots+M_k)$$
$$\cdots(M_1+\cdots+M_{k-1}+M_ka_kx^{(k)})$$

遍历模 $m=m_1\cdots m_k$ 的完全(既约)剩余系,这里 $m_jM_j=m$, ($1\leqslant j\leqslant k$). 此外,还满足

$$x\equiv a_jM_j^kx^{(j)} \pmod{m_j}, \quad 1\leqslant j\leqslant k.$$

解释本题的含意.

§22 模为素数的二次同余方程

本节讨论模为素数的二次同余方程的一般理论，并在下两节讨论由此引出的 Legendre 符号、Gauss 二次互反律，以及 Jacobi 符号. 由于 $p=2$ 的情形是显然的，下面恒假定 p 是奇素数. 设 $p\nmid a$，二次同余方程的一般形式是

$$ax^2+bx+c\equiv 0 \pmod p. \tag{1}$$

由于 $p\nmid 4a$，所以(1)和同余方程

$$4a(ax^2+bx+c)\equiv 0 \pmod p$$

的解相同，上式可写为

$$(2ax+b)^2\equiv b^2-4ac \pmod p. \tag{2}$$

容易看出，通过变数替换[①]

$$y\equiv 2ax+b \pmod p, \tag{3}$$

同余方程(2)与同余方程

$$y^2\equiv b^2-4ac \pmod p \tag{4}$$

是等价的. 也就是说，两者同时有解或无解；有解时，对(4)的每个解 $y\equiv y_0 \pmod p$，通过式(3)（这时是 x 的一次同余方程，$(p,2a)=1$，所以解数为 1）给出(2)的一个解 $x\equiv x_0 \pmod p$，由(4)的不同的解给出(2)的不同的解，且反过来也对，此外两者解数相同. 由以上讨论知，我们只要讨论形如

$$x^2\equiv d \pmod p \tag{5}$$

的同余方程. 当 $p\mid d$ 时，(5)仅有一解

$$x\equiv 0 \pmod p,$$

---

① 由于是讨论模 p 的同余方程，变数替换 $y=2ax+b$ 和式(3)形式的模 p 的变数替换是一样的.

所以，以后恒假定 $p\nmid d$. 为了叙述方便，我们引进

定义 1 设素数 $p>2$，d 是整数，$p\nmid d$. 如果同余方程(5)有解，则称 d 是**模 p 的二次剩余**；若无解，则称 d 是**模 p 的二次非剩余**.

例如，当 $p=3$ 时，$d\equiv 1 \pmod 3$ 是模 3 的二次剩余，$d\equiv -1 \pmod 3$ 是模 3 的二次非剩余. 当 $p=5$ 时，$d\equiv 1,-1 \pmod 5$ 是模 5 的二次剩余，$d\equiv 2,-2 \pmod 5$ 是模 5 的二次非剩余. 当 $p=7$ 时，$d\equiv 1,2,-3 \pmod 7$ 是模 7 的二次剩余，$d\equiv -1,-2,3 \pmod 7$ 是模 7 的二次非剩余. 一般地有以下结论：

定理 1 在模 p 的一个既约剩余系中，恰有 $(p-1)/2$ 个模 p 的二次剩余，$(p-1)/2$ 个模 p 的二次非剩余. 此外，若 d 是模 p 的二次剩余，则同余方程(5)的解数为 2.

证 显见，只要取模 p 的绝对最小既约剩余系

$$-\frac{p-1}{2},-\frac{p-1}{2}+1,\cdots,-1,1,\cdots,\frac{p-1}{2}-1,\frac{p-1}{2} \tag{6}$$

来讨论. d 是模 p 的二次剩余当且仅当

$$d\equiv\left(-\frac{p-1}{2}\right)^2,\left(-\frac{p-1}{2}+1\right)^2,\cdots,(-1)^2,1^2,\cdots,$$
$$\left(\frac{p-1}{2}-1\right)^2,\left(\frac{p-1}{2}\right)^2 \pmod p.$$

由于 $(-j)^2\equiv j^2 \pmod p$，所以 d 是模 p 的二次剩余当且仅当

$$d\equiv 1^2,\cdots,\left(\frac{p-1}{2}-1\right)^2,\left(\frac{p-1}{2}\right)^2 \pmod p. \tag{7}$$

当 $1\leqslant i<j\leqslant (p-1)/2$ 时，

$$i^2\not\equiv j^2 \pmod p, \tag{8}$$

所以，式(7)给出了模 p 的全部二次剩余，共有 $(p-1)/2$ 个. 由于模 p 的既约剩余系有 $p-1$ 个数，所以另外的 $(p-1)/2$ 个必为模 p 的二次非剩余，这就证明了前一半结论. 当 d 是模 p 的二次剩余时，由式(7)及(8)知，必有唯一的 i，$1\leqslant i\leqslant (p-1)/2$，使 $x\equiv i \pmod p$ 是(5)的解，进而就推出在既约剩余系(6)中有且仅有

$x \equiv \pm i \pmod p$是(5)的解,即(5)的解数为2. 证毕.

以后,为简单起见,我们就说模 p 有$(p-1)/2$个二次剩余,$(p-1)/2$个二次非剩余.

例 1 求 $p=11,17,19,29$ 的二次剩余与二次非剩余.

j	1	2	3	4	5
$d \equiv j^2 \pmod{11}$	1	4	−2	5	3

模 11 的二次剩余是: 1,−2,3,4,5;二次非剩余是: −1,2,−3,−4,−5.

j	1	2	3	4	5	6	7	8
$d \equiv j^2 \pmod{17}$	1	4	−8	−1	8	2	−2	−4

模 17 的二次剩余是: ±1,±2,±4,±8;二次非剩余是: ±3,±5,±6,±7.

j	1	2	3	4	5	6	7	8	9
$d \equiv j^2 \pmod{19}$	1	4	9	−3	6	−2	−8	7	5

模 19 的二次剩余是: 1,−2,−3,4,5,6,7,−8,9;二次非剩余是: −1,2,3,−4,−5,−6,−7,8,−9.

j	1	2	3	4	5	6	7	8	9	10	11	12	13	14
$d \equiv j^2 \pmod{29}$	1	4	9	−13	−4	7	−9	6	−6	13	5	−1	−5	−7

模 29 的二次剩余是: ±1,±4,±5,±6,±7,±9,±13;二次非剩余是: ±2,±3,±8,±10,±11,±12,±14.

由这些表不仅得到了模 p 的二次剩余 d,也可查出相应的二次同余方程(5)的两个解$\pm j \pmod p$. 例如,−2 是模 19 的二次剩余,$x^2 \equiv -2 \pmod{19}$的两个解是$\pm 6 \pmod{19}$.

下面的定理从理论上给出了判别 d 是否是模 p 的二次剩余的方法. 通常称为 **Euler 判别法**.

定理 2 设素数 $p>2, p\nmid d$. 那么, d 是模 p 的二次剩余的充要条件是

$$d^{(p-1)/2}\equiv 1 \pmod{p}; \tag{9}$$

d 是模 p 的二次非剩余的充要条件是

$$d^{(p-1)/2}\equiv -1 \pmod{p}. \tag{10}$$

证 首先来证明对任一 $d, p\nmid d$, 式(9)或(10)有且仅有一式成立. 由 § 17 定理 4 知

$$d^{p-1}\equiv 1 \pmod{p},$$

因而有

$$(d^{(p-1)/2}-1)(d^{(p-1)/2}+1)\equiv 0 \pmod{p}. \tag{11}$$

由于素数 $p>2$ 及

$$(d^{(p-1)/2}-1, d^{(p-1)/2}+1)\mid 2,$$

所以, 由式(11)立即推出式(9)或式(10)有且仅有一式成立.

下面来证明 d 是模 p 的二次剩余的充要条件是式(9)成立. 先证必要性. 若 d 是模 p 的二次剩余, 则必有 x_0 使得

$$x_0^2\equiv d \pmod{p},$$

因而有

$$x_0^{p-1}\equiv d^{(p-1)/2} \pmod{p}.$$

由于 $p\nmid d$, 所以 $p\nmid x_0$, 因此由 § 17 定理 4 知

$$x_0^{p-1}\equiv 1 \pmod{p}.$$

由以上两式就推出式(9)成立. 再证充分性. 证明的方法与 § 18 定理 1 的证法一样. 设式(9)成立, 这时必有 $p\nmid d$. 考虑一次同余方程

$$ax\equiv d \pmod{p}. \tag{12}$$

由 § 20 定理 1 及 $p\nmid d$ 知, 对由式(6)给出的模 p 的既约剩余系中的每个 j, 当 $a=j$ 时, 必有唯一的 $x=x_j$ 属于既约剩余系(6), 使得式(12)成立. 若 d 不是模 p 的二次剩余, 则必有 $j\neq x_j$. 这样, 既约剩余系(6)中的 $p-1$ 个数就可按 j, x_j 作为一对, 两两分完. 因此有

$$(p-1)! \equiv d^{(p-1)/2} \pmod p.$$

由此及§18定理1知

$$d^{(p-1)/2} \equiv -1 \pmod p.$$

但这和式(9)矛盾.所以必有某一 j_0,使 $j_0 = x_{j_0}$,由此及式(12)知 d 是模 p 的二次剩余.这就证明了充分性.

由已经证明的这两部分结论,立即推出定理剩下的结论(为什么).证毕.

由定理2立即推出两个有用的结论.

推论3 -1 是模 p 的二次剩余的充要条件是 $p \equiv 1 \pmod 4$;当 $p \equiv 1 \pmod 4$ 时,

$$\left(\pm \left(\frac{p-1}{2} \right) ! \right)^2 \equiv -1 \pmod p. \tag{13}$$

证 由定理2知,-1 是模 p 的二次剩余的充要条件是

$$(-1)^{(p-1)/2} \equiv 1 \pmod p.$$

由此及 $p>2$ 推出充要条件是

$$(-1)^{(p-1)/2} = 1,$$

即 $p \equiv 1 \pmod 4$.由§18定理1知

$$-1 \equiv (p-1)! \equiv (-1)^{(p-1)/2} \left(\left(\frac{p-1}{2} \right) ! \right)^2 \pmod p, \tag{14}$$

所以,当 $p \equiv -1 \pmod 4$ 时式(13)成立.证毕.

推论4 设素数 $p>2$,$p \nmid d_1$,$p \nmid d_2$.那么,

(i) 若 d_1, d_2 均为模 p 的二次剩余,则 $d_1 d_2$ 也是模 p 的二次剩余;

(ii) 若 d_1, d_2 均为模 p 的二次非剩余,则 $d_1 d_2$ 是模 p 的二次剩余;

(iii) 若 d_1 是模 p 的二次剩余,d_2 是模 p 的二次非剩余,则 $d_1 d_2$ 是模 p 的二次非剩余.

这由定理2及

$$(d_1 d_2)^{(p-1)/2} = d_1^{(p-1)/2} \cdot d_2^{(p-1)/2}$$

立即推出.

定理 2 并不是一个实用的判别法，因为对具体的素数 p，当它不太大时，我们可以通过直接计算式(6)的下面的式子来直接确定哪些 d 是二次剩余，哪些是二次非剩余. 这比验证同余式(9)要简单. 当 p 较大时，这两种办法都不实用. 另外一个问题是给定了 d，问怎样的 p 以 d 为它的二次剩余. 例如，推论 3 就解决了 $d=-1$ 这一最简单的情形. 下节将讨论这两个问题.

例 2 利用定理 2 来判断：

(i) 3 是不是模 17 的二次剩余；

(ii) 7 是不是模 29 的二次剩余.

解 由 $3^3\equiv 10 \pmod{17}$，$3^4\equiv 30\equiv -4 \pmod{17}$，$3^8\equiv -1 \pmod{17}$ 知，3 是模 17 的二次非剩余.

由 $7^2\equiv -9 \pmod{29}$，$7^3\equiv -5 \pmod{29}$，$7^6\equiv -4 \pmod{29}$，$7^7\equiv 1 \pmod{29}$，$7^{14}\equiv 1 \pmod{29}$ 知，7 是模 29 的二次剩余.

例 3 判断下列同余方程的解数：

(i) $x^2\equiv -1 \pmod{61}$；　　(ii) $x^2\equiv 16 \pmod{51}$；

(iii) $x^2\equiv -2 \pmod{209}$；　(iv) $x^2\equiv -63 \pmod{187}$.

解 由推论 3 知方程(i)的解数为 2. 同余方程(ii)等价于方程组：$x^2\equiv 1 \pmod 3$，$x^2\equiv -1 \pmod{17}$. 这两个方程解数均为 2，由 §21 定理 5 知，同余方程(ii)的解数为 4. 同余方程(iii)等价于方程组：$x^2\equiv -2 \pmod{11}$，$x^2\equiv -2 \pmod{19}$，由例 1 的表知，这两个方程解数均为 2，由 §21 定理 5 知，同余方程(iii)的解数为 4. 同余方程(iv)等价于方程组 $x^2\equiv 3 \pmod{11}$，$x^2\equiv 5 \pmod{17}$，由例 1 的表知，后一方程无解，所以原方程无解.

习题二十二

1. 利用定理 2 判断：

(i) -8 是不是模 53 的二次剩余；

(ii) 8 是不是模 67 的二次剩余.

2. 求下列同余方程的解数：

(i) $x^2 \equiv -2 \pmod{67}$；　　(ii) $x^2 \equiv 2 \pmod{67}$；

(iii) $x^2 \equiv -2 \pmod{37}$；　　(iv) $x^2 \equiv 2 \pmod{37}$；

(v) $x^2 \equiv -1 \pmod{221}$；　　(vi) $x^2 \equiv -1 \pmod{427}$.

3. 设 p 是奇素数，$p \nmid a$. 证明：存在整数 $u, v, (u, v) = 1$，使得 $u^2 + av^2 \equiv 0 \pmod{p}$ 的充要条件是 $-a$ 是模 p 的二次剩余.

4. 设 p 是奇素数. 把 $1, 2, \cdots, p-1$ 分为两个集合 S_1, S_2，满足以下条件：(i) S_1, S_2 均非空集；(ii) 属于同一个集合中的两数相乘之积必和 S_1 中的某个数同余于模 p；(iii) 属于不同集合的两数之积必和 S_2 中的某个数同余于模 p. 证明：S_1 由 $1, 2, \cdots, p-1$ 中所有的模 p 的二次剩余组成；S_2 由其中的所有模 p 的二次非剩余组成，且各有 $(p-1)/2$ 个数.

5. 设 p 是奇素数. 证明：

(i) 模 p 的所有二次剩余的乘积对模 p 的剩余是

$$(-1)^{(p+1)/2};$$

(ii) 模 p 的所有二次非剩余的乘积对模 p 的剩余是

$$(-1)^{(p-1)/2};$$

(iii) 模 p 的所有二次剩余之和对模 p 的剩余是：1，当 $p = 3$；0，当 $p > 3$；

(iv) 所有二次非剩余之和对模 p 的剩余是多少？

6. 设 p 是奇素数 $\equiv 1 \pmod{4}$. 证明：

(i) $1, 2, \cdots, (p-1)/2$ 中模 p 的二次剩余与二次非剩余的个数均为 $(p-1)/4$ 个；

(ii) $1, 2, \cdots, p-1$ 中有 $(p-1)/4$ 个偶数为模 p 的二次剩余，$(p-1)/4$ 个奇数为模 p 的二次剩余；

(iii) $1, 2, \cdots, p-1$ 中有 $(p-1)/4$ 个偶数为模 p 的二次非剩余，$(p-1)/4$ 个奇数为模 p 的二次非剩余；

(iv) $1, 2, \cdots, p-1$ 中全体模 p 的二次剩余之和等于

$$p(p-1)/4;$$

(v) $1, 2, \cdots, p-1$ 中全体模 p 的二次非剩余之和等于

$$p(p-1)/4.$$

§ 23 Legendre 符号与 Gauss 二次互反律

为了便于讨论,我们引进一个表示模 p 的二次剩余、二次非剩余的符号——**Legendre 符号**.

定义 1 设素数 $p>2$. 定义整变数 d 的函数:

$$\left(\frac{d}{p}\right)=\begin{cases}1, & \text{当 } d \text{ 是模 } p \text{ 的二次剩余;}\\ -1, & \text{当 } d \text{ 是模 } p \text{ 的二次非剩余;}\\ 0, & \text{当 } p\mid d.\end{cases}$$

我们把$\left(\frac{d}{p}\right)$称为是**模 p 的 Legendre 符号**.

这样,上节证明的一些结论可表述为 Legendre 符号的性质.

定理 1 Legendre 符号有以下性质:

(i) $\left(\frac{d}{p}\right)=\left(\frac{p+d}{p}\right)$;

(ii) $\left(\frac{d}{p}\right)\equiv d^{(p-1)/2}\pmod p$;

(iii) $\left(\frac{dc}{p}\right)=\left(\frac{d}{p}\right)\left(\frac{c}{p}\right)$;

(iv) 当 $p\nmid d$ 时,$\left(\frac{d^2}{p}\right)=1$;

(v) $\left(\frac{1}{p}\right)=1$,$\left(\frac{-1}{p}\right)=(-1)^{(p-1)/2}$;

(vi) 同余方程 $x^2\equiv d\pmod p$的解数是 $1+\left(\frac{d}{p}\right)$.

证明是十分简单的,留给读者.

由定理 1 可知,对给定的 p,Legendre 符号$\left(\frac{d}{p}\right)$是 $d\in\mathbf{Z}$ 的完全积性函数,它仅取实值 0,±1,且有周期 p.

这样,确定 d 是否是模 p 的二次剩余就变为去计算 Legendre

符号$\left(\frac{d}{p}\right)$的值. 定理1的性质可以用来计算$\left(\frac{d}{p}\right)$,并由算术基本定理知,只要能计算出

$$\left(\frac{-1}{p}\right),\quad \left(\frac{2}{p}\right),\quad \left(\frac{q}{p}\right),$$

就可以计算出任意的$\left(\frac{d}{p}\right)$,这里$q>2$是小于p的素数. 解决这些问题的基础是下面的Gauss引理.

引理2 设素数$p>2, p\nmid d$. 再设$1\leqslant j<p/2$,

$$t_j\equiv jd\pmod p,\quad 0<t_j<p. \tag{1}$$

以n表示这$(p-1)/2$个$t_j(1\leqslant j<p/2)$中大于$p/2$的t_j的个数. 那么,有

$$\left(\frac{d}{p}\right)=(-1)^n.$$

证 对任意的$1\leqslant j<i<p/2$,

$$t_j\pm t_i\equiv(j\pm i)d\not\equiv 0\pmod p,$$

即

$$t_j\not\equiv\pm t_i\pmod p. \tag{2}$$

我们以$r_1,\cdots,r_n$表$t_j(1\leqslant j<p/2)$中所有大于$p/2$的数,以$s_1,\cdots,s_k$表$t_j(1\leqslant j<p/2)$中所有小于$p/2$的数. 显然有

$$1\leqslant p-r_i<p/2.$$

由式(2)知

$$s_j\not\equiv p-r_i\pmod p,\quad 1\leqslant j\leqslant k,\quad 1\leqslant i\leqslant n.$$

因此,$s_1,\cdots,s_k,p-r_1,\cdots,p-r_n$这$(p-1)/2$个数恰好就是$1,2,\cdots,(p-1)/2$的一个排列. 由此及式(1)得

$$\begin{aligned}1\cdot 2\cdot\cdots\cdot(p-1)/2\cdot d^{(p-1)/2}&\equiv t_1t_2\cdots t_{(p-1)/2}\\&\equiv s_1\cdots s_k\cdot r_1\cdots r_n\\&\equiv(-1)^n s_1\cdots s_k\cdot(p-r_1)\cdots(p-r_n)\\&\equiv(-1)^n\cdot 1\cdot 2\cdots(p-1)/2\pmod p.\end{aligned}$$

进而有

$$d^{(p-1)/2} \equiv (-1)^n \pmod p,$$

由此及定理 1(ii),定义 1 就推出所要结论.

由引理 2 就可推出

定理 3 我们有

$$\left(\frac{2}{p}\right) = (-1)^{(p^2-1)/8}.$$

证 利用引理 2 中的符号,取 $d=2$. 容易看出

$$1 \leqslant t_j = 2j < p/2, \quad 1 \leqslant j < p/4;$$

$$p/2 < t_j = 2j < p, \quad p/4 < j < p/2.$$

由第二式知

$$n = \frac{p-1}{2} - \left[\frac{p}{4}\right].$$

因而有

$$n = \begin{cases} l, & p = 4l+1; \\ l+1, & p = 4l+3. \end{cases}$$

由此及引理 2 就得到

$$\left(\frac{2}{p}\right) = (-1)^n = \begin{cases} 1, & p \equiv \pm 1 \pmod 8; \\ -1, & p \equiv \pm 3 \pmod 8). \end{cases} \tag{3}$$

这就是所要证明的结论. 式(3)表明当且仅当素数 $p \equiv \pm 1 \pmod 8$ 时,2 才是模 p 的二次剩余.

下面来对引理 2 及其中的 n 作进一步分析. 利用符号整数部分$[x]$,式(1)可表为

$$jd = p\left[\frac{jd}{p}\right] + t_j, \quad 1 \leqslant j < p/2.$$

两边对 j 求和得

$$d \sum_{j=1}^{(p-1)/2} j = p \sum_{j=1}^{(p-1)/2} \left[\frac{jd}{p}\right] + \sum_{j=1}^{(p-1)/2} t_j = pT + \sum_{j=1}^{(p-1)/2} t_j.$$

由引理 2 的证明知

$$\sum_{j=1}^{(p-1)/2} t_j = s_1 + \cdots + s_k + r_1 + \cdots + r_n$$

$$=s_1+\cdots+s_k+(p-r_1)+\cdots+(p-r_n)-np+2(r_1+\cdots+r_n)$$

$$=\sum_{j=1}^{(p-1)/2} j-np+2(r_1+\cdots+r_n).$$

由以上两式得

$$\frac{p^2-1}{8}(d-1)=p(T-n)+2(r_1+\cdots+r_n). \tag{4}$$

当 $d=2$ 时，显有 $T=0$，及

$$n\equiv(p^2-1)/8 \pmod 2,$$

由此及引理 2 就又推出了定理 3. 当 $(d,2p)=1$ 时有

$$T\equiv n \pmod 2,$$

由此及引理 2 就证明了

定理 4 设素数 $p>2$. 当 $(d,2p)=1$ 时，

$$\left(\frac{d}{p}\right)=(-1)^T, \tag{5}$$

其中

$$T=\sum_{j=1}^{(p-1)/2}\left[\frac{jd}{p}\right]. \tag{6}$$

当 d 为正时，定理 4 中的 T 有十分明确几何意义：T 表示直角坐标平面中由 x 轴、直线 $x=p/2$ 及直线 $y=dx/p$ 所围成的三角形 OAB **内部**的整点个数①（见图 1）. 这只要注意到：(i) 在线段

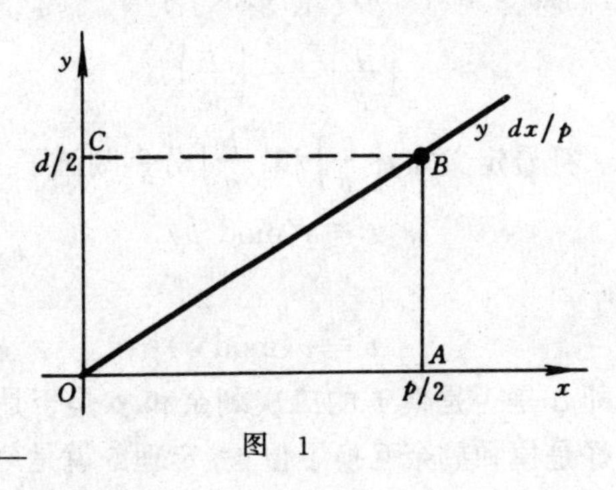

图 1

① 整点即是坐标均为整数的点，参看 §6 例 1.

AB 和线段 OB 上均无整点(除了原点),后者是因为$(p,d)=1$;(ii) 当 $p\nmid d$,$1\leqslant j<p/2$ 时,线段:$x=j$,$0<y<jd/p$ 上的整点个数是$[jd/p]$,如果 d 也是奇素数,设 $d=q\neq p$,那么,同样有

$$\left(\frac{p}{q}\right)=(-1)^S, \tag{7}$$

其中

$$S=\sum_{l=1}^{(q-1)/2}\left[\frac{lp}{q}\right].$$

同样地,S 就是图 1 中的三角形 OCB **内部**的整点个数(取 $d=q$).这样一来,$S+T$ 就是矩形 $OABC$ **内部**的整点数,所以有

$$S+T=\frac{p-1}{2}\cdot\frac{q-1}{2}. \tag{8}$$

由式(5)(取 $d=q$),(7)及(8)就证明了著名的 **Gauss 二次互反律**.

定理 5 设 p,q 均为奇素数,$p\neq q$. 那么有

$$\left(\frac{q}{p}\right)\cdot\left(\frac{p}{q}\right)=(-1)^{(p-1)/2\cdot(p-1)/2}. \tag{9}$$

定理 5 表明:两个奇素数 p,q,只要有一个数$\equiv 1 \pmod 4$,就必有

$$\left(\frac{q}{p}\right)=\left(\frac{p}{q}\right);$$

当且仅当它们都是 $4k+3$ 形式的数时,才有

$$\left(\frac{q}{p}\right)=-\left(\frac{p}{q}\right).$$

由 Legendre 符号定义知,$\left(\frac{q}{p}\right)$和$\left(\frac{p}{q}\right)$分别刻画了二次同余方程

$$x^2\equiv q \pmod p$$

和

$$x^2\equiv p \pmod q$$

是否有解,即 q 是否是模 p 的二次剩余和 p 是否是模 q 的二次剩余,这里正好是模和剩余互换了位置. 定理 5 就是刻画了这两者之间的关系,所以称为二次互反律. 二次互反律是初等数论中最重要

的基本定理之一.它不仅可用来计算 Legendre 符号(结合定理 1 和 3),而且有重要的理论价值.下面来举几个例子.

例 1 计算$\left(\frac{137}{227}\right)$.

解 227 是素数,由定理 1 得

$$\left(\frac{137}{227}\right)=\left(\frac{-90}{227}\right)=\left(\frac{-1}{227}\right)\left(\frac{2\cdot 3^2\cdot 5}{227}\right)$$
$$=(-1)\left(\frac{2}{227}\right)\left(\frac{3^2}{227}\right)\left(\frac{5}{227}\right)$$
$$=(-1)\left(\frac{2}{227}\right)\left(\frac{5}{227}\right).$$

由定理 3 得

$$\left(\frac{2}{227}\right)=-1.$$

由定理 5,定理 1 及定理 3 得

$$\left(\frac{5}{227}\right)=\left(\frac{227}{5}\right)=\left(\frac{2}{5}\right)=-1.$$

由以上三式得

$$\left(\frac{137}{227}\right)=-1.$$

这表明同余方程 $x^2\equiv 137(\mathrm{mod}\ 227)$无解.

例 2 判断同余方程

(i) $x^2\equiv -1(\mathrm{mod}\ 365)$; (ii) $x^2\equiv 2(\mathrm{mod}\ 3599)$

是否有解,有解时求出其解数.

解 (i) 365 不是素数,$365=5\cdot 73$.所以同余方程和同余方程组

$$x^2\equiv -1(\mathrm{mod}\ 5),\quad x^2=-1(\mathrm{mod}\ 73)$$

等价.由定理 1(v)知

$$\left(\frac{-1}{5}\right)=\left(\frac{-1}{73}\right)=1,$$

所以,同余方程组有解.由 §21 定理 5 及 §22 定理 1 知,原同余方程有解,解数为 4.

(ii) 3599 不是素数，$3599=59\cdot 61$. 同余方程等价于同余方程组

$$x^2\equiv 2 \pmod{59},\quad x^2\equiv 2 \pmod{61}.$$

由定理 3 知 $\left(\frac{2}{59}\right)=-1$，所以无解.

例 3 求所有奇素数 p，它以 3 为其二次剩余.

解 这就是要求所有奇素数 p 使 $\left(\frac{3}{p}\right)=1$. 由定理 5 知

$$\left(\frac{3}{p}\right)=(-1)^{(p-1)/2}\left(\frac{p}{3}\right).$$

显见，p 是大于 3 的奇素数. 由

$$(-1)^{(p-1)/2}=\begin{cases}1, & p\equiv 1 \pmod 4;\\ -1, & p\equiv -1 \pmod 4\end{cases}$$

及

$$\left(\frac{p}{3}\right)=\begin{cases}\left(\frac{1}{3}\right)=1, & p\equiv 1 \pmod 6;\\ \left(\frac{-1}{3}\right)=-1, & p\equiv -1 \pmod 6\end{cases}$$

知，$\left(\frac{3}{p}\right)=1$ 的充要条件是

$$p\equiv 1 \pmod 4,\quad p\equiv 1 \pmod 6; \tag{10}$$

或

$$p\equiv -1 \pmod 4,\quad p\equiv -1 \pmod 6. \tag{11}$$

由同余方程组（10）知，$p\equiv 1 \pmod{12}$，由（11）知，$p\equiv -1 \pmod{12}$. 因此，3 是模 p 的二次剩余的充要条件是 $p\equiv \pm 1 \pmod{12}$. 由此推出 3 是模 p 的二次非剩余的充要条件是 $p\equiv \pm 5 \pmod{12}$（为什么）.

对 3 这样小的数仍然可以直接用引理 2，如同定理 3 那样来解例 3（留给读者）. 但对大的数用二次互反律来做就比较方便，不易出错.

例 4 求以 11 为其二次剩余的所有奇素数 p.

解 由定理5知

$$\left(\frac{11}{p}\right)=(-1)^{(p-1)/2}\left(\frac{p}{11}\right).$$

由直接计算知

$$\left(\frac{p}{11}\right)=\begin{cases}1, & p\equiv 1,-2,3,4,5 \pmod{11};\\ -1, & p\equiv -1,2,-3,-4,-5 \pmod{11}.\end{cases}$$

$$(-1)^{(p-1)/2}=\begin{cases}1, & p\equiv 1 \pmod 4;\\ -1, & p\equiv -1 \pmod 4.\end{cases}$$

解同余方程组

$$\begin{cases}x\equiv a_1 \pmod 4,\\ x\equiv a_2 \pmod{11}\end{cases}$$

可得(留给读者):

$$x\equiv -11a_1+12a_2 \pmod{44}.$$

综合以上讨论知, $\left(\frac{11}{p}\right)=1$ 当且仅当

$$p\equiv \pm 1,\pm 5,\pm 7,\pm 9,\pm 19 \pmod{44}. \tag{12}$$

所以当 p 为以上形式的素数时,11 为其二次剩余. 进而推出当 $p\neq 11$ 为以下形式的素数时, $\left(\frac{11}{p}\right)=-1$,即 11 为模 p 的二次非剩余:

$$p\equiv \pm 3,\pm 13,\pm 15,\pm 17,\pm 21 \pmod{44}. \tag{13}$$

例5 证明:若 $\left(\frac{d}{p}\right)=-1$,则 p 一定不能表为 x^2-dy^2 的形式.

证 用反证法. 若 $p=x^2-dy^2$,因 p 是素数,故必有 $(p,x)=(p,y)=1$. 因而由定理1推出

$$1=\left(\frac{x^2}{p}\right)=\left(\frac{dy^2}{p}\right)=\left(\frac{d}{p}\right)\left(\frac{y^2}{p}\right)=\left(\frac{d}{p}\right).$$

矛盾. 这样,由例3知,当 $p\equiv \pm 5 \pmod{12}$ 时一定不能表为 x^2-3y^2 的形式. 由例3可得

$$\left(\frac{-3}{p}\right)=\left(\frac{-1}{p}\right)\left(\frac{3}{p}\right)=\begin{cases}1, & p\equiv 1,-5 \pmod{12};\\ -1, & p\equiv -1,5 \pmod{12}.\end{cases} \tag{14}$$

因此，当 $p\equiv-1,5 \pmod{12}$ 时一定不能表为 x^2+3y^2 的形式. 进而推出，当 $p\equiv 5 \pmod{12}$ 时一定不能表为 $x^2\pm 3y^2$ 的形式.

例 6 证明：有无穷多个素数 $p\equiv 1 \pmod 4$.

证 假设这样的素数只有有限个，设为 $p_1,\cdots,p_k$. 考虑 $(2p_1\cdots p_k)^2+1=P$. 由假设及 $P\equiv 1 \pmod 4$ 知，P 不是素数. 设 p 是 P 的素因数，p 当然是奇数，所以 -1 是模 p 的二次剩余，即 $\left(\frac{-1}{p}\right)=1$. 由定理 1 知 $p\equiv 1 \pmod 4$，但显然有 $p\neq p_j(1\leqslant j\leqslant k)$，这和假设矛盾. 证毕.

例 7 证明：x^4+1 的奇素因数 $p\equiv 1 \pmod 8$. 进而推出有无穷多个素数 $p\equiv 1 \pmod 8$.

证 设 p 是 x^4+1 的奇素因数，即

$$(x^2)^2\equiv x^4\equiv -1 \pmod p,$$

由此及定理 1 知 $p\equiv 1 \pmod 4$. 而另一方面

$$x^4+1=(x^2+1)^2-2x^2,$$

所以有

$$(x^2+1)^2\equiv 2x^2 \pmod p.$$

由于 $(p,2x)=1$，所以有(利用定理 1)

$$1=\left(\frac{(x^2+1)^2}{p}\right)=\left(\frac{2x^2}{p}\right)=\left(\frac{2}{p}\right)\left(\frac{x^2}{p}\right)=\left(\frac{2}{p}\right).$$

由此从定理 3 推出 $p\equiv\pm 1 \pmod 8$. 因而必有 $p\equiv 1 \pmod 8$.

下面来证明第二个结论. 若这样的素数只有有限个，设为 $p_1,\cdots,p_k$. 考虑 $P=(2p_1\cdots p_k)^4+1$. 由假设及 $P\equiv 1 \pmod 8$ 知 P 不是素数. 设 p 是 P 的素因数，当然 p 是奇数. 由已证的结论知 $p\equiv 1 \pmod 8$，但 $p\neq p_1,\cdots,p_k$. 这和假设矛盾. 证毕.

Legendre 符号 $\left(\frac{d}{p}\right)$ 的计算需要求出 d 的素因数分解式后才能利用 Gauss 二次互反律，这当 d 较大时有时是不方便的. 为了克服这一缺点引进了 Jacobi 符号. 这是下一节的内容.

习题二十三

1. 计算下列 Legendre 符号：

$$\left(\frac{13}{47}\right),\left(\frac{30}{53}\right),\left(\frac{71}{73}\right),\left(\frac{-35}{97}\right),\left(\frac{-23}{131}\right),\left(\frac{7}{223}\right),$$

$$\left(\frac{-105}{223}\right),\left(\frac{91}{563}\right),\left(\frac{-70}{571}\right),\left(\frac{-286}{647}\right).$$

2. 判断下列同余方程是否有解：

(i) $x^2\equiv 7(\bmod 227)$；(ii) $x^2\equiv 11(\bmod 511)$；

(iii) $11x^2\equiv -6(\bmod 91)$；(iv) $5x^2\equiv -14(\bmod 6193)$.

3. (i) 求以 -3 为其二次剩余的全体素数；

(ii) 求以 ± 3 为二次剩余的全体素数；

(iii) 求以 ± 3 为二次非剩余的全体素数；

(iv) 求以 3 为二次剩余、-3 为二次非剩余的全体素数；

(v) 求以 3 为二次非剩余、-3 为二次剩余的全体素数；

(vi) 求 $(100)^2-3,(150)^2+3$ 的素因数分解式.

4. 求以 3 为二次非剩余，2 为二次剩余的全体素数(即以 3 为正的最小二次非剩余的全体素数).

5. 求(i) $\left(\frac{5}{p}\right)=1$ 的全体素数 p；

(ii) $\left(\frac{-5}{p}\right)=1$ 的全体素数 p；

(iii) $121^2\pm 5, 82^2\pm 5\cdot 11^2, 273^2\pm 5\cdot 11^2$ 的素因数分解式；

(iv) $x^4\equiv 25(\bmod 1013)$是否可解.

6. 证明：n^4-n^2+1 的素因数$\equiv 1(\bmod 12)$.

7. 证明下列形式的素数均有无穷多个：(i) $8k-1, 8k+3, 8k-3$；(ii) $3k+1, 6k+1, 12k+7, 12k+1$；(iii) 其十进位表示的末位数为 9.

8. 设素数 $p=4m+1, d\mid m$. 证明：$\left(\frac{d}{p}\right)=1$.

9. 设素数 $p>2$. 证明：$x^4\equiv -4(\bmod p)$有解的充要条件是

$$p \equiv 1 \pmod 4.$$

10. (i) 设素数 $p>2$,证明:2^p-1 的素因数 $\equiv \pm 1 \pmod 8$;

(ii) 不用计算,证明:$23 \mid 2^{11}-1, 47 \mid 2^{23}-1, 503 \mid 2^{251}-1$;

(iii) 若有无穷多个素数 $p=4n+3$,使 $2p+1$ 也是素数,则有无穷多个 Mersenne 数(即形如 2^q-1 的数,q 为素数)是合数.

11. 设 p 是素数,$p \equiv 3 \pmod 4$. 证明:$2p+1$ 是素数的充要条件是

$$2^p \equiv 1 \pmod{2p+1}.$$

12. (i) 对 $p=11,17,19,29,d=2,3,5,7,13$,具体算出 §23 引理 2 中的 n. 并与 §21 例 1 核对结果是否相符.

(ii) 直接利用 §23 引理 2 证明:设素数 $p>5$,

$$\left(\frac{5}{p}\right)=(-1)^{[p/5]-[p/10]+[2p/5]-[3p/10]}.$$

13. 说明:为了计算 Legendre 符号,可以避免利用 $\left(\frac{2}{p}\right)$ 的计算公式.

14. 设 a,b 是整数,$b^2>1$. 证明:(i) $b^2+2 \nmid 4a^2+1$;

(ii) $b^2-2 \nmid 4a^2+1$; (iii) $2b^2+3 \nmid a^2-2$;

(iv) $3b^2+4 \nmid a^2+2$.

15. 设素数 $p>2, p \nmid d$. 再设 $1 \leqslant j<p/2$,

$$u_j \equiv (2j-1)d \pmod p, \quad 0<u_j<p,$$

n_1 是这 $(p-1)/2$ 个 u_j 中为偶数的 u_j 的个数. 证明:

$$\left(\frac{d}{p}\right)=(-1)^{n_1}.$$

16. 利用第 15 题,按下述途径来证明 §23 定理 5. 设 p,q 均为奇素数,$p \neq q$. 对数对 $\{j,k\}$,记 $L(j,k)=(2j-1)q-(2k-1)p$, $1 \leqslant j \leqslant (p-1)/2, 1 \leqslant k \leqslant (q-1)/2$. 以 n_1 表第 15 题中取 $p=p,d=q$ 时所定义的 n_1,以 $\tilde{n}_1$ 表第 15 题中取 $p=q,d=p$ 时所定义的 n_1. 证明:

(i) 在这 $(p-1)/2 \cdot (q-1)/2$ 个不等于零的偶数 $L(j,k)$ 中

有且仅有 $n_1+\widetilde{n}_1$ 个满足条件：$-q<L(j,k)<p$；

(ii) 若 $-q<L(j,k)<p$，则

$$-q<L((p+1)/2-j,(q+1)/2-k)<p;$$

(iii) 通过把满足(i)中条件的 $n_1+\widetilde{n}_1$ 对数对 $\{j,k\}$，以 $\{j,k\}$ 与 $\{(p+1)/2-j,(q+1)/2-k\}$ 为一组来分对，证明：

$$n_1+\widetilde{n}_1 \text{ 与 } (p-1)/2\cdot(q-1)/2$$

的奇偶性相同.

17. 设素数 $p\geqslant 3, p\nmid a$. 证明：$\sum_{x=1}^{p}\left(\frac{ax+b}{p}\right)=0$.

18. 设素数 $p\geqslant 3, p\nmid a$. 证明：

$$\sum_{x=1}^{p}\left(\frac{x^2+ax}{p}\right)=\sum_{x=1}^{p}\left(\frac{x^2+x}{p}\right)=-1.$$

19. 设素数 $p\geqslant 3, p\nmid a$，以及 $f(x)=ax^2+bx+c, \Delta=b^2-4ac$. 证明：

(i) 若 $p\nmid\Delta$，则 $\sum_{x=1}^{p}\left(\frac{f(x)}{p}\right)=-\left(\frac{a}{p}\right)$；

(ii) 若 $p\mid\Delta$，则 $\sum_{x=1}^{p}\left(\frac{f(x)}{p}\right)=(p-1)\left(\frac{a}{p}\right)$.

20. 证明：对任意素数 p，必有整数 a,b,c,d 使得：

$$x^4+1\equiv(x^2+ax+b)(x^2+cx+d)\pmod{p}.$$

§24 Jacobi 符 号

定义 1 设奇数 $P>1$，$P=p_1\cdots p_s$，$p_j(1\leqslant j\leqslant s)$是素数. 定义

$$\left(\frac{d}{P}\right)=\left(\frac{d}{p_1}\right)\cdots\left(\frac{d}{p_s}\right),$$

这里$\left(\frac{d}{p_j}\right)(1\leqslant j\leqslant s)$是模 p_j 的 Legendre 符号. 我们把$\left(\frac{d}{P}\right)$称为是 **Jacobi 符号**.

显见，当 P 本身是奇素数时，Jacobi 符号就是 Legendre 符号. 由定义和 Legendre 符号的基本性质立即推出(证明留给读者)：

定理 1 Jacobi 符号有以下性质：

(i) $\left(\frac{1}{P}\right)=1$；当$(d,P)>1$ 时，$\left(\frac{d}{P}\right)=0$；当$(d,P)=1$ 时，$\left(\frac{d}{P}\right)$取值±1；

(ii) $\left(\frac{d}{P}\right)=\left(\frac{d+P}{P}\right)$；

(iii) $\left(\frac{dc}{P}\right)=\left(\frac{d}{P}\right)\left(\frac{c}{P}\right)$；

(iv) $\left(\frac{d}{P_1P_2}\right)=\left(\frac{d}{P_1}\right)\left(\frac{d}{P_2}\right)$；

(v) 当$(P,d)=1$ 时，$\left(\frac{d^2}{P}\right)=\left(\frac{d}{P^2}\right)=1$.

由定理 1 可知，对给定的 P，Jacobi 符号$\left(\frac{d}{P}\right)$是 $d\in\mathbf{Z}$ 的完全积性函数，它仅取值 $0,\pm1$，且有周期 P.

为证明进一步性质需要下面的引理：

引理 2 设 $a_j\equiv1\pmod m\ (1\leqslant j\leqslant s)$，$a=a_1\cdots a_s$，我们有

$$\frac{a-1}{m}\equiv\frac{a_1-1}{m}+\cdots+\frac{a_s-1}{m}\pmod m.$$

证 显然只要证 $s=2$ 的情形. 我们有

$$a-1=a_1a_2-1=(a_1-1)+(a_2-1)+(a_1-1)(a_2-1).$$

由 $a_j\equiv 1 \pmod m$ 知 $a\equiv 1 \pmod m$，所以

$$\begin{aligned}\frac{a-1}{m}&=\frac{a_1-1}{m}+\frac{a_2-1}{m}+\frac{(a_1-1)(a_2-1)}{m}\\&\equiv\frac{a_1-1}{m}+\frac{a_2-1}{m} \pmod m.\end{aligned}$$

证毕.

定理 3 我们有

$$\left(\frac{-1}{P}\right)=(-1)^{(P-1)/2};\tag{1}$$

$$\left(\frac{2}{P}\right)=(-1)^{(P^2-1)/8}.\tag{2}$$

证 设 $P=p_1\cdots p_s$，p_j 是奇素数. 由定义及 § 23 定理 1(v)知

$$\left(\frac{-1}{P}\right)=\left(\frac{-1}{p_1}\right)\cdots\left(\frac{-1}{p_s}\right)=(-1)^{(p_1-1)/2+\cdots+(p_s-1)/2}.$$

在引理 2 中取 $m=2$，$a_j=p_j(1\leqslant j\leqslant s)$，就得到

$$\frac{P-1}{2}\equiv\frac{p_1-1}{2}+\cdots+\frac{p_s-1}{2} \pmod 2.\tag{3}$$

由以上两式即得式(1). 由定义和 § 23 定理 3 得

$$\left(\frac{2}{P}\right)=\left(\frac{2}{p_1}\right)\cdots\left(\frac{2}{p_s}\right)=(-1)^{(p_1^2-1)/8+\cdots+(p_s^2-1)/8}.$$

由于 p_j 是奇数，所以 $p_j^2\equiv 1 \pmod 8$. 在引理 2 中取 $m=8$，$a_j=p_j^2$ $(1\leqslant j\leqslant s)$，就得到

$$\frac{P^2-1}{8}\equiv\frac{p_1^2-1}{8}+\cdots+\frac{p_s^2-1}{8} \pmod 8.$$

由以上两式即得式(2).

对 Jacobi 符号有以下的互反律成立.

定理 4 设奇数 $P>1$，奇数 $Q>1$，$(P,Q)=1$. 我们有

$$\left(\frac{Q}{P}\right)\cdot\left(\frac{P}{Q}\right)=(-1)^{(P-1)/2\cdot(Q-1)/2}.$$

证 设 $P=p_1\cdots p_s, Q=q_1\cdots q_r, p_j, q_i$ 均为奇素数. 由定义, 定理 1 及 § 23 定理 5(注意 $q_i\neq p_j$)得

$$\begin{aligned}\left(\frac{Q}{P}\right)&=\prod_{j=1}^{s}\left(\frac{Q}{p_j}\right)=\prod_{j=1}^{s}\prod_{i=1}^{r}\left(\frac{q_i}{p_j}\right)\\&=\prod_{j=1}^{s}\prod_{i=1}^{r}\left(\frac{p_j}{q_i}\right)(-1)^{(p_j-1)/2\cdot(q_i-1)/2}\\&=\left\{\prod_{j=1}^{s}\prod_{i=1}^{r}\left(\frac{p_j}{q_i}\right)\right\}\left\{\prod_{j=1}^{s}\prod_{i=1}^{r}(-1)^{(p_j-1)/2\cdot(q_i-1)/2}\right\}\\&=\left(\frac{P}{Q}\right)\prod_{j=1}^{s}(-1)^{(p_j-1)/2\cdot\sum_{i=1}^{r}(q_i-1)/2}.\end{aligned}$$

类似于式(3)可得

$$\frac{Q-1}{2}\equiv\frac{q_1-1}{2}+\cdots+\frac{q_r-1}{2}\pmod 2,$$

由以上两式得

$$\begin{aligned}\left(\frac{Q}{P}\right)&=\left(\frac{P}{Q}\right)\prod_{j=1}^{s}(-1)^{(p_j-1)/2\cdot(Q-1)/2}\\&=\left(\frac{P}{Q}\right)(-1)^{(Q-1)/2\cdot\sum_{j=1}^{s}(p_j-1)/2}\\&=\left(\frac{P}{Q}\right)(-1)^{(P-1)/2\cdot(Q-1)/2},\end{aligned}$$

最后一步用了式(3). 注意到 $(Q,P)=1$ 时 $\left(\frac{P}{Q}\right)=\pm1$, 由此就推出所要结论.

以上证明的这些性质表明: 为了**计算** Jacobi 符号(当然包括 Legendre 符号作为它的特殊情形), 我们并不需要求素因数分解式. 例如, 105 虽然不是奇素数, 当我们要计算 Legendre 符号 $\left(\frac{105}{317}\right)$ 时, 可以先把它看作是 Jacobi 符号来计算, 由定理 4 得

$$\left(\frac{105}{317}\right)=\left(\frac{317}{105}\right)=\left(\frac{2}{105}\right)=1,$$

后两步用到了定理 1(ii)及式(2), 这也就是它作为 Legendre 符号的值. 因此, 引进 Jacobi 符号后, 对计算 Legendre 符号是十分方便

的. 但应该强调指出：Jacobi 符号与 Legendre 符号的**本质差别是**：Jacobi 符号$\left(\frac{d}{P}\right)=1$,**绝不表示二次同余方程**

$$x^2\equiv d(\bmod P)$$

一定有解. 例如，奇素数 $p\equiv-1(\bmod 4)$，取 $P=p^2$ 时总有 $\left(\frac{-1}{P}\right)=\left(\frac{-1}{p^2}\right)=1$，但

$$x^2\equiv-1(\bmod p)$$

无解，当然

$$x^2\equiv-1(\bmod p^2)$$

也无解. 再比如 Jacobi 符号

$$\left(\frac{2}{3599}\right)=1,$$

但由 §23 例 2(ii)知，同余方程

$$x^2\equiv 2(\bmod 3599)$$

无解. 由于这种差别，所以对 Jacobi 符号，§23 的定理 1(ii)和(vi)，引理 2 及定理 4 都不成立.

习题二十四

1. 利用 Jacobi 符号性质计算：
(i) $\left(\frac{51}{71}\right)$；(ii) $\left(\frac{-35}{97}\right)$；(iii) $\left(\frac{313}{401}\right)$；(iv) $\left(\frac{165}{503}\right)$.

2. 设 a,b 是正整数，$2\nmid b$. 证明对 Jacobi 符号有公式：

$$\left(\frac{a}{2a+b}\right)=\begin{cases}\left(\frac{a}{b}\right), & a\equiv 0,1(\bmod 4);\\ -\left(\frac{a}{b}\right), & a\equiv 2,3(\bmod 4).\end{cases}$$

3. 设 a,b,c 是正整数，$(a,b)=1$，$2\nmid b$ 及 $b<4ac$. 证明：对 Jacobi 符号有公式：

$$\left(\frac{a}{4ac-b}\right)=\left(\frac{a}{b}\right).$$

4. 整数 a 是每个素数的二次剩余的充要条件是 $a=b^2$（做本题时假定以下结论成立：设 $m\geqslant 1,(d,m)=1$，则必有素数 $p\equiv d(\mathrm{mod}\ m)$）.

§25 模为素数的高次同余方程

设 p 是素数，$n\geqslant 0$，

$$f(x)=a_nx^n+\cdots+a_0. \tag{1}$$

本节要讨论同余方程①

$$f(x)\equiv 0(\bmod p) \tag{2}$$

的次数 $\deg(f;p)$ 和解数 $T(f;p)$ 的关系，以及模 p 的同余方程一定可化为次数 $<p$ 的同余方程. 本节所用的主要工具是整系数多项式的除法，及 Fermat 小定理（§17 式(8)），即模 p 的 p 次同余方程

$$x^p-x\equiv 0(\bmod p) \tag{3}$$

的解数为 p，也就是说 x 取任意整数时式(3)总成立.

定理 1 设 $p\nmid a_n$. 若 n 次同余方程(2)有 k 个不同的解

$$x\equiv c_1,\cdots,c_k(\bmod p), \tag{4}$$

那么，一定存在唯一的一对整系数多项式 $g_k(x)$ 与 $r_k(x)$，使得

$$f(x)=(x-c_1)\cdots(x-c_k)g_k(x)+p\cdot r_k(x), \tag{5}$$

$r_k(x)$ 的次数 $<k$，$g_k(x)$ 的次数为 $n-k\geqslant 0$，且 $g_k(x)$ 的首项系数是 a_n.

证 唯一性 若还有这样的 $\bar{g}_k(x)$，$\bar{r}_k(x)$，使得

$$f(x)=(x-c_1)\cdots(x-c_k)\bar{g}_k(x)+p\cdot\bar{r}_k(x),$$

则有

$$(x-c_1)\cdots(x-c_k)(g_k(x)-\bar{g}_k(x))=p(\bar{r}_k(x)-r_k(x)).$$

若 $g_k(x)\neq\bar{g}_k(x)$，则左边是次数 $\geqslant k$ 的多项式，而右边的次数 $<k$，

① 为方便起见，当 $n=0$ 时，把 $a_0\equiv 0(\bmod p)$ 也看作是同余方程. 当 $p\nmid a_0$，它不成立，看作无解；当 $p\mid a_0$ 时，它成立，看作解数为 p.

所以不可能. 若 $g_k(x)=\bar{g}_k(x)$，则由上式推出 $r_k(x)=\bar{r}_k(x)$. 这就证明了唯一性(事实上，以后用不到唯一性).

存在性 对 k 用归纳法. 当 $k=1$ 时，由 $p\nmid a_n$ 知必有 $n\geqslant 1$(见上页注①). 作多项式除法可得

$$f(x)=(x-c_1)g_1(x)+s_1,$$

s_1 为一整数，$g_1(x)$的次数为 $n-1$，首项系数为 a_n. 在上式中取 $x=c_1$，由 $f(c_1)\equiv 0(\bmod p)$即得 $p\mid s_1, s_1=p\cdot r_1$. 这样，取 $g_1(x)$及 $r_1(x)=r_1$ 就满足式(5)($k=1$). 假设 $k=l(\geqslant 1)$时结论成立，即存在次数$<l$ 的多项式 $r_l(x)$，及次数为 $n-l\geqslant 0$、首项系数为 a_n 的多项式 $g_l(x)$，使得

$$f(x)=(x-c_1)\cdots(x-c_l)g_l(x)+p\cdot r_l(x). \tag{6}$$

当 $k=l+1$ 时，首先由归纳假设知必有式(6)成立. 在式(6)中取 $x=c_{l+1}$，由 $f(c_{l+1})\equiv 0(\bmod p)$ 及 $(c_{l+1}-c_1)\cdots(c_{l+1}-c_l)\not\equiv 0(\bmod p)$，从式(6)推出 $x\equiv c_{l+1}(\bmod p)$是同余方程

$$g_l(x)\equiv 0(\bmod p) \tag{7}$$

的解. 由此及 $p\nmid a_n$，推出 $g_l(x)$的次数 $n-l\geqslant 1$. 这样，对同余方程(7)利用 $k=1$ 的结论得

$$g_l(x)=(x-c_{l+1})h_1(x)+p\cdot t_1,$$

这里 $h_1(x)$的次数为$(n-l)-1\geqslant 0$、首项系数为 a_n,t_1 为一整数. 把上式代入式(6)即得

$$\begin{aligned}f(x)=&(x-1)\cdots(x-c_{l+1})h_1(x)\\&+p(t_1(x-c_1)\cdots(x-c_l)+r_l(x)).\end{aligned}$$

取 $g_{l+1}(x)=h_1(x)$，$r_{l+1}(x)=t_1(x-c_1)\cdots(x-c_l)+r_l(x)$就证明了结论对 $k=l+1$ 成立. 证毕.

由定理 1 立即推出：

定理 2 设 $p\nmid(a_n,\cdots,a_0)$. 那么，同余方程(2)的解数不超过它的次数，即

$$T(f;p)\leqslant \deg(f;p). \tag{8}$$

证 无解时结论当然成立. 无妨一般，可假定 $p\nmid a_n$(为什么).

这时 $\deg(f;p)=n$. 当解数 $T(f;p)=k\geqslant 1$ 时,由定理 1 知有式(5)成立,且 $n-k\geqslant 0$,这就是式(8). 证毕.

定理 2 通常称为 **Lagrange 定理**. 我们也可以不利用定理 1 而直接证明定理 2.

定理 2 的直接证明 对次数 $\deg(f;p)$ 用归纳法. 无妨一般,可假定 $p\nmid a_n$,这时 $\deg(f;p)=n$. 当 $n=0$ 时,$f(x)=a_0$, $p\nmid a_0$,由约定知同余方程(2)无解,所以结论成立. 设结论对 $n=l(\geqslant 0)$ 成立. 当 $n=l+1$ 时,若结论不成立,则同余方程(2)($n=l+1$, $p\nmid a_{l+1}$)至少有 $l+2$ 个解,设为

$$x\equiv c_1,c_2,\cdots,c_{l+2}\pmod p.$$

考虑多项式

$$\begin{aligned}f(x)-f(c_1)&=a_{l+1}(x^{l+1}-c_1^{l+1})+\cdots+a_1(x-c_1)\\&=(x-c_1)(a_{l+1}x^l+\cdots)=(x-c_1)h(x).\end{aligned}\tag{9}$$

显见,$h(x)$是 l 次多项式且 $p\nmid a_{l+1}$,所以

$$h(x)\equiv 0\pmod p\tag{10}$$

是 l 次同余方程. 但它至少有 $l+1$ 个解

$$x\equiv c_2,\cdots,c_{l+2}\pmod p.$$

这和归纳假设矛盾. 证毕.

定理 2 的一个直接推论是(证明留给读者,用反证法)

推论 3 若同余方程(2)的解数$>n$,则必有 $p\mid a_j$, $0\leqslant j\leqslant n$.

由定理 1(或定理 2)还可立即推出:

推论 4 设 $p\nmid a_n$. 那么,n 次同余方程(2)恰有 n 个解(即解数为 n):

$$x\equiv c_1,\cdots,c_n\pmod p\tag{11}$$

的充要条件是存在对模 p 两两不同余的 $c_1,\cdots,c_n$,使得

$$f(x)=a_n(x-c_1)\cdots(x-c_n)+p\cdot r(x),\tag{12}$$

其中 $r(x)$是次数$<n$ 的整系数多项式.

证明留给读者. 特别地,在推论 4 中取 $f(x)=x^{p-1}-1$,由 Fermat 小定理知,$p-1$ 次同余方程

$$x^{p-1}-1\equiv 0(\bmod p)$$

恰有 $p-1$ 个解

$$x\equiv 1,2,\cdots,p-1(\bmod p).$$

因而由推论 4 得

$$x^{p-1}-1=(x-1)\cdots(x-p+1)+p\cdot r(x). \tag{13}$$

取 $x=p$ 由式(13)即得

$$(p-1)!\equiv -1(\bmod p).$$

这就给出了 Wilson 定理(§18 定理 1)的又一个证明.

下面来证明 n 次同余方程恰有 n 个解的判别法.

定理 5 设 $a_n=1$. 那么, n 次同余方程(2)的解数等于 n 的充要条件是

$$x^p-x=f(x)q(x)+p\cdot r(x), \tag{14}$$

其中 $q(x)$, $r(x)$ 是整系数多项式, 且 $r(x)$ 的次数 $<n$.

证 必要性 显见 $n\leqslant p$. 所以作多项式除法可得:

$$x^p-x=f(x)q(x)+s(x).$$

$s(x)$ 的次数 $<n$. 由此及 Fermat 小定理知, 同余方程(2)的解都是同余方程

$$s(x)\equiv 0(\bmod p)$$

的解, 因而由推论 3 推出 $s(x)$ 的系数都是 p 的倍数, 这就证明了必要性.

充分性 这时必有 $n\leqslant p$(为什么), $f(x)$ 是 n 次多项式, $q(x)$ 是 $p-n$ 次多项式. 由式(14)及 Fermat 小定理知, 同余方程

$$f(x)q(x)\equiv 0(\bmod p)$$

的解数为 p, 设同余方程

$$f(x)\equiv 0(\bmod p)$$

的解数为 k, 同余方程

$$q(x)\equiv 0(\bmod p)$$

的解数为 h. 因此有 $p\leqslant k+h$. 但另一方面由定理 2 知, $k\leqslant n$, $h\leqslant p-n$, 所以 $k+h=p$. 由此就推出 $k=n$. 证毕.

下面来举几个应用定理 5 的例子.

例 1 判断同余方程 $2x^3+5x^2+6x+1\equiv 0 \pmod 7$ 是否有三个解.

这里首项系数为 2,不能直接用定理 5,由 §19 定理 1 知原方程与

$$4(2x^3+5x^2+6x+1)\equiv x^3-x^2+3x-3\equiv 0 \pmod 7$$

的解相同. 作多项式除法可得

$$x^7-x=(x^3-x^2+3x-3)(x^3+x^2-2x-2)x+7x(x^2-1).$$

所以,原同余方程的解数为 3.

例 2 设素数 $p>2$, $p\nmid d$. 求二次同余方程

$$x^2-d\equiv 0 \pmod p \tag{15}$$

的解数为 2 的充要条件.

解 由于

$$\begin{aligned} x^{p-1}-1 &= (x^2)^{(p-1)/2}-d^{(p-1)/2}+d^{(p-1)/2}-1 \\ &= (x^2-d)q(x)+d^{(p-1)/2}-1, \end{aligned}$$

所以由定理 5 知,解数为 2 的充要条件是

$$d^{(p-1)/2}-1\equiv 0 \pmod p. \tag{16}$$

由于 $p>2$,所以同余方程(15)要么无解,要么有解且解数必为 2. 所以,(16)也是(15)有解的充要条件. 这就给出了 Euler 判别法(§22 定理 2)的又一证明. 此外,注意到

$$x^{p-1}-1=(x^{(p-1)/2}-1)(x^{(p-1)/2}+1),$$

所以同余方程(16)(把 d 看作 x)的解数为 $(p-1)/2$,即模 $p(>2)$ 的二次剩余恰有 $(p-1)/2$ 个. 这就给出了 §22 定理 1 的又一证明. 这种证明方法,对二次剩余来说似乎"太高级",但在讨论高次剩余时,这种一般方法就显出了优越性.

虽然可以出现任意次的模 p 的同余方程,但下面的定理表明我们总可以把它化为次数 $<p$ 的同余方程.

定理 6 (i) 同余方程(2)的解数为 p 的充要条件是

$$f(x)=(x^p-x)g(x)+p\cdot r(x), \tag{17}$$

其中整系数多项式 $r(x)$ 的次数$<p$；

(ii) 同余方程(2)的解数$<p$ 的充要条件是存在一个次数$<p$、首项系数为 1 的整系数多项式 $f^*(x)$，使得同余方程(2)与同余方程

$$f^*(x) \equiv 0 \pmod p \tag{18}$$

的解相同. 同余方程(18)称为是同余方程(2)的**等价同余方程**.

证 先证(i). 充分性由式(17)及 Fermat 小定理推出. 由多项式除法可得

$$f(x) = (x^p - x)g(x) + s(x), \tag{19}$$

其中 $s(x)$ 是次数$<p$ 的整系数多项式. 由同余方程(2)的解数为 p 及 Fermat 小定理推出：同余方程

$$s(x) \equiv 0 \pmod p \tag{20}$$

的解数也为 p. 由此及推论 3 推出 $s(x) = p \cdot r(x)$，$r(x)$ 为次数$<p$的整系数多项式. 这就证明了必要性.

再来证(ii). 充分性由定理 2 推出. 下证必要性. 这时同样有式(19)成立. 由此及 Fermat 小定理知，同余方程(2)与(20)的解相同. 因此，同余方程(20)的解数$<p$，进而推出 $s(x)$ 的系数一定不能全被 p 整除(为什么). 设

$$s(x) = b_l x^l + \cdots + b_0, \quad 0 \leqslant l < p,$$

一定有 $0 \leqslant d \leqslant l$ 使得 $p \mid b_j, d < j \leqslant l, p \nmid b_d$. 这样，同余方程(20)就与同余方程

$$b_d x^d + \cdots + b_0 \equiv 0 \pmod p, \quad 0 \leqslant d < p \tag{21}$$

的解相同. 取 b_d^{-1} 是 b_d 对模 p 的逆，$b_d^{-1} b_d = 1 + e \cdot p$，这样，取

$$\begin{aligned} f^*(x) &= b_d^{-1}(b_d x^d + \cdots + b_0) - e \cdot p x^d \\ &= x^d + b_d^{-1} b_{d-1} x^{d-1} + \cdots + b_d^{-1} b_0, \end{aligned}$$

所得的同余方程(18)就和同余方程(2)的解相同. 这就证明了必要性. 证毕.

这样，对于一个同余方程(2)可以按以下步骤来简化：先去掉其中系数为 p 的倍数的项；如果所得到的等价的同余方程的次数

$\geqslant p$，那么，再按定理 5 作多项式除法(19)，就可确定它的解数是否为 p. 若不是 p，就可进一步找出次数 $<p$ 的等价同余方程(18). 下面来举几个例子.

例 3 简化同余方程

$$21x^{18}+2x^{15}-x^{10}+4x-3\equiv 0 \pmod 7.$$

解 先去掉系数为 7 的倍数的项得

$$2x^{15}-x^{10}+4x-3\equiv 0 \pmod 7.$$

作多项式除法(19)($p=7$)得：

$$2x^{15}-x^{10}+4x-3=(x^7-x)(2x^8-x^3+2x^2)$$
$$+(-x^4+2x^3+4x-3).$$

由此就得到等价同余方程

$$x^4-2x^3-4x+3\equiv 0 \pmod 7.$$

由直接代入 $x=0,\pm 1,\pm 2,\pm 3$ 计算知，同余方程无解.

为了求出等价同余方程，我们并不需要知道多项式除法(19)中的 $g(x)$，而且当次数较高时，做这种除法是很麻烦的. 事实上，我们可以利用恒等同余式(3)(即 Fermat 小定理)来直接化简，以求得等价同余方程.

例 4 简化同余方程

$$f(x)=3x^{14}+4x^{13}+2x^{11}+x^9+x^6+x^3+12x^2+x$$
$$\equiv 0 \pmod 5.$$

解 由恒等同余式(3)($p=5$)可得

$$x^{14}\equiv x^6\equiv x^2 \pmod 5,\quad x^{13}\equiv x^5\equiv x \pmod 5,$$
$$x^{11}\equiv x^3 \pmod 5,\quad x^9\equiv x^5\equiv x \pmod 5,$$
$$x^6\equiv x^2 \pmod 5.$$

因而原同余方程等价于

$$3x^3+16x^2+6x\equiv 0 \pmod 5.$$

进而等价于

$$2(3x^3+16x^2+6x)\equiv x^3+2x^2+2x\equiv 0 \pmod 5.$$

由直接计算知，解为 $x\equiv 0,1,2 \pmod 5$. 如果利用多项式除法可得：

$$f(x)=(x^5-x)(3x^9+4x^8+2x^6+3x^5+5x^4+2x^2+4x+5)+(3x^3+16x^2+6x).$$

得到同样的结果.

习题二十五

1. 求下列同余方程 $f(x)\equiv 0 \pmod p$ 的全部解，并把 $f(x)$ 表成§25 定理1，及上题中的形式：

(i) $f(x)=14x^5-6x^4+8x^3+6x^2-13x+5,\quad p=7$；

(ii) $f(x)=8x^4+3x^3+x+9,\quad p=7$；

(iii) $f(x)=x^7+10x^6+x^5+20x^4+8x^3-18x^2+3x+1$，$p=13$.

2. 设素数 $p\nmid a_n$. 同余方程 $a_nx^n+\cdots+a_0\equiv 0 \pmod p$ 恰有 n 个解：$x\equiv c_1,\cdots,c_n \pmod p$. 再设

$$\sigma_1=\sum_{i=1}^{n}c_i,\quad \sigma_2=\sum_{1\leqslant i\neq j\leqslant n}c_ic_j,\ \cdots,\ \sigma_n=c_1\cdots c_n.$$

证明：$a_{n-j}\equiv(-1)^j a_n\sigma_j \pmod p,\quad 1\leqslant j\leqslant n.$

3. 利用§25 定理5 证明：

(i) $2x^3-x^2+3x+11\equiv 0 \pmod 5$ 的解数为3；

(ii) $x^6-4x^5+6x^4+6x^3+3x^2-2x+3\equiv 0 \pmod{13}$ 的解数为6.

4. 求下列同余方程的等价同余方程：

(i) $2x^{15}-3x^{10}+8x^6+7x^5+6x^3+2x-8\equiv 0 \pmod 7$；

(ii) $2x^{17}+5x^{16}+3x^{14}+5x^{12}+6x^{10}+2x^9+5x^8+9x^7+22x^6+3x^4+6x^3-5x^2+12x+3\equiv 0 \pmod{11}$.

§ 26 模为素数幂的同余方程的解法

本节将介绍求解模为素数幂的同余方程的方法,这方法的基础是§19定理2,§19例5实际上就是这样解的.

定理1 设 p 是素数,整系数多项式

$$f(x)=a_nx^n+a_{n-1}x^{n-1}+\cdots+a_1x+a_0,\quad n\geqslant 2. \tag{1}$$

再设整数 $\alpha\geqslant 2$,c 是

$$f(x)\equiv 0(\bmod p^{\alpha-1}) \tag{2}$$

的解.那么,同余方程

$$f(x)\equiv 0(\bmod p^{\alpha}) \tag{3}$$

满足

$$x\equiv c(\bmod p^{\alpha-1}) \tag{4}$$

的解是

$$x\equiv c+y_jp^{\alpha-1}(\bmod p^{\alpha}),\quad j=1,\cdots,l, \tag{5}$$

这里

$$y\equiv y_1,\cdots,y_l(\bmod p) \tag{6}$$

是一次同余方程

$$f'(c)y\equiv -f(c)p^{1-\alpha}(\bmod p) \tag{7}$$

的全部解,其中

$$f'(x)=na_nx^{n-1}+(n-1)a_{n-1}x^{n-2}+\cdots+2a_2x+a_1. \tag{8}$$

证 这实际上是求由式(3),(4)给出的同余方程组的解.满足(4)的 x 必为

$$x=c+p^{\alpha-1}y. \tag{9}$$

把上式代入同余方程(3),得到

$$a_n(c+p^{\alpha-1}y)^n+a_{n-1}(c+p^{\alpha-1}y)^{n-1}+\cdots$$

$$+a_2(c+p^{\alpha-1}y)^2+a_1(c+p^{\alpha-1}y)+a_0$$
$$=f(c)+p^{\alpha-1}f'(c)y+A_2p^{2(\alpha-1)}y^2+\cdots+A_np^{n(\alpha-1)}y^n$$
$$\equiv 0 \pmod{p^\alpha}, \tag{10}$$

其中 $A_2,\cdots,A_n$ 是整数. 由于 $\alpha\geqslant 2$,从上式知同余方程(3)变为 y 的一次同余方程

$$p^{\alpha-1}f'(c)y\equiv -f(c) \pmod{p^\alpha}.$$

由于 c 是同余方程(2)的解,所以 $p^{\alpha-1}\mid f(c)$. 因而,由 §15 性质Ⅳ知,上面的同余方程与同余方程(7)的解相同. 这样,利用式(9),(10)就可证明所要的结论:相应于同余方程(7)的全部解(6),式(5)给出了同余方程组(3)~(4)的不同的解;以及同余方程组(3)~(4)的每一个解一定可表为式(5)的形式,其中 y_j 为同余方程(7)的解. 证毕.

由 §20 定理 1、定理 2 及 p 是素数知,同余方程(7)的解可以出现三种情形:

(Ⅰ) $p\nmid f'(c)$. 这时同余方程(7)的解数为 1. 所以,同余方程(3)满足条件(4)的解数为 1,即 $l=1$.

(Ⅱ) $p\mid f'(c)$, $p\nmid f(c)p^{1-\alpha}$,即

$$f(c)\not\equiv 0 \pmod{p^\alpha},$$

这时同余方程(7)无解,所以同余方程(3)没有满足条件(4)的解,即 $l=0$.

(Ⅲ) $p\mid f'(c)$, $p\mid f(c)p^{1-\alpha}$,即

$$f(c)\equiv 0 \pmod{p^\alpha},$$

这时同余方程(7)的解数为 p,即

$$y\equiv 0,1,\cdots,p-1 \pmod{p}$$

均为(7)的解,所以同余方程(3)满足条件(4)的解数为 p,即 $l=p$.

由以上讨论立即可得到一个有用的结论:

推论 2 在定理 1 的符号和条件下,若 c 是

$$f(x)\equiv 0 \pmod{p} \tag{11}$$

的解,且 $p\nmid f'(c)$. 那么,对任意的 $\alpha\geqslant 2$,同余方程(17)满足条件

(4)的解数均为 1. 特别当同余方程(11)与同余方程

$$f'(x)\equiv 0 \pmod p$$

无公共解时,同余方程(3)对任意的 $\alpha\geqslant 1$ 解数均相同.

详细证明留给读者. 下面来举几个例子.

例 1 解同余方程 $x^3+5x^2+9\equiv 0 \pmod{3^4}$.

解 同余方程

$$x^3+5x^2+9\equiv 0 \pmod 3$$

有两个解:

$$x\equiv 0,1 \pmod 3.$$

现在 $f(x)=x^3+5x^2+9$, $f'(x)=3x^2+10x$, $f'(0)=0$, $f'(1)=13$. 所以

$$3\mid f'(0),\quad 3\nmid f'(1).$$

进而解同余方程(这就是 §19 例 5)

$$x^3+5x^2+9\equiv 0 \pmod{3^2}.$$

先求相应于 $x\equiv 0 \pmod 3$ 的解. 由于 $3\mid f'(0)$, 及

$$f(0)=9\equiv 0 \pmod{3^2},$$

所以

$$x\equiv -3,0,3 \pmod{3^2}$$

是解. 再求相应于 $x\equiv 1 \pmod 3$ 的解. 由于 $3\nmid f'(1)$, 相应的同余方程(7)是

$$13y\equiv -5 \pmod 3,$$

其解为 $y\equiv 1 \pmod 3$, 所以, 得到解

$$x\equiv 4 \pmod{3^2}.$$

进而解同余方程

$$x^3+5x^2+9\equiv 0 \pmod{3^3}.$$

先求它相应于 $x\equiv -3,0,3 \pmod{3^2}$ 的解. 由于

$$f(-3)=27,\quad f(0)=9,\quad f(3)=81,$$

所以, 由(Ⅲ)知, 相应于 $x\equiv -3 \pmod{3^2}$ 的解为

$$x\equiv -12,-3,6 \pmod{3^3};$$

相应于 $x\equiv 3 \pmod{3^2}$ 的解为

$$x \equiv -6, 3, 12 \pmod{3^3}.$$

由(Ⅱ)知,没有相应于 $x \equiv 0 \pmod{3^2}$ 的解.再求相应于 $x \equiv 4 \pmod{3^2}$ 的解.这时,$f'(4) \equiv f'(1) = 13 \equiv 1 \pmod 3$,$f(4) = 153$,相应的同余方程(7)是

$$y \equiv -17 \equiv 1 \pmod 3,$$

所以,得到解

$$x \equiv 13 \pmod{3^3}.$$

最后,解同余方程

$$x^3 + 5x^2 + 9 \equiv 0 \pmod{3^4}.$$

这时,

$$f(-12) = -999, \quad f(-3) = 27, \quad f(6) = 405,$$
$$f(12) = 2457, \quad f(3) = 81, \quad f(-6) = -27.$$

由(Ⅱ)知没有相应于 $x \equiv -12, -3, -6, 12 \pmod{3^3}$ 的解.由(Ⅲ)知,相应于 $x \equiv 6 \pmod{3^3}$ 的解有

$$x \equiv -21, 6, 33 \pmod{3^4};$$

相应于 $x \equiv 3 \pmod{3^3}$ 的解有

$$x \equiv -24, 3, 30 \pmod{3^4}.$$

最后,求相应于 $x \equiv 13 \pmod{3^3}$ 的解,由于 $f(13) = 3051$,所以相应的同余方程(7)是 $y \equiv -113 \equiv 1 \pmod 3$.因此,相应的解是

$$x \equiv 40 \pmod{3^4}.$$

以上三式就给出了全部解,解数为 7.下图指出了求解过程.

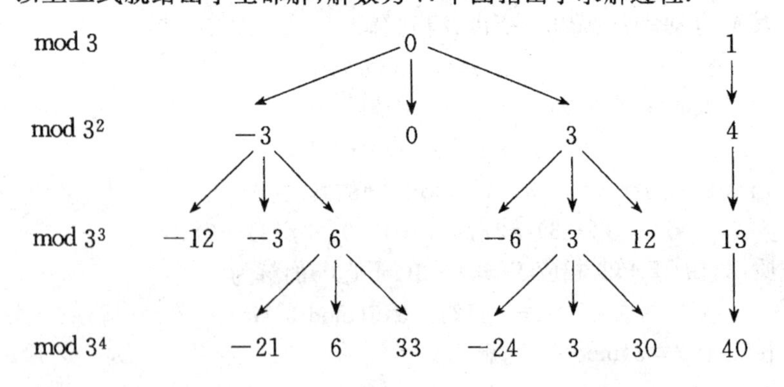

例 2 解同余方程 $x^3+5x^2+9\equiv 0 \pmod{7\cdot 3^4}$.

解 由定理 1 知,这就是要解同余方程组

$$\begin{cases} x^3+5x^2+9\equiv 0 \pmod 7, \\ x^3+5x^2+9\equiv 0 \pmod{3^4}. \end{cases}$$

由直接计算知,第一个同余方程的解为

$$x\equiv -2 \pmod 7.$$

由例 1 知第二个同余方程的解为

$$x\equiv -21,6,33,-24,3,30,40 \pmod{3^4}.$$

进而解一次同余方程组

$$\begin{cases} x\equiv a_1 \pmod 7, \\ x\equiv a_2 \pmod{3^4}. \end{cases}$$

利用 § 21 定理 1,这里 $m_1=M_2=7, m_2=M_1=3^4$. 由

$$M_1\equiv 9^2\equiv 2^2\equiv -3 \pmod 7$$

知,可取 $M_1^{-1}=2$. 由

$$M_2\equiv 7 \pmod{3^4}$$

知,可取 $M_2^{-1}=-23$. 因此,这个一次同余方程组的解是

$$\begin{aligned} x &\equiv 3^4\cdot 2\cdot a_1+7\cdot(-23)\cdot a_2 \\ &\equiv 162a_1-161a_2 \pmod{567}. \end{aligned}$$

分别用 $a_1=-2, a_2=-21,6,33,-24,3,30,40$ 代入就得到

$$x\equiv 3057,-1290,-5637,3540,-807,-5154,-6764 \pmod{567},$$

即

$$x\equiv 225,-156,33,138,-240,-51,40 \pmod{567}.$$

这就是所要求的同余方程的全部解,解数为 7.

虽然定理 1 给出了模为素数幂的同余方程的一般解法,但有时是很麻烦的. 把它和同余式的性质结合起来,往往能简化计算.

例 3 解同余方程 $x^2+x+7\equiv 0 \pmod{3^3}$.

解 由 § 19 定理 1 知,这同余方程的解与同余方程

$$4(x^2+x+7)\equiv 0 \pmod{3^3}$$

的解相同. 这同余方程就是

$$(2x+1)^2+27\equiv(2x+1)^2\equiv 0 \pmod{3^3}.$$

显见,这同余方程的解(指 x 的值)与

$$2x+1\equiv 0 \pmod{3^2}$$

的解相同.直接计算知,解为

$$x\equiv 4 \pmod{3^2}.$$

所以,原同余方程的解是(为什么)

$$x\equiv -5,4,13 \pmod{3^3},$$

解数为 3.

例 4 求同余方程 $x^2\equiv 1 \pmod{2^l}$ 的解.

解 当 $l=1$ 时,解数为 1,

$$x\equiv 1 \pmod{2}.$$

当 $l=2$ 时,解数为 2,

$$x\equiv -1,1 \pmod{2^2}.$$

当 $l\geqslant 3$ 时,同余方程可写为

$$(x-1)(x+1)\equiv 0 \pmod{2^l}.$$

由于 x 是解时,必可表为 $x=2y+1$,代入上式得

$$4y(y+1)\equiv 0 \pmod{2^l},$$

即

$$y(y+1)\equiv 0 \pmod{2^{l-2}}.$$

所以必有

$$y\equiv 0,-1 \pmod{2^{l-2}}.$$

因此,解 x 必满足

$$x\equiv 1,-1 \pmod{2^{l-1}}.$$

所以原方程的解是(为什么)

$$x\equiv 1,1+2^{l-1},-1,-1+2^{l-1} \pmod{2^l},$$

解数为 4.

例 5 设素数 $p>2$.求同余方程 $x^2\equiv 1 \pmod{p^l}$ 的解.

解 同余方程可写为

$$(x-1)(x+1)\equiv 0 \pmod{p^l}.$$

由于$(x-1,x+1)|2$，所以上式等价于

$$x-1\equiv 0(\bmod p^l) \text{或} x+1\equiv 0(\bmod p^l).$$

因此，对任意的$l\geqslant 1$解为

$$x\equiv -1,1(\bmod p^l),$$

解数为 2.

习题二十六

1. 求下列同余方程的解：

(i) $x^3+2x-3\equiv 0(\bmod 45)$；

(ii) $4x^2-5x+13\equiv 0(\bmod 33)$；

(iii) $x^3-9x^2+23x-15\equiv 0(\bmod 143)$.

2. 求下列模为素数幂的同余方程的解：

(i) $x^3+x^2-4\equiv 0(\bmod 7^3)$；

(ii) $x^3+x^2-5\equiv 0(\bmod 7^3)$；

(iii) $x^2+5x+13\equiv 0(\bmod 3^3)$；

(iv) $x^2+5x+13\equiv 0(\bmod 3^4)$；

(v) $x^2\equiv 3(\bmod 11^3)$；　　(vi) $x^2\equiv -2(\bmod 19^4)$.

3. 设$m=2^{\alpha_0}p_1^{\alpha_1}\cdots p_r^{\alpha_r}$，$p_j$是不同的奇素数，$\alpha_j\geqslant 1(1\leqslant j\leqslant r)$，$\alpha_0\geqslant 0$. 证明：同余方程$x^2\equiv 1(\bmod m)$的解数

$$T=\begin{cases}2^r, & \alpha_0=0,1;\\ 2^{r+1}, & \alpha_0=2;\\ 2^{r+2}, & \alpha_0\geqslant 3.\end{cases}$$

4. 把同余方程$x^2\equiv 1(\bmod m)$写为$(x-1)(x+1)\equiv 0(\bmod m)$. 当$m$由上题给出时，利用把同余方程化为同余方程组的方法，提出一个求解$x^2\equiv 1(\bmod m)$的全部解的具体方法. 并用以求解$m=2^3\cdot 3^2\cdot 5^2, 2\cdot 3^2\cdot 5\cdot 7$的情形.

5. 设r是m的不同素因子个数. 证明：同余方程$x^2\equiv x(\bmod m)$的解数为2^r.

6. 求同余方程$x^2\equiv -1(\bmod m)$的解数.

7．(i) 设 $2 \nmid a, 2 \nmid n$. 证明：对任意 l，同余方程 $x^n \equiv a \pmod{2^l}$ 恰有一解.

(ii) 设 p 为奇素数，$p \nmid a, p \nmid n$，证明：对任意 l，同余方程 $x^n \equiv a \pmod{p^l}$ 的解数相同.

§27 指　　数

我们已经多次讨论了以下的问题：设 $m\geqslant 1,(a,m)=1$. 那么，必有正整数 d 使得

$$a^d\equiv 1(\bmod m). \tag{1}$$

若 d_0 是使式(1)成立的最小正整数 d，则对任意的使(1)成立的正整数 d，必有

$$d_0\mid d \text{ 即 } d\equiv 0(\bmod d_0). \tag{2}$$

在§3例3(ii)中讨论了 $a=2$ 的情形. 在§4例12中完全证明了这一结论，并指出当 $m\geqslant 2$ 时，$d_0\leqslant m-1$. 在§17定理4(Fermat-Euler定理)中证明了：对任意的 $(a,m)=1$，当 $d=\varphi(m)$ 时式(1)必成立. 对给定的模 m，d_0 是由 a 唯一确定的，是 a 的函数，d_0 是刻画(与 m 既约的) a 关于模 m 的性质的一个十分重要的量(在§17定理6对此作了极初步的讨论)，它刻画了模 m 的既约剩余系中元素的特征. 为此，我们引进以下概念：

定义1　设 $m\geqslant 1,(a,m)=1$. 使式(1)成立的最小正整数 d 称为 **a 对模 m 的指数(或阶)**，把它记作 $\delta_m(a)$.

定义2　当 $\delta_m(a)=\varphi(m)$ 时，称 a 是**模 m 的原根**.

首先来举几个例子. $m=1$ 时，所有整数的指数均为1，且均为原根. 我们不讨论这种显然情形.

例1　$m=7,\varphi(7)=6$.

a	-3	-2	-1	1	2	3
$\delta_7(a)$	3	6	2	1	3	6

由表知，原根为 $-2,3(\bmod 7)$. 这样的表称为是模 $m(=7)$ 的**指数表**.

例 2　$m=10=2\cdot5,\varphi(10)=4$. 模 10 的指数表是：

a	-3	-1	1	3
$\delta_{10}(a)$	4	2	1	4

由表知原根为$\pm3(\bmod 10)$.

例 3　$m=15=3\cdot5,\varphi(15)=8$. 模 15 的指数表是：

a	-7	-4	-2	-1	1	2	4	7
$\delta_{15}(a)$	4	2	4	2	1	4	2	4

由表知无原根.

例 4　$m=9=3^2,\varphi(9)=6$. 模 9 的指数表是：

a	-4	-2	-1	1	2	4
$\delta_9(a)$	6	3	2	1	6	3

由表知原根为$-4,2(\bmod 3^2)$.

例 5　$m=8=2^3,\varphi(8)=4$. 模 8 的指数表是：

a	-3	-1	1	3
$\delta_8(a)$	2	2	1	2

由表知无原根.

例 6　由§17 例 1 中的式(20)知，当$l\geqslant3$时，模2^l无原根，及$\delta_{2^l}(5)=2^{l-2}$. 由直接验算知，$m=2$时原根为 1，$m=2^2=4$时，-1是原根.

下面来列出指数的基本性质，有的前面已经证明，有的则是显然的，以后经常要应用.

性质 1　若$b\equiv a(\bmod m),(a,m)=1$，则$\delta_m(b)=\delta_m(a)$.

性质 2　若式(1)成立，则有$\delta_m(a)\mid d$即$d\equiv0(\bmod \delta_m(a))$.

性质 3　$\delta_m(a)\mid\varphi(m),\delta_{2^l}(a)\mid2^{l-2},l\geqslant3$.

性质 4　若$(a,m)=1,a^k\equiv a^h(\bmod m)$，则$k\equiv h(\bmod \delta_m(a))$.

性质 5 若$(a,m)=1$，则$a^0,a^1,\cdots,a^{\delta_m(a)-1}$，这$\delta_m(a)$个数对模$m$两两不同余. 特别地，当$a$是模$m$的原根时，即$\delta_m(a)=\varphi(m)$时，这$\varphi(m)$个数是模$m$的一组既约剩余系.

性质 5 实际上就是 § 17 定理 6. 其他的证明留给读者. 下面来证明进一步的性质.

性质 6 设a^{-1}是a对模m的逆，即$a^{-1}a\equiv 1 \pmod m$. 我们有

$$\delta_m(a^{-1})=\delta_m(a).$$

证 这由$a^d\equiv 1 \pmod m$成立的充要条件是

$$(a^{-1})^d\equiv 1 \pmod m$$

立即推出.

性质 7 设k是非负整数，则有

$$\delta_m(a^k)=\frac{\delta_m(a)}{(\delta_m(a),k)}. \tag{3}$$

此外，在模m的一个既约剩余系中，至少有$\varphi(\delta_m(a))$个数对模m的指数等于$\delta_m(a)$.

证 记$\delta=\delta_m(a)$，$\delta'=\delta/(\delta,k)$，$\delta^*=\delta_m(a^k)$. 由定义知

$$a^{k\delta^*}\equiv 1 \pmod m,\quad a^{k\delta'}\equiv 1 \pmod m.$$

因而由性质 2 得$\delta\,|\,k\delta^*$，$\delta^*\,|\,\delta'$. 由前者推出

$$\delta'=\frac{\delta}{(\delta,k)}\,\Big|\,\frac{k}{(\delta,k)}\delta^*,$$

因而$\delta'\,|\,\delta^*$. 所以，$\delta^*=\delta'$，即式(3)成立. 当$(k,\delta_m(a))=1$时，$\delta_m(a^k)=\delta_m(a)$，由此及性质 5 就证明了后一部分结论.

性质 8 $\delta_m(ab)=\delta_m(a)\delta_m(b)$的充要条件是$(\delta_m(a),\delta_m(b))=1$.

证 设$\delta'=\delta_m(a)$，$\delta''=\delta_m(b)$，$\delta=\delta_m(ab)$，$\eta=[\delta_m(a),\delta_m(b)]$.

充分性 我们有$1\equiv(ab)^{\delta}\equiv(ab)^{\delta\delta''}\equiv a^{\delta\delta''} \pmod m$，所以，$\delta'\,|\,\delta\delta''$，由此及$(\delta',\delta'')=1$推出$\delta'\,|\,\delta$. 同样，有

$$1\equiv(ab)^{\delta}\equiv(ab)^{\delta\delta'}\equiv b^{\delta\delta'} \pmod m,$$

所以，$\delta''\,|\,\delta\delta'$，由此及$(\delta',\delta'')=1$，推出$\delta''\,|\,\delta$. 进而，由$\delta'\,|\,\delta$，$\delta''\,|\,\delta$及

$(\delta',\delta'')=1$ 推出 $\delta'\delta''|\delta$. 此外，显然有 $(ab)^{\delta'\delta''}\equiv 1(\bmod m)$，所以，$\delta|\delta'\delta''$. 因此 $\delta=\delta'\delta''$.

必要性 我们有 $(ab)^{\eta}\equiv 1(\bmod m)$，所以 $\delta|\eta$. 另一方面显然有 $\eta|\delta'\delta''$. 由此及 $\delta=\delta'\delta''$ 就推出 $\eta=\delta'\delta''$，即 $(\delta',\delta'')=1$. 证毕.

性质 9 (i) 若 $n|m$，则 $\delta_n(a)|\delta_m(a)$；

(ii) 若 $(m_1,m_2)=1$，则有

$$\delta_{m_1m_2}(a)=[\delta_{m_1}(a),\delta_{m_2}(a)]. \tag{4}$$

证 (i) 可由性质 2 直接推出. 由(i)即得 $\delta^*|\delta_{m_1m_2}(a)$，这里 $\delta^*=[\delta_{m_1}(a),\delta_{m_2}(a)]$. 另一方面，显然有 $a^{\delta^*}\equiv 1(\bmod m_j)$，$j=1,2$. 由此及 $(m_1,m_2)=1$ 推出 $a^{\delta^*}\equiv 1(\bmod m_1m_2)$. 因而由性质 2 推出 $\delta_{m_1m_2}(a)|\delta^*$. 所以式(4)成立. 证毕.

显见，式(4)可推广为：若 $m_1,\cdots,m_s$ 两两既约，$m=m_1\cdots m_s$，则

$$\delta_m(a)=[\delta_{m_1}(a),\cdots,\delta_{m_s}(a)]. \tag{5}$$

由此，及性质 3 立即推出：

$$\delta_m(a)|[\varphi(m_1),\cdots,\varphi(m_s)]. \tag{6}$$

特别地，当 $m=2^{\alpha_0}p_1^{\alpha_1}\cdots p_r^{\alpha_r}$，$p_j$ 是不同的奇素数，我们有

$$\delta_m(a)|[2^{c_0},\varphi(p_1^{\alpha_1}),\cdots,\varphi(p_r^{\alpha_r})]=\lambda(m), \tag{7}$$

其中

$$c_0=\begin{cases}0, & \alpha_0=0,1;\\ 1, & \alpha_0=2;\\ \alpha_0-2, & \alpha_0\geqslant 3.\end{cases} \tag{8}$$

此外，利用式(4)可计算指数. 例如，由例 1 和例 3 可得

$$\delta_{105}(-2)=[\delta_7(-2),\delta_{15}(-2)]=[6,4]=12.$$

性质 10 设 $(m_1,m_2)=1$. 那么，对任意的 a_1,a_2，必有 a 使得

$$\delta_{m_1m_2}(a)=[\delta_{m_1}(a_1),\delta_{m_2}(a_2)].$$

证 考虑同余方程组

$$x\equiv a_1(\bmod m_1),\quad x\equiv a_2(\bmod m_2).$$

由孙子定理（§21 定理 1）知，这同余方程组有唯一解：

$$x\equiv a \pmod{m_1m_2}.$$

显然有 $\delta_{m_1}(a)=\delta_{m_1}(a_1)$，$\delta_{m_2}(a)=\delta_{m_2}(a_2)$. 由此从性质 9 就推出所要结论.

对于模 m 来说，不一定有 $\delta_m(ab)=[\delta_m(a),\delta_m(b)]$成立. 例如，由例 2 知

$$\delta_{10}(3\cdot 3)=2\neq[\delta_{10}(3),\delta_{10}(3)]=4.$$

$$\delta_{10}(3\cdot 7)=1\neq[\delta_{10}(3),\delta_{10}(7)]=4.$$

但有

$$\delta_{10}(3\cdot 9)=4=[\delta_{10}(3),\delta_{10}(9)]=4.$$

$$\delta_{10}(7\cdot 9)=4=[\delta_{10}(7),\delta_{10}(9)]=4.$$

一般可证明以下结论.

性质 11 对任意的 a,b，一定存在 c，使得

$$\delta_m(c)=[\delta_m(a),\delta_m(b)].$$

证 设 $\delta'=\delta_m(a)$，$\delta''=\delta_m(b)$，$\eta=[\delta',\delta'']$. 一定可以把 δ'，δ'' 作这样的分解（为什么）：

$$\delta'=\tau'\eta',\quad \delta''=\tau''\eta'',$$

使得

$$(\eta',\eta'')=1,\quad \eta'\eta''=\eta.$$

由性质 7 知

$$\delta_m(a^{\tau'})=\eta',\quad \delta_m(b^{\tau''})=\eta''.$$

这样，由性质 8 推出

$$\delta_m(a^{\tau'}b^{\tau''})=\delta_m(a^{\tau'})\delta_m(b^{\tau''})=\eta'\eta''=\eta.$$

因此，取 $c=a^{\tau'}b^{\tau''}$就满足要求.

由式(7)可推出原根存在的必要条件.

性质 12 模 m 存在原根的必要条件是：

$$m=1,2,4,p^{\alpha},2p^{\alpha},\qquad (9)$$

其中 p 是奇素数.

证 当 m 不属于式(9)列出的情形时，必有

$$m=2^\alpha(\alpha\geqslant 3),\quad 2^\alpha p_1^{\alpha_1}\cdots p_r^{\alpha_r}(a\geqslant 2,r\geqslant 1),$$

或

$$2^\alpha p_1^{\alpha_1}\cdots p_r^{\alpha_r}(\alpha\geqslant 0,r\geqslant 2),\tag{10}$$

其中 p_j 为不同的奇素数，$\alpha_j\geqslant 1(1\leqslant j\leqslant r)$. 设 $\lambda(m)$ 由式(7)给出，容易验证，当 m 属于式(10)列出的任一情形时，必有

$$\lambda(m)<\varphi(m),\tag{11}$$

由此及式(7)知，这时模 m 没有原根.

下节将证明：当 m 由式(9)给出时，模 m 必有原根存在.

习题二十七

1. 设 $m=12,13,14,19,20,21$.

(i) 列出模 m 的指数表；

(ii) 如果模 m 有原根，找出模 m 的最小正剩余系中的所有原根，及模 m 的最小正原根；

(iii) 如果模 m 没有原根，找出模 m 的最小正剩余系中所有对模 m 的指数为最大的整数. 把这个最大的指数和 $\lambda(m)$（见 § 1 式(7)）的值相比较.

2. 求 $\delta_{41}(10),\delta_{43}(7),\delta_{55}(2),\delta_{65}(8),\delta_{91}(11),\delta_{69}(4),\delta_{231}(5)$.

3. 设 $\lambda(m)$ 由 § 27 式(7)给出. 证明：若 $(m,n)=1$，则 $\lambda(mn)=[\lambda(m),\lambda(n)]$.

4. 设 $m=37,43$. 求出模 m 的最小正剩余系中所有指数为 6 的整数.

5. 设 $m\geqslant 1,n\geqslant 1$，及 $(n,\varphi(m))=1$. 证明：当 x 遍历模 m 的既约剩余系时，x^n 也遍历模 m 的既约剩余系.

6. 设 p 为素数，$\delta_p(a)=3$. 证明：$\delta_p(1+a)=6$.

7. 若 $\delta_m(a)=m-1$，则 m 是素数.

8. 设 p 为素数，$\delta_p(a)=h$. 证明：

(i) 若 $2|h$，则 $a^{h/2}\equiv -1\pmod p$；

(ii) 若 $4|h$，则 $\delta_p(-a)=h$；

(iii) 若 $2|h, 4\nmid h$，则 $\delta_p(-a)=h/2$.

9. 设第 n 个 Fermat 数 $F_n=2^{2^n}+1$. 证明：

(i) $\delta_{F_n}(2)=2^{n+1}$；

(ii) 若素数 $p|F_n$，则 $\delta_p(2)=2^{n+1}$；

(iii) F_n 的素因数 $p\equiv 1 \pmod{2^{n+1}}$；

(iv) 若 F_n 是素数，$n>1$，则 2 一定不是 F_n 的原根；

(v) 若 F_n 是素数，则模 F_n 的任一二次非剩余必为 F_n 的原根；

(vi) 若 F_n 是素数，则 $\pm 3, \pm 7$ 都是原根.

10. 设 p, q 是素数，证明：

(i) 若 $q\equiv 1 \pmod 4$，$p=2q+1$，则 2 是模 p 的原根；

(ii) 若 $q\equiv -1 \pmod 4$，$p=2q+1$，则 -2 是模 p 的原根；

(iii) 若 $q\equiv 1 \pmod 2$，$q>3$，$p=2q+1$，则 -3，-4 都是模 p 的原根；

(iv) 若 $q\equiv 1 \pmod 2$，$p=4q+1$，则 2 是模 p 的原根；

(v) 分别对每种情形举出两个实例来验证结论.

11. 设 $m>1, c\geqslant 1, (a,m)=1$. 再设 $\delta_m(a^c)=d$. 试决定 $\delta_m(a)$ 的值所应满足的条件，及这种可能取到的值的个数.

12. 设 $m>1, (ab,m)=1$，及 $\lambda=(\delta_m(a),\delta_m(b))$. 证明：

(i) $\lambda^2\delta_m((ab)^\lambda)=\delta_m(a)\delta_m(b)$；

(ii) $\lambda^2\delta_m(ab)=(\delta_m(ab),\lambda)\delta_m(a)\delta_m(b)$.

13. 若模 m 有原根 g，则 $g^k, 1\leqslant k\leqslant \varphi(m), (k,\varphi(m))=1$ 是两两对模 m 不同余的模 m 的所有原根，个数为 $\varphi(\varphi(m))$.

14. 若模 m 有原根，$m\neq 3,4,6$，则模 m 的所有正原根 $g(1<g<m)$ 之积对模 m 同余于 1.

§28 原　　根

本节主要证明

定理 1 模 m 有原根的充要条件是

$$m=1,2,4,p^{\alpha},2p^{\alpha},$$

其中 p 是奇素数，$\alpha\geqslant 1$.

定理的必要性已由§27 性质 12 推出. 当 $m=1,2,4$ 时原根分别为 $1,1,-1$. 所以，定理归结为要证明 $m=p^{\alpha},2p^{\alpha}$ 时有原根. 下面分两个定理来证明这一结论.

定理 2 设 p 是素数，则模 p 必有原根. 事实上，对每一正整数 $d\mid p-1$，在模 p 的一个既约剩余系中恰有 $\varphi(d)$ 个数对模 p 的指数为 d.

证法一 由§27 性质 11 知，一定存在整数 g 使得

$$\delta_p(g)=[\delta_p(1),\delta_p(2),\cdots,\delta_p(p-1)]=\delta.$$

显见，$\delta\mid p-1$，及 $\delta_p(j)\mid\delta$，$j=1,2,\cdots,p-1$. 因而，同余方程

$$x^{\delta}-1\equiv 0(\bmod p)$$

有解 $x\equiv 1,2,\cdots,p-1(\bmod p)$. 由§25 定理 2 知：$p-1\leqslant\delta$. 所以，$\delta=p-1$. 这就说明了 g 是模 p 的原根. 由此及§27 性质 5 和 7(取 $a=g$)就可推出定理的后一部分结论(留给读者).

证法二 设 $d\mid p-1$，以 $\psi(d)$ 表示模 p 的一个既约剩余系中对模 p 的指数等于 d 的元素的个数，我们有

$$\sum_{d\mid p-1}\psi(d)=p-1. \tag{1}$$

对模 p 指数为 d 的数必满足同余方程

$$x^{d}-1\equiv 0(\bmod p). \tag{2}$$

显然有 $x^{d}-1\mid x^{p}-x=x(x^{p-1}-1)$，所以由§25 定理 5 知同余方

程(2)的解数为 d. 如果**存在** a 对模 p 的指数为 d,则由 §27 性质 5 知,(2)的全部解为

$$x\equiv a^0,a^1,\cdots,a^{d-1}(\bmod p). \tag{3}$$

而由 §27 性质 7 知,(3)中仅有 $a^j((j,d)=1,0\leqslant j\leqslant d-1)$对模 p 的指数为 d,即有 $\varphi(d)$个数对模 p 的指数为 d. 这样就证明了:

$$\psi(d)=\begin{cases}\varphi(d), & \text{存在 } a \text{ 对模 } p \text{ 的指数为 } d;\\ 0, & \text{不存在 } a \text{ 对模 } p \text{ 的指数为 } d.\end{cases} \tag{4}$$

由 §17 定理 3 知

$$\sum_{d\mid p-1}\varphi(d)=p-1.$$

由此及式(1)得

$$\sum_{d\mid p-1}(\varphi(d)-\psi(d))=0.$$

由此及式(4)就推出:对所有的 $d\mid p-1$ 必有

$$\psi(d)=\varphi(d). \tag{5}$$

特别地有

$$\psi(p-1)=\varphi(p-1). \tag{6}$$

这就证明了原根的存在性以及全部结论.

定理 3 设 p 为奇素数. 那么,对任意的 $\alpha\geqslant 1$,模 p^α 必有原根. 事实上,存在 $\widetilde{g}$ 使得对所有的 $\alpha\geqslant 1$,$\widetilde{g}$ 是模 p^α、模 $2p^\alpha$ 的公共的原根.

证 分以下几步来证.

(i) 若 g 是模 $p^{\alpha+1}(\alpha\geqslant 1)$的原根,则 g 一定是模 p^α 的原根. 设 $\delta=\delta_{p^\alpha}(g)$. 由 §27 性质 3 知 $\delta\mid\varphi(p^\alpha)$. 由

$$g^\delta\equiv 1(\bmod p^\alpha)$$

可推出(为什么)

$$g^{p\delta}\equiv 1(\bmod p^{\alpha+1}).$$

进而,从 §27 性质 2 及假设知

$$\varphi(p^{\alpha+1})=\delta_{p^{\alpha+1}}(g)\mid p\delta.$$

由于(见 §16 定理 8)

$$\varphi(p^k)=p^{k-1}(p-1),\quad k\geqslant 1,\tag{7}$$

从以上两式得 $\varphi(p^\alpha)\mid\delta$. 因此 $\delta=\varphi(p^\alpha)$. 这就证明了所要结论.

(ii) 若 g 是模 $p^\alpha(\alpha\geqslant 1)$的原根,则必有

$$\delta_{p^{\alpha+1}}(g)=\varphi(p^\alpha)\quad 或\quad \varphi(p^{\alpha+1}).$$

因由假设及 § 1 性质 9(i)知,$\varphi(p^\alpha)=\delta_{p^\alpha}(g)\mid\delta_{p^{\alpha+1}}(g)$. 而由 § 27 性质 3 知 $\delta_{p^{\alpha+1}}(g)\mid\varphi(p^{\alpha+1})$. 由此利用式(7)就推出所要结论.

(iii) 当 p 为奇素数时,若 g 是模 p 的原根,且有

$$g^{p-1}=1+rp,\quad p\nmid r,\tag{8}$$

则 g 是所有模 $p^\alpha(\alpha\geqslant 1)$的原根. 我们来证明:对 $\alpha\geqslant 1$ 有

$$g^{\varphi(p^\alpha)}=1+r(\alpha)p^\alpha,\quad p\nmid r(\alpha),\tag{9}$$

其中 $r(\alpha)$是一整数. 当 $\alpha=1$ 时,式(9)就是式(8),所以成立. 设式(9)对 $\alpha=n(\geqslant 1)$成立. 当 $\alpha=n+1$ 时,由归纳假设得

$$\begin{aligned}g^{\varphi(p^{n+1})}&=(1+r(n)p^n)^p\\&=1+r(n)p^{n+1}+\frac{1}{2}p(p-1)r^2(n)p^{2n}+\cdots\\&=1+r(n+1)p^{n+1},\end{aligned}$$

这里

$$r(n+1)\equiv r(n)+\frac{1}{2}(p-1)r^2(n)p^n(\bmod p).$$

由于 p 是奇数及 $p\nmid r(n)$,所以 $p\nmid r(n+1)$. 这就证明了式(9)对 $\alpha=n+1$成立. 因此,式(9)对任意的 $\alpha\geqslant 1$ 都成立. 由式(9)及(ii)就推出 g 是所有模 p^α 的原根.

(iv) 设 p 为奇素数,g'是模 p 的原根且为奇数(若 g'是偶数则以 $g'+p$ 代 g'). 那么

$$g=g'+tp,\quad t=0,1,\cdots,p-1,\tag{10}$$

都是模 p 的原根,且除了一个以外,都满足条件(8). 我们有

$$g^{p-1}=(g'+tp)^{p-1}=(g')^{p-1}+(p-1)(g')^{p-2}pt+Ap^2,$$

其中 A 为整数. 设$(g')^{p-1}=1+ap$,由上式得

$$g^{p-1}=1+((p-1)(g')^{p-2}t+a)p+Ap^2.$$

由于$(p,(p-1)g')=1$,所以,t 的一次同余方程

$$(p-1)(g')^{p-2}t+a\equiv 0(\bmod p)$$

的解数为1(§20 定理1).这就证明了所要的结论.由于 $t=0,1,\cdots,p-1$ 中至少有两个偶数及 g' 为奇,所以,总可取到模 p 的一个原根 g 为奇数且满足条件(8).我们把它记为 $\tilde{g}$.

(v) 由(iii)和(iv)立即推出 $\tilde{g}$ 是所有模 $p^{\alpha}(\alpha\geqslant 1)$ 的原根.由于 $\tilde{g}$ 为奇数,所以

$$(\tilde{g})^{d}\equiv 1(\bmod p^{\alpha})$$

与

$$(\tilde{g})^{d}\equiv 1(\bmod 2p^{\alpha})$$

等价.因此 $\delta_{2p^{\alpha}}(\tilde{g})=\delta_{p^{\alpha}}(\tilde{g})=\varphi(p^{\alpha})$,由此及 $\varphi(2p^{\alpha})=\varphi(p^{\alpha})$ 就推出 $\tilde{g}$ 是所有模 $2p^{\alpha}(\alpha\geqslant 1)$ 的原根.证毕.

由§27 性质12及定理2、定理3就完全证明了定理1.如何求原根是一个很困难的问题.首先要去求模 p 的原根,然后依照定理3证明中的方法去求模 p^{α} 及 $2p^{\alpha}$ 的原根,但求模 p 的原根没有一般的方法,只能对**具体**的素数 p 按原根的定义逐个数去试算.下面来举几个例.

例1 求 $p=23$ 的原根.

解 由于 a 对模 p 的指数必是 $p-1$ 的除数,所以为求出指数只要去计算 a^{d} 对模 p 的剩余,$d\mid p-1$.

这里 $p-1=22=2\cdot 11$,它的除数 $d=1,2,11,22$.先求 $a=2$ 对模23的指数:

$$2^{2}\equiv 4(\bmod 23),$$

$$2^{11}\equiv(2^{4})^{2}\cdot 2^{3}\equiv(-7)^{2}\cdot 8\equiv 3\cdot 8\equiv 1(\bmod 23).$$

所以 $\delta_{23}(2)=11$,2不是模23的原根.再求 $a=3$ 对模23的指数:

$$3^{2}\equiv 9(\bmod 23),\quad 3^{3}\equiv 4(\bmod 23),$$

$$3^{11}\equiv(3^{3})^{3}\cdot 3^{2}\equiv 4^{3}\cdot 9\equiv(-5)\cdot 9\equiv 1(\bmod 23).$$

所以,$\delta_{23}(3)=11$,3不是模23的原根.再求 $\delta_{23}(4)$.

$$4^{2}\equiv -7(\bmod 23),4^{11}\equiv(4^{4})^{2}\cdot 4^{3}\equiv 3^{2}\cdot(-5)\equiv 1(\bmod 23).$$

所以 $\delta_{23}(4)=11$，4 不是模 23 的原根. 再求 $\delta_{23}(5)$.

$$5^2\equiv 2(\bmod 23),$$

$$5^{11}\equiv(5^4)^2\cdot 5^3\equiv 4^2\cdot 10\equiv 4\cdot(-6)\equiv -1(\bmod 23).$$

$$5^{22}\equiv 1(\bmod 23).$$

所以，$\delta_{23}(5)=22$，5 是模 23 的原根，且是最小正原根.

为了进一步求出模 p^α，$2p^\alpha$ 的原根，就要验证式(8)当 $g=5$，$p=23$时是否成立. 这实际上就是**求 g^{p-1}对模 p^2 的剩余**. 这里 $23^2=529$.

$$5^2\equiv 25(\bmod 23^2),$$

$$5^8\equiv(23+2)^4\equiv 4\cdot 23\cdot 2^3+2^4\equiv 10\cdot 23-7(\bmod 23^2),$$

$$5^{10}\equiv(10\cdot 23-7)(23+2)\equiv 13\cdot 23-14$$

$$\equiv 12\cdot 23+9(\bmod 23^2),$$

$$5^{20}\equiv(12\cdot 23+9)^2\equiv 216\cdot 23+81\equiv 13\cdot 23-11(\bmod 23^2),$$

$$5^{22}\equiv(13\cdot 23-11)(23+2)\equiv 15\cdot 23-22$$

$$\equiv 1+14\cdot 23(\bmod 23^2).$$

由 $23\nmid 14$ 及 5 是奇数就证明了 5 是所有模 23^α，$2\cdot 23^\alpha$ 的原根.

例 2 求模 41 的原根.

解 $41-1=40=2^3\cdot 5$，除数 $d=1,2,4,8,5,10,20,40$. 依次来求 $a=2,3,\cdots$的指数.

$$2^2\equiv 4(\bmod 41),2^4\equiv 16(\bmod 41),2^5\equiv -9(\bmod 41),$$

$$2^{10}\equiv -1(\bmod 41),\quad 2^{20}\equiv 1(\bmod 41).$$

所以 $\delta_{41}(2)\mid 20$，由于 $d\mid 20$，$d<20$ 时，$2^d\not\equiv 1(\bmod 41)$，所以，$\delta_{41}(2)=20$. 2 不是原根.

$$3^2\equiv 9(\bmod 41),3^4\equiv -1(\bmod 81),3^8\equiv 1(\bmod 41).$$

同理可得 $\delta_{41}(3)=8$. 所以 3 也不是原根.

注意到$[\delta_{41}(2),\delta_{41}(3)]=[20,8]=40$. 所以我们不用依次计算 4,5,…的指数，而可利用 §1 性质 11 来求原根. 注意到

$$\delta_{41}(2)=4\cdot 5,\quad \delta_{41}(3)=1\cdot 8.$$

由性质 11 知 $c=2^4\cdot 3=48$ 是原根. 因此，7 也是模 41 的原根. 这

一求原根的方法实质上就是定理 2 的证法一,因此证法一在某些情形下是寻找原根的一种方法.

为求 $41^{\alpha}, 2\cdot 41^{\alpha}$ 的原根要计算 7^{40} 对模 $41^2=1681$ 的剩余.

$$7^2\equiv 41+8 \pmod{41^2},$$

$$7^4\equiv (41+8)^2\equiv 18(41-1) \pmod{41^2},$$

$$7^5\equiv 3\cdot(41+1)(41-1)\equiv -3 \pmod{41^2},$$

$$7^{10}\equiv 9 \pmod{41^2},\quad 7^{20}\equiv 81 (\bmod\ 41)^2,$$

$$7^{40}\equiv (2\cdot 41-1)^2\equiv 1+(-4)\cdot 41 \pmod{41^2}.$$

由 $41\nmid -4$,7 是奇数,就推出 7 是所有模 $41^{\alpha}, 2\cdot 41^{\alpha}$ 的原根.

例 3 求模 43 的原根.

解 $43-1=42=2\cdot 3\cdot 7$. 除数 $d=1,2,3,7,6,14,21,42$. 先求 2 的指数.

$$2^2\equiv 4 \pmod{43}, 2^3\equiv 8 \pmod{43}, 2^6\equiv 8^2\equiv 21 \pmod{43},$$

$$2^7\equiv -1 \pmod{43},\quad 2^{14}\equiv 1 \pmod{43}.$$

所以,$\delta_{43}(2)=14$. 再求 3 的指数.

$$3^2\equiv 9 \pmod{43},\quad 3^3\equiv -16 \pmod{43},$$

$$3^4\equiv -5 \pmod{43},\quad 3^6\equiv 9\cdot(-5)\equiv -2 \pmod{43},$$

$$3^7\equiv -6 \pmod{43},\quad 3^{14}\equiv 36\equiv -7 \pmod{43},$$

$$3^{21}\equiv -1 \pmod{43}.$$

所以 3 是模 43 的原根.

下面来求 3^{42} 对模 $43^2=1849$ 的剩余.

$$3^4\equiv 81\equiv 2\cdot 43-5 \pmod{43^2},$$

$$3^8\equiv (2\cdot 43-5)^2\equiv -5(4\cdot 43-5) \pmod{43^2},$$

$$3^{16}\equiv 5^2(3\cdot 43+25) \pmod{43^2},$$

$$3^{20}\equiv 5^2(3\cdot 43+25)(2\cdot 43-5)\equiv 5^2(35\cdot 43-125),$$

$$\equiv -5^2(11\cdot 43-4).$$

$$3^{21}\equiv -(2\cdot 43-11)(11\cdot 43-4)\equiv -44 \pmod{43^2},$$

$$3^{42}\equiv (43+1)^2\equiv 1+2\cdot 43 \pmod{43^2}.$$

由 $43\nmid 2$ 及 3 为奇数知 3 是所有模 $43^{\alpha}, 2\cdot 43^{\alpha}$ 的原根.

习题二十八

1. 试求模 11,13,17,19,31,37,53,71 的最小正原根.

2. 试求一个 g,它是模 p 的原根,但不是模 p^2 的原根:$p=5$,7,11,17,31.

3. 证明:10 是 487 的原根,但不是 487^2 的原根.

4. 试求一个 g,对所有的 $\alpha\geqslant 1$,它是 p^α,$2p^\alpha$ 的原根:

$$p=11,13,17,19,31,37,53,71.$$

5. 设 p 是素数,$k\geqslant 1$. 证明:

$$1^k+2^k+\cdots+(p-1)^k\equiv\begin{cases}0\pmod p, & p-1\nmid k;\\ -1\pmod p, & p-1\mid k.\end{cases}$$

6. 设素数 $p>2$,$p-1$ 的标准素因数分解式是 $q_1^{\beta_1}\cdots q_r^{\beta_r}$. 证明:

(i) 对任一 $j(1\leqslant j\leqslant r)$,存在 a_j 对模 p 的指数是 $q_j^{\beta_j}$(不能利用模 p 存在原根);

(ii) $a_1\cdots a_r$ 是模 p 的原根;

(iii) 举例说明如何用这一方法来构造模 23 的原根.

7. 求模 p 的所有原根 g,$1<g<p$:$p=19,31,37,53,71$.

8. 求模 $2p$ 的所有原根 g,$1<g<2p$:$p=19,31,37,53,71$.

9. 设 $\lambda(m)$ 由 §27 式(7)给出. 证明:一定存在 a,使 $\delta_m(a)=\lambda(m)$,且至少有 $\varphi(\lambda(m))$ 个两两对模 m 不同余的 a 有这性质.

§ 29 二项同余方程

设 $n \geqslant 2$. 我们把同余方程 $x^n \equiv a \pmod{m}$ 称为模 m 的**二项同余方程**. 我们已经不止一次地讨论过这种类型的同余方程. 由同余方程理论知,它可归结为讨论 $m = p^\alpha$, p 为奇素数,及 $m = 2^\alpha$ 这两种情形,且$(a,m)=1$(为什么). 利用原根及模 2^α 的既约剩余系的结构,这可以归结为解一次同余方程. 本节就是要讨论这一问题,所有结论的证明都是利用指数与原根性质,是一个很好的练习,所以只列出结论,而证明全部留给读者(详细证明见[8,第五章,§ 3, § 4]).

指标的概念与性质

当模 m 有原根 g 时,它的既约剩余系可表为

$$g^0 = 1, g^1, \cdots, g^{\varphi(m)-1}. \tag{1}$$

也就是说,对任一 a, $(a,m)=1$,必可唯一地表为:

$$a \equiv g^\gamma \pmod{m}, \quad 0 \leqslant \gamma < \varphi(m). \tag{2}$$

这表明当 m 有原根时,通过取定原根 g,模 m 的既约剩余系与模 $\varphi(m)$ 的完全剩余系之间可建立一一对应的关系,这种对应由式(2)给出.

§ 17 定理 7 证明了:通过取定 g_0(例如 $g_0=5$),当 $\delta_{2^\alpha}(g_0) = 2^{\alpha-2}$时,模 $m = 2^\alpha(\alpha \geqslant 3)$的既约剩余系可表为:

$$\pm g_0^0 = \pm 1, \pm g_0^1, \cdots, \pm g_0^{2^{\alpha-2}-1}. \tag{3}$$

也就是说,对任一 a, $(a,2)=1$,必可唯一地表为:

$$a \equiv (-1)^{\gamma^{(-1)}} g_0^{\gamma^{(0)}} \pmod{2^\alpha}, \tag{4}$$

$$0 \leqslant \gamma^{(-1)} < 2, \quad 0 \leqslant \gamma^{(0)} < 2^{\alpha-2}.$$

这表明模 $2^\alpha(\alpha \geqslant 3)$的既约剩余系,通过$-1$ 和 g_0,同模 2 的完全剩

余系和模 $2^{\alpha-2}$的完全剩余系构成的数对$\{\gamma^{(-1)},\gamma^{(0)}\}$之间可建立一一对应的关系，这种对应由式(4)给出. 这类表示形式的优点在于：就对模 m 既约的数来说，它们对模 m 的乘法运算可转化为方幂数的加法运算. 所以，这种表示形式在理论与应用上都是有用的. 为此就要研究这种表示形式的基本性质.

定义 1 设模 m 有原根 g，$(a,m)=1$. 我们把表示式(2)中的 γ 称为是 **a 对模 m 的以 g 为底的指标**，记作 $\gamma_{m,g}(a)$，当不会混淆时简记作 $\gamma_g(a)$或 $\gamma(a)$.

定义 2 设 $\alpha\geqslant 3$，$(a,2)=1$. 我们把表示式(4)中的 $\gamma^{(-1)}$，$\gamma^{(0)}$ 称为是 **a 对模 2^α 的以 -1，g_0 为底的指标组**，记作 $\gamma^{(-1)}_{\alpha;-1,g_0}(a)$，$\gamma^{(0)}_{\alpha;-1,g_0}(a)$，当不会混淆时简记作

$$\gamma^{(-1)}_{g_0}(a),\gamma^{(0)}_{g_0}(a)\text{或}\gamma^{(-1)}(a),\gamma^{(0)}(a).$$

关于指标 $\gamma_{m,g}(a)$有以下性质.

性质 1 设 g 是模 m 的原根，$(a,m)=1$. 若

$$g^h\equiv a(\mathrm{mod}\ m),$$

则有 $h\equiv\gamma_{m,g}(a)(\mathrm{mod}\ \varphi(m))$，且反过来也成立.

性质 2 设 g 是模 m 的原根，$(ab,m)=1$，则有

$$\gamma_{m,g}(ab)\equiv\gamma_{m,g}(a)+\gamma_{m,g}(b)(\mathrm{mod}\ \varphi(m)). \tag{5}$$

性质 3 设 g，$\tilde{g}$ 是模 m 的两个不同的原根，$(a,m)=1$. 我们有

$$\gamma_{m,\tilde{g}}(a)\equiv\gamma_{m,\tilde{g}}(g)\cdot\gamma_{m,g}(a)(\mathrm{mod}\ \varphi(m)). \tag{6}$$

特别地，在式(6)中取 $a=\tilde{g}$，即得

$$\gamma_{m,\tilde{g}}(g)\cdot\gamma_{m,g}(\tilde{g})\equiv 1(\mathrm{mod}\ \varphi(m)). \tag{7}$$

性质 3 刻画了对不同原根的指标之间的关系. 以上性质表明：通常对数的运算规则，对指标的运算(在模 $\varphi(m)$的意义下)也成立. 式(6)就相当于对数的换底公式. 关于指标与指数的关系有下面的结论.

性质 4 设 g 是模 m 的原根，$(a,m)=1$. 我们有

$$\delta_m(a)=\varphi(m)/(\gamma_{m,g}(a),\varphi(m)). \tag{8}$$

由此推出，当 m 有原根时，对每个正除数 $d\mid\varphi(m)$，在模 m 的一个既约剩余系中，恰有 $\varphi(d)$ 个元素对模 m 的指数等于 d. 特别地，恰有 $\varphi(\varphi(m))$ 的原根.

由性质 4 知，当模 m 有原根时，对任一 $d\mid\varphi(m)$，指数为 d 的 $\varphi(d)$ 个数是

$$g^{t\varphi(m)/d},\quad 0\leqslant t<d,\quad (t,d)=1. \tag{9}$$

特别地，$\varphi(\varphi(m))$ 个原根是

$$g^{t},\quad 0\leqslant t<\varphi(m),\quad (t,\varphi(m))=1. \tag{10}$$

当已知模 m 的一个原根 g 时，我们通过依次计算式(1)中的 $g^j(0\leqslant j<\varphi(m))$ 对模 m 的绝对最小剩余或最小正剩余，就可得到模 m 的绝对最小既约剩余系或最小既约正剩余系的每个元素的指标，由此从式(8)得到指数. 把所得到的这些结果，按指标的大小顺序或既约剩余系的大小顺序来列表. 这种表(通常称为**指标表**)可供具体应用时查用，是十分方便的. 下面来举几个例.

例 1 构造模 23 以原根 5 为底的指标表.

由 § 28 例 1 知，5 是模 23 的原根，$\varphi(23)=22$. 先按指标的次序来列表 1，因为依次计算 5^j 对模 23 的绝对最小剩余比较容易.

表 1

$\gamma_{23,5}(a)$	0	1	2	3	4	5	6	7	8	9	10
a	1	5	2	10	4	−3	8	−6	−7	11	9
$\delta_{23}(a)$	1	22	11	22	11	22	11	22	11	22	11

续表 1

$\gamma_{23,5}(a)$	11	12	13	14	15	16	17	18	19	20	21
a	−1	−5	−2	−10	−4	3	−8	6	7	−11	−9
$\delta_{23}(a)$	2	11	22	11	22	11	22	11	22	11	22

按照绝对最小既约剩余系的大小次序来排，指标表 1 就变为表 2.

表 2

a	-11	-10	-9	-8	-7	-6	-5	-4	-3	-2	-1
$\gamma_{23,5}(a)$	20	14	21	17	8	7	12	15	5	13	11
$\delta_{23}(a)$	11	11	22	22	11	22	11	22	22	22	2

续表 2

a	1	2	3	4	5	6	7	8	9	10	11
$\gamma_{23,5}(a)$	0	2	16	4	1	18	19	6	10	3	9
$\delta_{23}(a)$	1	11	11	11	22	11	22	11	11	22	22

由表知,模 23 的原根(即指数等于 22 的元素)有 10 个,它们是:

$$-9,-8,-6,-4,-3,-2,5,7,10,11. \tag{11}$$

指数为 11 的元素有 10 个,它们是:

$$-11,-10,-7,-5,2,3,4,6,8,9. \tag{12}$$

指数为 2 的元素有一个:-1. 指数为 1 的有一个:1.

关于模 $m=2^\alpha(\alpha\geqslant 3)$的指标组 $\gamma^{(-1)}_{\alpha;-1,g_0}(a)$,$\gamma^{(0)}_{\alpha;-1,g_0}(a)$,我们仅讨论 $g_0=5$ 的情形,并把它们简记作 $\gamma^{(-1)}(a)$,$\gamma^{(0)}(a)$.

性质 5 若 $a\equiv(-1)^j5^h(\bmod 2^\alpha)$,则有

$$j\equiv\gamma^{(-1)}(a)\equiv(a-1)/2(\bmod 2), \tag{13}$$

及

$$h\equiv\gamma^{(0)}(a)(\bmod 2^{\alpha-2}). \tag{14}$$

性质 6 设$(ab,2)=1$. 我们有

$$\gamma^{(-1)}(ab)\equiv\gamma^{(-1)}(a)+\gamma^{(-1)}(b)(\bmod 2), \tag{15}$$

及

$$\gamma^{(0)}(ab)\equiv\gamma^{(0)}(a)+\gamma^{(0)}(b)(\bmod 2^{\alpha-2}). \tag{16}$$

性质 7 设$(a,2)=1$. 我们有

$$\delta_{2^\alpha}(a)=\begin{cases}2^{\alpha-2}/(\gamma^{(0)}(a),2^{\alpha-2}), & 0<\gamma^{(0)}(a)<2^{\alpha-2};\\ 2/(\gamma^{(-1)}(a),2), & \gamma^{(0)}(a)=0.\end{cases} \tag{17}$$

性质 8 设 $\alpha\geqslant 3$. $1\leqslant d\mid 2^{\alpha-2}$,以及 $\psi(d)$记在模 2^α 的一个既约

剩余系中指数为 d 的元素个数. 我们有

$$\psi(d)=\begin{cases}1, & d=1; \\ 3, & d=2; \\ 2\varphi(d), & 2<d \mid 2^{\alpha-2}.\end{cases} \tag{18}$$

类似于有原根时模 m 的指标表,我们可以来列出模 $2^{\alpha}(\alpha\geqslant 3)$ 的指标组表,其中的指数 $\delta(a)=\delta_{2^{\alpha}}(a)$ 由式(17)推出.

例 2 构造模 $2^6=64$ 的指标组表($\alpha=6$).

表 3

$\gamma^{(-1)}(a)$	0	0	0	0	0	0	0	0	0	0	0	0	0	0	0	0
$\gamma^{(0)}(a)$	0	1	2	3	4	5	6	7	8	9	10	11	12	13	14	15
a	1	5	25	-3	-15	-11	9	-19	-31	-27	-7	29	17	21	-23	13
$\delta(a)$	1	2^4	2^3	2^4	2^2	2^4	2^3	2^4	2	2^4	2^3	2^4	2^2	2^4	2^3	2^4

续表 3

$\gamma^{(-1)}(a)$	1	1	1	1	1	1	1	1	1	1	1	1	1	1	1	1
$\gamma^{(0)}(a)$	0	1	2	3	4	5	6	7	8	9	10	11	12	13	14	15
a	-1	-5	-25	3	15	11	-9	19	31	27	7	-29	-17	-21	23	-13
$\delta(a)$	2	2^4	2^3	2^4	2^2	2^4	2^3	2^4	2	2^4	2^3	2^4	2^2	2^4	2^3	2^4

表 3 是按照指标 $\gamma^{(0)}(a)$的大小次序,分别 $\gamma^{(-1)}(a)=0$,$\gamma^{(-1)}(a)=1$ 来排列的. 由此可得到按模 2^6 的绝对最小剩余系排列的指标表(见表 4).

表 4

$\gamma^{(-1)}(a)$	0	1	0	1	0	1	0	1
$\gamma^{(0)}(a)$	8	11	-9	2	14	13	7	12
a	-31	-29	-27	-25	-23	-21	-19	-17
$\delta(a)$	2	2^4	2^4	2^3	2^3	2^4	2^4	2^2

续表 4

$\gamma^{(-1)}(a)$	0	1	0	1	0	1	0	1
$\gamma^{(0)}(a)$	4	15	5	6	10	1	3	0
a	-15	-13	-11	-9	-7	-5	-3	-1
$\delta(a)$	2^2	2^4	2^4	2^3	2^3	2^4	2^4	2

续表 4

$\gamma^{(-1)}(a)$	0	1	0	1	0	1	0	1	0	1	0	1	0	1	0	1
$\gamma^{(0)}(a)$	0	3	1	10	6	5	15	4	12	7	13	14	2	9	11	8
a	1	3	5	7	9	11	13	15	17	19	21	23	25	27	29	31
$\delta(a)$	1	2^4	2^4	2^3	2^3	2^4	2^4	2^2	2^2	2^4	2^4	2^3	2^3	2^4	2^4	2

当 $\alpha\leqslant2$ 时,模 2^α 有原根,它的既约剩余系可由式(1)的形式给出;当 $\alpha\geqslant3$ 时,模 2^α 没有原根,它的既约剩余系可由式(4)(我们总取定 $g_0=5$)给出. 为了叙述方便,我们把这两种情形统一起来. 设

$$c_{-1}(\alpha)=c_{-1}=\begin{cases}1, & \alpha=1,\\ 2, & \alpha\geqslant2;\end{cases}\quad c_0(\alpha)=c_0=\begin{cases}1, & \alpha=1,\\ 2^{\alpha-2}, & \alpha\geqslant2.\end{cases}\tag{19}$$

那么,当 $\alpha\geqslant1$ 时,

$$(-1)^{\gamma^{(-1)}}5^{\gamma^{(0)}},\quad 0\leqslant\gamma^{(-1)}<c_{-1},0\leqslant\gamma^{(0)}<c_0\tag{20}$$

是模 2^α 的一组既约剩余系,这一结论对 $\alpha=1,2$ 很容易直接验证,当 $\alpha\geqslant3$ 时,这就是式(3)($g_0=5$). 无论何种情形,当

$$a\equiv(-1)^{\gamma^{(-1)}}5^{\gamma^{(0)}}\pmod{2^\alpha}$$

时,我们都把$\{\gamma^{(-1)},\gamma^{(0)}\}$称为对模 2^α 的指标组. 显见,$\alpha=1,2$ 时必有 $\gamma^{(0)}=0$.

现在我们来讨论二项同余方程.

定义 3 设 $m\geqslant2,(a,m)=1,n\geqslant2$. 如果二项同余方程

$$x^n\equiv a\pmod m,\tag{21}$$

就称 a 是**模 m 的 n 次剩余**;如果无解,就称为是**模 m 的 n 次非剩余**.

定理 1 设 $m\geqslant2,(a,m)=1$,及模 m 有原根 g. 那么,同余方程(21)有解,即 a 是模 m 的 n 次剩余的充要条件是

$$(n,\varphi(m))\mid\gamma(a),\tag{22}$$

这里 $\gamma(a)=\gamma_{m,g}(a)$是 a 对模 m 的以 g 为底的指标. 此外,有解时(21)恰有$(n,\varphi(m))$个解.

因为同余方程(21)的解 x，必满足 $(x,m)=1$，所以可设

$$x\equiv g^y(\bmod m). \tag{23}$$

这样，(21)就等价于 y 的一次同余方程

$$ny\equiv\gamma(a)(\bmod \varphi(m)). \tag{24}$$

定理1给出了当模 m 有原根时具体求解方程(1)($(a,m)=1$)的方法：(i) 利用指标表找出 a 的指标 $\gamma(a)$；(ii) 解同余方程(24)；(iii) 若(24)有解，则对每个解 $y(\bmod \varphi(m))$ 利用指标表找出 x 满足式(23)。这样得到的所有的 $x(\bmod m)$ 就是(21)的全部解.

例3 解同余方程 $x^8\equiv 41(\bmod 23)$.

解 由§28例1知，5是模23的原根. $41\equiv-5(\bmod 23)$，从例1的表2中找出 $\gamma_{23,5}(41)=12$. 所以，要解同余方程

$$8y\equiv 12(\bmod 22).$$

由于 $(8,22)=2|12$，所以上述同余方程有解，解数为2. 容易看出，它的两个解是

$$y\equiv-4,7(\bmod 22).$$

从例1的表1中找出指标为18($18\equiv-4(\bmod 22)$)的数是6；指标为7的数是-6. 所以原方程的全部解为

$$x\equiv-6,6(\bmod 23).$$

定理2 设模 m 有原根，$n\geqslant 2$. 那么，在模 m 的一个既约剩余系中，模 m 的 n 次剩余恰有 $\varphi(m)/(n,\varphi(m))$ 个.

例如，模23的8次剩余有11个，它们是

$$a\equiv 5^{2t}(\bmod 23),\quad 0\leqslant t<11,$$

由例1的表1可查出

$$a\equiv 1,2,4,8,-7,9,-5,-10,3,6,-11(\bmod 23). \tag{25}$$

定理3 设模 m 有原根，$n\geqslant 2$. 那么，a 是模 m 的 n 次剩余，即二项同余方程($(a,m)=1$)有解的充要条件是

$$a^{\varphi(m)/(n,\varphi(m))}\equiv 1(\bmod m), \tag{26}$$

即有

$$\delta_m(a) \left| \frac{\varphi(m)}{(n,\varphi(m))} \right. \tag{27}$$

成立，且有解时有$(n,\varphi(m))$个解.

当 $m=23,n=8$ 时，$\varphi(23)/(8,\varphi(23))=11$. 由例 1 的表 1 知，满足 $\delta_{23}(a)|11$ 的全体 a 正好是由式(25)给出.

下面来讨论 $m=2^\alpha(\alpha\geqslant 3)$的情形.

定理 4 设 $m=2^\alpha,\alpha\geqslant 3,2\nmid a$，以及 a 对模 2^α 的以$-1,5$为底的指标组是 $\gamma^{(-1)}(a),\gamma^{(0)}(a)$. 那么，$a$ 是模 2^α 的 n 次剩余，即二项同余方程(21)有解的充要条件是

$$(n,2)\,|\,\gamma^{(-1)}(a),\ (n,2^{\alpha-2})\,|\,\gamma^{(0)}(a), \tag{28}$$

且有解时恰有$(n,2)\cdot(n,2^{\alpha-2})$个解. 也就是说，当 $2\nmid n$ 时，总有解且恰有一解；当 $2|n$ 时，若有解则有 $2\cdot(n,2^{\alpha-2})$个解.

为证定理 4，类似于式(23)，设

$$x\equiv(-1)^u5^v(\bmod 2^\alpha). \tag{29}$$

这样，同余方程(21)$(m=2^\alpha)$就等价于同余方程组

$$\begin{cases} nu\equiv\gamma^{(-1)}(a)(\bmod 2), \\ nv\equiv\gamma^{(0)}(a)(\bmod 2^{\alpha-2}). \end{cases} \tag{30}$$

例 4 解同余方程 $x^{12}\equiv 17(\bmod 2^6)$.

解 由例 2 的表 4 查得 17 的指标组是 $\gamma^{(-1)}(17)=0,\gamma^{(0)}(17)=12$. 因此，要解两个一次同余方程：

$$12u\equiv 0(\bmod 2),\quad 0\leqslant u<1.$$

$$12v\equiv 12(\bmod 2^4),\quad 0\leqslant v<2^4.$$

易知，$u=0,1;v=1,5,9,13$. 这样，由式(29)就给出 x 的 8 个解，查例 2 的表 3 得到这 8 个解是

$$x\equiv 5,-11,-27,21,-5,11,27,-21(\bmod 2^6).$$

例 5 解同余方程 $x^{11}\equiv 27(\bmod 2^6)$.

解 查例 2 的表 4 得 $\gamma^{(-1)}(27)=1,\gamma^{(0)}(27)=9$. 因此，要解两个一次同余方程

$$11u\equiv 1(\bmod 2),\quad 0\leqslant u<1.$$

$$11v\equiv 9 \pmod{2^4},\quad 0\leqslant v<2^4.$$
容易解得 $u=1, v=11$. 这样，由式(29)给出的 x 就是原方程的解. 查例 2 的表 3 得到解 $x\equiv -29 \pmod{2^6}$.

定理 5 设 $m=2^\alpha, \alpha\geqslant 3$. 那么，当 $2\nmid n$ 时模 2^α 的一个既约剩余系中的全部元素都是模 2^α 的 n 次剩余；当 $2|n$ 时，模 2^α 的一个既约剩余系中有 $2^{\alpha-2}/(n,2^{\alpha-2})$ 个元素是模 2^α 的 n 次剩余.

例如，模 2^6 的 12 次剩余 a 的指标组应满足
$$(12,2)=2|\gamma^{(-1)}(a),\quad (12,2^4)=4|\gamma^{(0)}(a).$$
因此，有 $\gamma^{(-1)}(a)=0$；$\gamma^{(0)}(a)=0,4,8,12$. 查例 2 的表 3 得模 2^6 的 12 次剩余有四个，它们是：
$$a\equiv 1,-15,-31,17 \pmod{2^6}. \tag{31}$$

定理 6 设 $m=2^\alpha, \alpha\geqslant 3, 2|n$, 及 $2^\lambda=(n,2^{\alpha-2})$. 那么，$a$ 是模 2^α 的 n 次剩余，即二项同余方程(21)有解的充要条件是
$$a\equiv 1 \pmod{2^{\lambda+2}}. \tag{32}$$

由定理 6 知，模 2^6 的 12 次剩余 a 应是
$$a\equiv 1 \pmod{2^4},$$
因为 $2^\lambda=(12,2^4)=2^2, \lambda=2$. 这和式(31)得到的结果相同.

利用指数与指标组之间的关系(性质 5,7)，像证明定理 3 一样，从定理 4 可以推出：

定理 7 设 $m=2^\alpha, \alpha\geqslant 3, 2\nmid a$. 那么，$a$ 是模 2^α 的 n 次剩余，即二项同余方程(1)有解的充要条件是：
$$(a-1)/2\equiv 0 \pmod{(n,2)},\quad \delta_{2^\alpha}(a)\,|\,2^{\alpha-2}/(n,2^{\alpha-2}). \tag{33}$$
也就是条件：
$$(a-1)/2\equiv 0 \pmod{(n,2)},\ a^{2^{\alpha-2}/(n,2^{\alpha-2})}\equiv 1 \pmod{2^\alpha}. \tag{34}$$
定理 7 也可以从定理 6 推出.

习题二十九

1. 利用指标表解以下同余方程：

(i) $3x^6\equiv 5 \pmod 7$；　(ii) $x^{12}\equiv 16 \pmod{17}$；

(iii) $x^{15} \equiv 14 \pmod{41}$；　(iv) $3^x \equiv 2 \pmod{23}$.

2. 对哪些整数 b，同余方程 $7x^8 \equiv b \pmod{41}$ 可解？

3. 设素数 $p>2$. 证明：同余方程 $x^4 \equiv -1 \pmod{p}$ 有解的充要条件是 $p \equiv 1 \pmod{8}$. 由此推出形如 $p \equiv 1 \pmod{8}$ 的素数有无穷多个.

4. 解同余方程：

(i) $x^6 \equiv -15 \pmod{64}$；　(ii) $x^{12} \equiv 7 \pmod{128}$.

5. 解同余方程：

(i) $3x^6 \equiv 7 \pmod{2^5 \cdot 31}$；　(ii) $5x^4 \equiv 3 \pmod{2^5 \cdot 23 \cdot 19}$.

6. 利用原根求出以下模 m 的全部 3 次、4 次剩余：

$$m = 13, 17, 19, 23, 41, 43, 17^2, 23^2, 41^2, 43^2.$$

7. 若素数 $p \equiv 5 \pmod{8}$，则同余方程 $x^4 \equiv -1 \pmod{p}$ 无解.

8. 设 p 是素数，证明：同余方程 $x^8 \equiv 16 \pmod{p}$ 一定有解.

9. 证明：2 是模 73 的 8 次剩余.

10. 设素数 $p \equiv 3 \pmod{4}$. 证明：a 是模 p 的 4 次剩余的充要条件是 $\left(\frac{a}{p}\right) = 1$，即 a 是模 p 的 2 次剩余. 求解同余方程

$$x^4 \equiv 3 \pmod{11}.$$

§30　$x_1^2+x_2^2+x_3^2+x_4^2=n$

这两节应用同余理论讨论两个基本的、重要的不定方程：§30 中的 $x_1^2+x_2^2+x_3^2+x_4^2=n$ 和 §31 中的 $x^2+y^2=n$，并求出了它的解数公式．从讨论可以看出，如果不用同余理论，而直接利用整除性质（像 §8 和 §9 所做的那样）去研究这些不定方程，那么不是不可能的话，也是极为复杂困难的．

本节要证明以下结论：

定理 1　每个正整数一定可表为四个平方数之和，即对任意的 $n\geqslant 1$，不定方程

$$x_1^2+x_2^2+x_3^2+x_4^2=n \tag{1}$$

有解．

容易直接验证下面的恒等式成立：

$$\begin{aligned}(a_1^2&+a_2^2+a_3^2+a_4^2)(b_1^2+b_2^2+b_3^2+b_4^2)\\ &=(a_1b_1+a_2b_2+a_3b_3+a_4b_4)^2+(a_1b_2-a_2b_1+a_3b_4-a_4b_3)^2\\ &\quad+(a_1b_3-a_3b_1+a_4b_2-a_2b_4)^2+(a_1b_4-a_4b_1+a_2b_3-a_3b_2)^2.\end{aligned} \tag{2}$$

由此推出：若两个整数都可表为四个平方数之和，那么它们的乘积也一定是四个平方数之和．由于 $1=1^2+0^2+0^2+0^2$，所以定理 1 等价于下面的

定理 2　每个素数 p 一定可表为四个平方数之和，即当 $n=p$ 时不定方程(1)有解．

由于 $2=1^2+1^2+0^2+0^2$，所以为证定理 2 可以假定 $p>2$．先来证明两个引理．

引理 3　设素数 $p>2$．同余方程

$$\begin{cases} x^2+y^2+1\equiv 0 \pmod p, \\ 0\leqslant x, \quad y\leqslant (p-1)/2 \end{cases}$$

有解.

证 容易看出,以下$(p+1)/2$个数对模p两两不同余:

$$a^2, \quad a=0,1,\cdots,(p-1)/2.$$

同样,以下$(p+1)/2$个数也对模p两两不同余:

$$-b^2-1, \quad b=0,1,\cdots,(p-1)/2.$$

但在这总共$p+1$个数中必有两个数对模p同余,因此,一定有一个$a_0^2(0\leqslant a_0\leqslant(p-1)/2)$和一个$-b_0^2-1(0\leqslant b_0\leqslant(p-1)/2)$对模$p$同余.取$x=a_0,y=b_0$就证明了引理.

引理 4 设素数$p>2$.一定存在整数x_0,y_0及$m_0,1\leqslant m_0<p$,使得

$$m_0p=1+x_0^2+y_0^2.$$

证 取x_0,y_0是引理3中的同余方程的解.我们有

$$x_0^2+y_0^2+1=m_0p, \quad m_0\geqslant 1.$$

但另一方面

$$x_0^2+y_0^2+1\leqslant\left(\frac{p-1}{2}\right)^2+\left(\frac{p-1}{2}\right)^2+1$$

$$=p^2/2-p+3/2<p^2/2.$$

由以上两式得$1\leqslant m_0<p/2$.证毕.

定理 2 的证明 设$p>2$.由引理4知必有正整数$m_0<p$,及整数x_1,x_2,x_3,x_4使得

$$m_0p=x_1^2+x_2^2+x_3^2+x_4^2. \tag{3}$$

设m_0是所有使式(3)成立的这种数中的最小的.我们来证明必有$m_0=1$.分以下几步来证.

(i) 必有$(x_1,x_2,x_3,x_4)=1$.若不然,有素数$q\mid(x_1,x_2,x_3,x_4)$.由此及式(3)知$q^2\mid m_0p$.一定有$q\neq p$.若不然,由$q=p$推出$p\mid m_0$,这和$1\leqslant m_0<p$矛盾.因而有$q^2\mid m_0$,所以得

$$\left(\frac{m_0}{q^2}\right)p=\left(\frac{x_1}{q}\right)^2+\left(\frac{x_2}{q}\right)^2+\left(\frac{x_3}{q}\right)^2+\left(\frac{x_4}{q}\right)^2.$$

但这和 m_0 的最小性矛盾.

(ii) m_0 一定是奇数. 若 m_0 是偶数,则 x_1,x_2,x_3,x_4 中的奇数的个数必为偶数个(包括没有奇数的情形). 所以可假定 $2\mid x_1+x_2$, $2\mid x_3+x_4$. 由此及式(3)就推出

$$\frac{m_0}{2}p=\left(\frac{x_1+x_2}{2}\right)^2+\left(\frac{x_1-x_2}{2}\right)^2+\left(\frac{x_3+x_4}{2}\right)^2+\left(\frac{x_3-x_4}{2}\right)^2.$$

这又和 m_0 的最小性矛盾.

(iii) 必有 $m_0=1$. 若不然,设 $m_0>1$,由(i)知 $m_0\nmid(x_1,x_2,x_3,x_4)$. 现取(注意 m_0 是奇数)

$$y_j\equiv x_j(\bmod m_0),\ |y_j|<m_0/2,\ j=1,2,3,4. \tag{4}$$

我们有 $y_1^2+y_2^2+y_3^2+y_4^2<m_0^2$ 及

$$y_1^2+y_2^2+y_3^2+y_4^2\equiv x_1^2+x_2^2+x_3^2+x_4^2\equiv 0(\bmod m_0).$$

所以有

$$y_1^2+y_2^2+y_3^2+y_4^2=m_1m_0,\quad 0\leqslant m_1<m_0. \tag{5}$$

我们来证明 $m_1\neq 0$. 若 $m_1=0$,则 $y_1=y_2=y_3=y_4=0$. 由此及式(4)得 $m_0\mid x_j$, $j=1,2,3,4$,但这和 $m_0\nmid(x_1,x_2,x_3,x_4)$矛盾(因为假设 $m_0>1$).

在式(2)中取 $a_j=x_j,b_j=y_j,j=1,2,3,4$,由式(3)及(5)得

$$u_1^2+u_2^2+u_3^2+u_4^2=m_1m_0^2p,\quad 1\leqslant m_1<m_0, \tag{6}$$

其中

$$u_1=x_1y_1+x_2y_2+x_3y_3+x_4y_4,\ u_2=x_1y_2-x_2y_1+x_3y_4-x_4y_3,$$
$$u_3=x_1y_3-x_3y_1+x_4y_2-x_2y_4,\ u_4=x_1y_4-x_4y_1+x_2y_3-x_3y_2.$$

由式(4)及式(3)得

$$u_1\equiv x_1^2+x_2^2+x_3^2+x_4^2\equiv 0(\bmod m_0).$$

由式(4)得 $x_iy_j\equiv x_jy_i(\bmod m_0)$, $1\leqslant i,j\leqslant 4$,因而有

$$u_2\equiv u_3\equiv u_4\equiv 0(\bmod m_0).$$

由以上两式及式(6)得到

$$(u_1/m_0)^2+(u_2/m_0)^2+(u_3/m_0)^2+(u_4/m_0)^2=m_1p_1, 1\leqslant m_1<m_0.$$

这和 m_0 的最小性矛盾. 所以 $m_0=1$. 定理证毕.

定理 1 和定理 2 中的“四”是不能改进的,这可由下面的结论看出.

定理 5 当 n 是形如 $4^\alpha(8k+7)(\alpha\geqslant 0, k\geqslant 0)$ 的正整数时, n 不能表为三个整数的平方和.

证 对任意整数 x 有

$$x^2\equiv 0,1 \text{ 或 } 4(\bmod 8). \tag{7}$$

因此,对任意整数 x_1, x_2, x_3 必有

$$x_1^2+x_2^2+x_3^2\not\equiv 7(\bmod 8).$$

由此推出, n 是形如 $8k+7$ 的正整数时不能表为三个整数的平方和,即定理当 $\alpha=0$ 时成立. 假设定理当 $\alpha=l(l\geqslant 0)$ 时成立. 当 $\alpha=l+1$时,若有 $n=4^{l+1}(8k_1+7)$ 可表为

$$n=4^{l+1}(8k_1+7)=x_1^2+x_2^2+x_3^2,$$

则由式(7)及 $x_1^2+x_2^2+x_3^2\equiv 0$ 或 $4(\bmod 8)$ 推出

$$x_1\equiv x_2\equiv x_3\equiv 0(\bmod 2).$$

因而有

$$4^l(8k_1+7)=(x_1/2)^2+(x_2/2)^2+(x_3/2)^2.$$

但这和归纳假设矛盾,所以定理对 $\alpha=l+1$ 也成立. 证毕.

由定理 5 立即推出定理 1 中的“四”是最佳结果. 由于 $8k+7$ 形式的素数有无穷多个(为什么),所以定理 2 中的“四”也是不能改进的. 定理 5 的逆命题也成立,证明很复杂,是 Gauss 得到的.

定理 1 和定理 2 都没有要求 n(或 p)表为四个**正**整数的平方之和,即没有要求式(1)中的 $x_j(1\leqslant j\leqslant 4)$ 都是**正**整数. 事实上,这是不可能的,利用归纳法容易证明(留给读者):

定理 6 $n=2\cdot 4^\alpha(\alpha\geqslant 0)$不能表为四个正平方数之和.

但我们可以证明下面的结论:

定理 7 除去以下十二个数:

$$1,2,3,4,6,7,9,10,12,15,18,33 \tag{8}$$

之外,每个正整数都是五个正平方数之和.

定理 7 可以这样证明:由式(8)给出的十二个数可直接验证,它们都不能表为五个正平方数之和;当 $n\leqslant 168$ 且不等于上述十二个数时,直接验证它们都能表为五个正平方数之和;利用

$$\begin{aligned}169&=13^2=12^2+5^2=12^2+4^2+3^2\\&=11^2+4^2+4^2+4^2\\&=10^2+6^2+4^2+4^2+1^2,\end{aligned}$$

及定理 1,就可推出结论当 $n\geqslant 169$ 时一定成立.具体论证留给读者.

由定理 6 知,定理 7 中的“五”是不能改进的.

最后,我们要指出:不定方程的解数($x_1,\cdots,x_4$ 的次序不同,正负号不同均看作不同的解)$N_4(n)$ 有以下公式

$$N_4(n)=\begin{cases}8\sigma(n), & 2\nmid n;\\ 24\sigma(m), & n=2^k m, k\geqslant 1, 2\nmid m,\end{cases}\tag{9}$$

其中 $\sigma(n)$ 是除数和函数(见§11 例 3),它的证明是很复杂的.

习 题 三 十

1. 设素数 $p>2$,a 是整数.证明下面的同余方程有解:

$$x^2+y^2+a\equiv 0\pmod p,\quad 0\leqslant x,y\leqslant (p-1)/2.$$

2. 写出定理 6 的证明.

3. 把(i) $23\cdot 53$,(ii) $43\cdot 197$,(iii) $47\cdot 223$ 分别表为两种不同形式的四个平方数之和.

4. 证明:除去有限个例外值之外,每个正整数都是六个正平方数之和.求出这些例外值.

5. 证明:$2^k(k\geqslant 0)$ 一定不能表为三个正平方数之和,并直接求出 $2^k=x_1^2+x_2^2+x_3^2+x_4^2$ 的全部解.

6. 证明:存在无穷多个 n 使得 $n=x_1^2+x_2^2+x_3^2+x_4^2$ 没有满足条件(i) $(x_1,x_2,x_3,x_4)=1$ 的解,也没有满足条件(ii) $x_1>x_2>x_3>x_4\geqslant 0$ 的解.

§ 31 $x^2+y^2=n$

本节要证明下面的结论.

定理 1 设 $n\geqslant 1$. 不定方程

$$x^2+y^2=n \tag{1}$$

的解数

$$N(n)=4\sum_{d|n}h(d), \tag{2}$$

其中算术函数 $h(d)$(同 § 11 例 2)定义如下: $h(1)=1$,

$$h(d)=\begin{cases}0, & 2|d;\\ (-1)^{(d-1)/2}, & 2\nmid d,\end{cases} \tag{3}$$

以及(1)的两组解 $\{x_1,y_1\}$, $\{x_2,y_2\}$ 看作是不同的,只要 $x_1\neq x_2$ 或 $y_1\neq y_2$ 有一个成立.

我们将分若干个引理来证明定理 1. 首先,引进几个符号和术语. 不定方程(1)的解 x,y 称为是**本原的**,如果满足 $(x,y)=1$;以 $P(n)$ 表示不定方程(1)的全部非负本原解的个数;以 $Q(n)$ 表示不定方程(1)的全部本原解的个数.

引理 2 我们有

$$N(1)=Q(1)=4,\quad P(1)=2,\quad P(2)=1, \tag{4}$$

$$Q(n)=4P(n),\quad n>1, \tag{5}$$

以及

$$N(n)=\sum_{d^2|n}Q\left(\frac{n}{d^2}\right),\quad n\geqslant 1. \tag{6}$$

证 当 $n=1$ 时,不定方程(1)的全部解是

$$\{\pm 1,0\},\quad \{0,\pm 1\};$$

$n=2$ 时全部解是

$$\{\pm 1, \pm 1\}.$$

由此就推出式(4). 不定方程(1)的本原解 x, y 必满足

$$(x, y)=(n, xy)=1. \tag{7}$$

因此,当 $n>1$ 时,必有 $|x|\geqslant 1$, $|y|\geqslant 1$,且$|x|$,$|y|$是(1)的非负本原解. 所以,$n>1$ 时,不定方程(1)的非负本原解 x_1, y_1 一定是正的,且 $\pm x_1, \pm y_1$ 给出了(1)的四组不同的本原解. 这就证明了式(5). 最后,来证式(6),设 x, y 是(1)的解,$(x,y)=d$. 那么,必有 $d^2|n$,以及 $u=x/d, v=y/d$ 是

$$u^2+v^2=n/d^2 \tag{8}$$

的本原解,且不同的解$\{x,y\}$对应于不同的解$\{u,v\}$. 反过来,设 $d\geqslant 1, d^2|n$. 若 u, v 是(8)的一组本原解,那么,$x=du, y=dv$ 是(1)的解,且不同的解$\{u,v\}$对应于不同的解$\{x,y\}$. 这就证明了式(6). 证毕.

引理 3 设 $n>1$. 那么,对不定方程(1)的每一组本原解 x, y,必有 s 满足

$$sy\equiv x \pmod n, \quad s^2\equiv -1 \pmod n. \tag{9}$$

此外,若$\{x_1, y_1\}$,$\{x_2, y_2\}$是(1)的两组不同的非负本原解,s_1, s_2 分别是对应于它们的满足式(9)的解,那么必有

$$s_1\not\equiv s_2 \pmod n. \tag{10}$$

证 由于本原解必满足式(7),所以一次同余方程 $ys\equiv x \pmod n$ 对模 n 必有唯一解 s. 进而有

$$s^2y^2\equiv x^2\equiv -y^2 \pmod n,$$

由此及$(y,n)=1$ 即得 $s^2\equiv -1 \pmod n$. 这就证明了前半部分. 当 $n>1$ 时,由式(7)知非负本原解一定是正的,且$\neq\sqrt{n}$(为什么),所以

$$1\leqslant x_1, y_1<\sqrt{n}, \quad 1\leqslant x_2, y_2<\sqrt{n}.$$

因此有

$$1\leqslant x_1y_2, \quad x_2y_1<n. \tag{11}$$

若 $s_1 \equiv s_2 \pmod{n}$，则由 $s_j y_j \equiv x_j \pmod{n}$ $(j=1,2)$，及 $(s_1 s_2, n)=1$ 推出

$$s_1 y_1 x_2 \equiv s_1 y_2 x_1 \pmod{n},$$

$$y_1 x_2 \equiv y_2 x_1 \pmod{n}.$$

由此及式(11)得

$$y_1 x_2 = y_2 x_1.$$

利用 $(x_1, y_1)=(x_2, y_2)=1$，从上式及 x_j, y_j 均为正就推出 $x_1 = x_2$，$y_1 = y_2$. 这就证明了后半部分. 证毕.

引理 4 设 $m>1$，$(a,m)=1$. 那么，二元一次同余方程

$$au + v \equiv 0 \pmod{m} \tag{12}$$

必有解 u_0, v_0，满足

$$0 < |u_0| \leqslant \sqrt{m}, \quad 0 < |v_0| < \sqrt{m}. \tag{13}$$

证 考虑集合 $au+v$，u 的取值范围是：

$$0 \leqslant u \leqslant \sqrt{m}, \tag{14}$$

v 的取值范围是：

$$\begin{cases} 0 \leqslant v < \sqrt{m}, & \text{当 } m \text{ 不是平方数；} \\ 0 \leqslant v \leqslant \sqrt{m}-1, & \text{当 } m \text{ 是平方数.} \end{cases} \tag{15}$$

这样，这个集合的元素个数

$$K = \begin{cases} ([\sqrt{m}]+1)^2 > m, & \text{当 } m \text{ 不是平方数；} \\ \sqrt{m}(\sqrt{m}+1) > m, & \text{当 } m \text{ 是平方数.} \end{cases}$$

因此，由盒子原理知，必有两组不同的 $\{u_1, v_1\}$，$\{u_2, v_2\}$ 使得

$$au_1 + v_1 \equiv au_2 + v_2 \pmod{m}.$$

现取 $u_0 = u_1 - u_2$，$v_0 = v_1 - v_2$. 显见，u_0, v_0 不同时为零且满足式(12). 由式(14)知，$|u_0| \leqslant \sqrt{m}$，由式(15)知，$|v_0| < \sqrt{m}$. 此外，若 $u_0 = 0$，则 $v_0 \neq 0$. 但由 u_0, v_0 满足式(12)推出 $m \mid v_0$，因此 $|v_0| \geqslant m$，但这和 $|v_0| < \sqrt{m}$ 矛盾. 所以 $u_0 \neq 0$. 若 $v_0 = 0$，则 $u_0 \neq 0$. 进而由 u_0, v_0 满足式(12)及 $(a,m)=1$ 推出 $m \mid u_0$，因此 $|u_0| \geqslant m$，但这和

$|u_0| \leqslant \sqrt{m}$, $m>1$ 矛盾. 所以 $v_0 \neq 0$. 引理证毕.

显见, 应有 $0<u_0<\sqrt{m}$ (为什么).

引理 5 设 $n>1$. 若二次同余方程

$$s^2 \equiv -1 \pmod{n} \tag{16}$$

有解 $s_1 \bmod n$, 那么, 不定方程(1)有本原解, 且必有一组非负本原解 x_1, y_1 满足

$$s_1 y_1 \equiv x_1 \pmod{n}. \tag{17}$$

证 显然有 $(s_1, n)=1$. 因而由引理 4 知, 必有 u_0, v_0 满足

$$0<|u_0| \leqslant \sqrt{n}, \quad 0<|v_0|<\sqrt{n}, \tag{18}$$

以及

$$s_1 u_0 \equiv v_0 \pmod{n}. \tag{19}$$

由式(18)得

$$2 \leqslant u_0^2+v_0^2<2n.$$

由 s_1 满足同余方程(16), 从式(19)可推出

$$u_0^2+v_0^2 \equiv 0 \pmod{n}.$$

由以上两式即得

$$u_0^2+v_0^2=n, \tag{20}$$

即 u_0, v_0 是(1)的解. 下面来证它是本原的, 即 $d=(u_0, v_0)=1$. 由式(20)得 $d^2 \mid n$, 及由式(19)得

$$s_1(u_0/d) \equiv v_0/d \pmod{n/d}.$$

因而有

$$\frac{n}{d^2}=\left(\frac{u_0}{d}\right)^2+\left(\frac{v_0}{d}\right)^2 \equiv\left(\frac{u_0}{d}\right)^2+s_1^2\left(\frac{u_0}{d}\right)^2 \equiv 0\left(\bmod\ \frac{n}{d}\right),$$

这里用到了 $s_1^2 \equiv -1 \pmod{n/d}$. 而上式仅当 $d=1$ 才成立. 所以, u_0, v_0 是(1)的本原解.

最后, 当 u_0, v_0 同号时, 取 $y_1=|u_0|$, $x_1=|v_0|$; 当 u_0, v_0 异号时, 取 $x_1=|u_0|$, $y_1=|v_0|$, 我们不难验证 x_1, y_1 是(1)的非负(实际上是正的)本原解, 且满足式(17)(留给读者). 引理证毕.

由引理 3 及引理 5 立即推出：当 $n>1$ 时，不定方程(1)的非负(实际上一定是正的)本原解 x_1, y_1 和同余方程(16)的解 $s_1 \bmod n$之间，通过关系式(17)可建立一一对应的关系. 因而它们的解数相等. 以 $R(n)$表示同余方程(16)的解数，这就证明了

$$P(n)=R(n), \quad n>1. \tag{21}$$

由于 $R(1)=1, Q(1)=4$，由此及式(5)，(21)就得到

$$Q(n)=4R(n), \quad n\geqslant 1. \tag{22}$$

由 § 21 定理 5 知 $R(n)$是积性函数. 我们有下面的结论：

引理 6 我们有 $R(1)=1$，

$$R(2)=1, \quad R(2^{\alpha})=0, \quad \alpha>1, \tag{23}$$

以及对奇素数 p 有

$$R(p^{\alpha})=1+\left(\frac{-1}{p}\right)=\begin{cases}2, & p\equiv 1 \pmod 4, \\ 0, & p\equiv 3 \pmod 4,\end{cases} \quad \alpha\geqslant 1. \tag{24}$$

进而，若

$$n=2^{\alpha_0}p_1^{\alpha_1}\cdots p_r^{\alpha_r}q_1^{\beta_1}\cdots q_t^{\beta_t},$$

其中 p_j, q_j 是不同的奇素数且满足 $p_j\equiv 1 \pmod 4$，$1\leqslant j\leqslant r$，$q_j\equiv 3 \pmod 4$，$1\leqslant j\leqslant t$，则有

$$R(n)=\begin{cases}2^r, & 当\ \alpha_0\leqslant 1, t=0; \\ 0, & 当\ \alpha_0\geqslant 2\ 或\ t\geqslant 1.\end{cases} \tag{25}$$

证 $R(1)=1$ 及式(23)容易直接验证. 由 § 22 推论 3 及 § 23 定理 1(vi)推出式(24)当 $\alpha=1$ 时成立. 进而，由于

$$2s\equiv 0 \pmod p$$

与同余方程(16)($n=p$)无公共解，从 § 26 推论 2 就推出式(24)对 $\alpha\geqslant 1$ 均成立.

最后，由 $R(n)$是积性函数知

$$R(n)=R(2^{\alpha_0})R(p_1^{\alpha_1})\cdots R(p_4^{\alpha_r})R(q_1^{\beta_1})\cdots R(q_t^{\beta_t}), \tag{26}$$

由此及式(23)，(24)，就推得式(25). 证毕.

定理 1 的证明 由式(6)及(22)得

$$N'(n)=\frac{1}{4}N(n)=\sum_{d^2|n}R\left(\frac{n}{d^2}\right). \tag{27}$$

先来证 $N'(n)$ 是积性函数. 设 $n=n_1n_2,(n_1,n_2)=1$. 若 $d^2|n$, 那么, 必有 $(d^2,n_1)=d_1^2,(d^2,n_2)=d_2^2,d=d_1d_2$; 反过来, 若 $d_1^2|n_1,d_2^2|n_2$, $d=d_1d_2$, 则 $d^2|n$. 因此, 当 $n=n_1n_2,(n_1,n_2)=1$ 时, 由 $R(n)$ 是积性函数得到

$$\begin{aligned}N'(n)&=\sum_{d^2|n}R\left(\frac{n}{d^2}\right)=\sum_{d_1^2|n_1}R\left(\frac{n_1}{d_1^2}\right)\sum_{d_2^2|n_2}R\left(\frac{n_2}{d_2^2}\right)\\&=N'(n_1)N'(n_2),\end{aligned} \tag{28}$$

即 $N'(n)$ 是积性的. 设 p 是素数, 下面来计算 $N'(p^\alpha)$. 由引理 6 可得:

$$N'(2^\alpha)=R(2^\alpha)+R(2^{\alpha-2})+\cdots+R(2^{\alpha-2[\alpha/2]})=1;$$

当 $p\equiv1 \pmod 4$ 时,

$$N'(p^\alpha)=R(p^\alpha)+R(p^{\alpha-2})+\cdots+R(p^{\alpha-2[\alpha/2]})=\alpha+1;$$

当 $p\equiv3 \pmod 4$ 时,

$$\begin{aligned}N'(p^\alpha)&=R(p^\alpha)+R(p^{\alpha-2})+\cdots+R(p^{\alpha-2[\alpha/2]})\\&=\begin{cases}1, & 2|\alpha;\\0, & 2\nmid\alpha.\end{cases}\end{aligned}$$

利用式(3)定义的 $h(d)$, 从以上三式不难推得, 对任意素数 p 有

$$\begin{aligned}N'(p^\alpha)&=h(1)+h(p)+\cdots+h(p^\alpha)\\&=\sum_{d|p^\alpha}h(d), \quad \alpha\geqslant1.\end{aligned}$$

由 §11 例 2 知 $h(d)$ 是完全积性的, 因此, 由 §11 定理 2 得到

$$N'(n)=\sum_{d|n}h(d). \tag{29}$$

由此及式(27)就证明了式(2). 证毕.

应该指出, 在定理的证明中, $h(d)$ 是直接给出的, 且关系式(2)是直接验证得到的. 事实上, 当我们求出 $N'(n)$(即 $N(n)$)后, 由 §14 定理 1 知, 满足式(29)的 $h(d)$(即 $N'(n)$ 的 Möbius 逆变换)是唯一确定的, 且由 §14 推论 3 及 $N'(n)$ 是积性函数, 可推出

$h(d)$是积性的. 用这样的方法就可以推出 $h(d)$一定由式(3)给出，详细推导留给读者.

由定理 1 立即得到

推论 7 正整数 n 表为两个整数的平方和的表法个数等于 n 的 $4k+1$ 形式的正除数的个数与 $4k+3$ 形式的正除数的个数之差的四倍，进而推出，任一正整数的形如 $4k+1$ 的正除数个数一定不小于它的形如 $4k+3$ 的正除数的个数.

习题三十一

1. 对 $n=200,201,202,203$ 计算 $N(n)$，$P(n)$和 $Q(n)$.

2. 证明：当 n 没有大于 1 的平方因数时，$N(n)=Q(n)$，解释本题的意义.

3. 直接证明任一正整数 n 的形如 $4k+1$ 的正除数个数不少于形如 $4k+3$ 的正除数的个数.

4. 求 $Q(n)=0$ 的充要条件.

5. 设 $1<n\equiv 1 \pmod 4$. 以 $N^*(n)$，$P^*(n)$及 $Q^*(n)$分别表示不定方程 $4x^2+y^2=n$ 的全部解的个数、非负的本原解的个数及全部本原解的个数，这里本原解是指$(x,y)=1$. 证明：

$N^*(n)=N(n)/2$，$P^*(n)=P(n)/2$ 及 $Q^*(n)=Q(n)/2$.

6. 设 $1<n\equiv 1 \pmod 4$. 在上题的意义下，证明：

(i) 若 n 是素数，则不定方程 $4x^2+y^2=n$ 恰有一组非负解，而且一定是本原的.

(ii) 若 n 是合数，则不定方程 $4x^2+y^2=n$，要么没有本原解或有多于一组本原解；要么有一组非负本原解，且同时还至少有一组非负的非本原解.

7. 设 p 是素数，按以下途径讨论不定方程 $x^2+y^2=p$.

(i) 有解的必要条件是：$p=2$ 或 $p\equiv 1 \pmod 4$.

(ii) 设 $p\equiv 1 \pmod 4$，s_0 是同余方程 $s^2\equiv -1 \pmod p$的解. 证明：必有不全为零的 u,v 满足：$u\equiv s_0 v \pmod p$，$0\leqslant |u|,|v|<$

$\sqrt{p}$.

(iii) (i)中的条件是有解的充分条件.

8. 设素数 $p>3$. 按以下途径讨论不定方程 $x^2+3y^2=p$.

(i) 有解的必要条件是 $p\equiv 1 \pmod 6$.

(ii) 设 $p\equiv 1 \pmod 6$, s_0 是同余方程 $s^2\equiv -3 \pmod p$ 的解. 证明: 必有不全为零的 u,v 满足: $u\equiv s_0 v \pmod p$, $0\leqslant |u|, |v|<\sqrt{p}$.

(iii) (i)中的条件是有解的充分条件.

9. 设 d, x_1, y_1, x_2, y_2 是整数, 证明: 存在整数 x, y 满足

$$(x_1^2-dy_1^2)(x_2^2-dy_2^2)=x^2-dy^2.$$

10. 如何利用第 7,8,9 三题, 来讨论(尽你的可能)不定方程 $x^2+y^2=n$ 及 $x^2+3y^2=n$.

§32　什么是连分数

§32～§36讨论连分数,它是一个很有用的工具.我们先来举几个例子,说明什么叫连分数以及它的用处.

例1　如果你手边没有平方根表,也没有计算器,那么能用什么简单方法来求$\sqrt{11}$的近似值?当然可以用通常的求平方根的方法,但下面的办法看来更方便.

$$3<\sqrt{11}<4, \tag{1}$$

$$\begin{aligned}\sqrt{11} &= 3+(\sqrt{11}-3) \quad (2)\\ &= 3+\frac{1}{(\sqrt{11}+3)/2}\\ &= 3+\frac{1}{3+(\sqrt{11}-3)/2} \quad (3)\\ &= 3+\cfrac{1}{3+\cfrac{1}{\sqrt{11}+3}}\\ &= 3+\cfrac{1}{3+\cfrac{1}{6+(\sqrt{11}-3)}}. \quad (4)\end{aligned}$$

重复这一过程就可得到

$$\sqrt{11}=3+\cfrac{1}{3+\cfrac{1}{6+\cfrac{1}{3+(\sqrt{11}-3)/2}}}. \tag{5}$$

$$=3+\cfrac{1}{3+\cfrac{1}{6+\cfrac{1}{3+\cfrac{1}{6+(\sqrt{11}-3)}}}} \tag{6}$$

$$=3+\cfrac{1}{3+\cfrac{1}{6+\cfrac{1}{3+\cfrac{1}{6+\cfrac{1}{3+(\sqrt{11}-3)/2}}}}} \tag{7}$$

$$=3+\cfrac{1}{3+\cfrac{1}{6+\cfrac{1}{3+\cfrac{1}{6+\cfrac{1}{3+\cfrac{1}{6+(\sqrt{11}-3)}}}}}} \tag{8}$$

$$=\cdots\cdots.$$

马上就会想到分别把式(2),(3),(4),(5),(6),(7),(8)中的无理数$(\sqrt{11}-3)$或$(\sqrt{11}-3)/2$去掉后所得到的"分数"值来作为$\sqrt{11}$的"近似值".容易算出,这些"近似值"依次为:

$$\sqrt{11}\approx 3,\frac{10}{3},\frac{63}{19},\frac{199}{60},\frac{1257}{379},\frac{3970}{1197},\frac{25077}{7561}. \tag{9}$$

用小数表示,这些"近似值"依次为(取八位小数):

$$\sqrt{11}\approx 3,3.33333333,3.31578947,3.31666666,$$
$$3.316622691,3.31662489,3.31662478. \tag{10}$$

这些的确是很精确的近似值,因为实际上

$$\sqrt{11}=3.31662479\cdots, \tag{11}$$

若取 10/3 作近似值,就精确到 $2/10^2$;取 63/19 就精确到 $9/10^4$;取 199/60 就精确到 $42/10^6$;取 1257/379 就精确到 $22/10^7$;取 3970/1197就精确到 $1/10^7$;取 25077/7561 就精确到 $1/10^8$.这些数据表明,这些近似值依次一个比一个更精确.此外,容易看出

$$3<\frac{63}{19}<\frac{1257}{379}<\frac{25077}{7561}<\sqrt{11}<\frac{3970}{1197}<\frac{199}{60}<\frac{10}{3}. \qquad (12)$$

这个例子表明，它提出了一个方法来构造一些特殊形式的"分数"，作为无理数的近似值. 因而也就提出了研究这种形式"分数"的性质的新课题，以及从理论上研究无理数的这种形式的有理数逼近. 另外，以上的过程不断地继续下去，就可以得到一个无穷尽的"分数"表达式：

$$3+\cfrac{1}{3+\cfrac{1}{6+\cfrac{1}{3+\cfrac{1}{6+\cfrac{1}{3+\cfrac{1}{6+\cfrac{1}{3+\cfrac{1}{6+\ddots}}}}}}}}. \qquad (13)$$

这种表达式的确切含意是什么呢？能否定义它的"值"？如果能定义它的"值"，那么这"值"和$\sqrt{11}$有什么关系？这就又提出了进一步的研究课题.

例 2 一个分母、分子很大的分数用起来是很不方便的，如 103993/33102. 我们想找一个分母、分子较小的分数来近似它，希望分母不要太大，但误差很小. 利用例 1 的方法可得

$$\frac{103993}{33102}=3+\frac{4687}{33102}=3+\cfrac{1}{7+\cfrac{293}{4687}}$$

$$=3+\cfrac{1}{7+\cfrac{1}{15+\cfrac{292}{293}}}$$

$$=3+\cfrac{1}{7+\cfrac{1}{15+\cfrac{1}{1+\cfrac{1}{292}}}}.$$

类似于例 1,我们扔掉这些“分数”中小于 1 的数$\frac{4687}{33102}$,$\frac{293}{4687}$,$\frac{292}{293}$,$\frac{1}{292}$,用依次得到的

$$3,\quad 3+\frac{1}{7}=\frac{22}{7},\quad 3+\cfrac{1}{7+\cfrac{1}{15}}=\frac{333}{106},$$

$$3+\cfrac{1}{7+\cfrac{1}{15+\cfrac{1}{1}}}=\frac{355}{113}$$

来近似 $103993/33102=3.141592653\cdots$. 由

$$\frac{22}{7}=3.14285714\cdots,\quad \frac{333}{106}=3.14150943\cdots,$$

$$\frac{355}{113}=3.14159292\cdots,$$

推出它们的精确度依次为 $14/10^2$,$13/10^4$,$8/10^5$,$3/10^7$. 与它们的分母相比(依次为: 1,7,106,113)精确度是很高的. 事实上,这些都是圆周率 π 的近似值,22/7 是所谓“疏率”,355/113 是“密率”.

这个例子表明,即使是一个分数把它表成这种形式的“分数”也是有好处的.

例 3 至今,除了试算具体数值,我们还没有方法来求解不定方程

$$x^2-11y^2=1,\quad x>0, y>0. \tag{14}$$

这个不定方程可化为

$$x-\sqrt{11}y=\frac{1}{x+\sqrt{11}y},\quad x>0,\quad y>0.$$

$$\frac{x}{y}-\sqrt{11}=\frac{1}{y(x+\sqrt{11}y)},\quad x>0,\quad y>0. \tag{15}$$

这表明不定方程(14)的解 x,y 所给出的分数 x/y 是$\sqrt{11}$的一个很精确的近似值. 因而,我们可以试想从式(9)所得的那些$\sqrt{11}$的近似分数中去寻找(14)的解. 通过验算知,由分数 199/60,

3970/1197得出的

$$x=199, y=60; \quad x=3970, y=1197 \tag{16}$$

是(14)的解,其他几个都不是.当然,从式(8)继续算下去得到的近似分数中还能找出解来.

这个例子启示我们,通过研究这类新形式的"分数",有可能找到求解形如式(14)的一类不定方程的方法.

现在我们来引进连分数的概念.

定义 1 设 $x_0, x_1, x_2, \cdots$ 是一个无穷实数列, $x_j>0, j\geqslant 1$. 对给定的 $n\geqslant 0$, 我们把表示式

$$x_0+\cfrac{1}{x_1+\cfrac{1}{x_2+\cfrac{1}{x_3+\ddots+\cfrac{1}{x_n}}}} \tag{17}$$

称为(n 阶)**有限连分数**,它的值是一个实数.当 $x_0, \cdots, x_n$ 均为整数时称为(n 阶)**有限简单连分数**,它的值是一个有理分数.为书写方便,把有限连分数记作

$$\langle x_0, x_1, \cdots, x_n\rangle. \tag{18}$$

设 $0\leqslant k\leqslant n$, 我们把有限连分数

$$\langle x_0, x_1, \cdots, x_k\rangle \tag{19}$$

称为是有限连分数(18)的**第 k 个渐近分数**.当(18)是有限简单连分数(即 $x_0, \cdots, x_n$ 均为整数)时,把 $x_k(0\leqslant k\leqslant n)$ 称为是它的**第 k 个部分商**.当式(17)(或(18))中的 $n\to\infty$ 时,我们把相应的表示式(17)(或(18))称为**无限连分数**,即表示式

$$x_0+\cfrac{1}{x_1+\cfrac{1}{x_2+\cfrac{1}{x_3+\ddots}}}, \tag{20}$$

或简记为

$$\langle x_0, x_1, x_2, \cdots\rangle. \tag{21}$$

当 $x_j(j\geqslant 0)$ 均为整数时,称(20)(或(21))为**无限简单连分数**.同样

的，对任意 $k\geqslant 0$，有限连分数(19)称为是无限连分数(20)(或(21))的**第 k 个渐近分数**；当(20)(或(21))是无限简单连分数时，$x_k(k\geqslant 0)$ 称为是它的**第 k 个部分商**. 如果存在极限

$$\lim_{k\to\infty}\langle x_0,\cdots,x_k\rangle=\theta, \tag{22}$$

那么，就说**无限连分数(20)**(或(**21**))**是收敛的**，θ 称为是**无限连分数(20)**(或(**21**))**的值**，记作

$$\langle x_0,x_1,x_2,\cdots\rangle=\theta; \tag{23}$$

若极限(22)不存在，则说**无限连分数(20)**(或(**21**))**是发散的**.

我们主要讨论简单连分数的基本理论及其应用. 作为本节的结束，我们来证明有限连分数的一些最基本的性质，这在以后是经常要用的.

定理 1 设 $x_0,x_1,x_2,\cdots$ 是无穷实数列，$x_j>0,j\geqslant 1$. 那么，

(i) 对任意的整数 $n\geqslant 1,r\geqslant 1$ 有

$$\begin{aligned}&\langle x_0,\cdots,x_{n-1},x_n,\cdots,x_{n+r}\rangle\\&\quad=\langle x_0,\cdots,x_{n-1},\langle x_n,\cdots,x_{n+r}\rangle\rangle\\&\quad=\langle x_0,\cdots,x_{n-1},x_n+1/\langle x_{n+1},\cdots,x_{n+r}\rangle\rangle.\end{aligned} \tag{24}$$

特别地有

$$\langle x_0,\cdots,x_{n-1},x_n,x_{n+1}\rangle=\langle x_0,\cdots,x_{n-1},x_n+1/x_{n+1}\rangle. \tag{25}$$

(ii) 对任意实数 $\eta>0$ 及整数 $n\geqslant 0$，

$$\langle x_0,\cdots,x_{n-1},x_n\rangle>\langle x_0,\cdots,x_{n-1},x_n+\eta\rangle,\quad 2\nmid n. \tag{26}$$

$$\langle x_0,\cdots,x_{n-1},x_n\rangle<\langle x_0,\cdots,x_{n-1},x_n+\eta\rangle,\quad 2\mid n. \tag{27}$$

(iii) 记

$$\alpha^{(n)}=\langle x_0,\cdots,x_n\rangle. \tag{28}$$

我们有

$$\alpha^{(n)}>\alpha^{(n+r)},\quad 2\nmid n,r\geqslant 1, \tag{29}$$

$$\alpha^{(n)}<\alpha^{(n+r)},\quad 2\mid n,r\geqslant 1, \tag{30}$$

$$\alpha^{(1)}>\alpha^{(3)}>\alpha^{(5)}>\cdots>\alpha^{(2s-1)}>\cdots, \tag{31}$$

$$\alpha^{(0)}<\alpha^{(2)}<\alpha^{(4)}<\cdots<\alpha^{(2t)}<\cdots, \tag{32}$$

$$\alpha^{(2s-1)}>\alpha^{(2t)}, \quad s\geqslant 1, t\geqslant 0. \tag{33}$$

证　式(24),(25)直接由定义推出. 式(26)和(27)由表示式(17)及以下简单事实立即推出：一个分数 α/β(α,β 是正实数),当分母 β 变大(小)时分数值变小(大),式(29)和(30)分别是式(26)和(27)的特例,即取 $\eta^{-1}=\langle x_{n+1},\cdots,x_{n+r}\rangle$. 或(31)与(32)分别是式(29)与(30)的直接推论,利用式(29)及(30)有

$$\alpha^{(2s-1)}>\alpha^{(2s-1+2t+1)}=\alpha^{(2s+2t)}>\alpha^{2t},$$

即式(33)成立. 证毕.

定理 2　设 $x_0,x_1,x_2,\cdots$ 是无穷实数列,$x_j>0,j\geqslant 1$. 再设

$$\begin{cases}P_{-2}=0, \quad P_{-1}=1, \quad Q_{-2}=1, \quad Q_{-1}=0,\\ P_n=x_nP_{n-1}+P_{n-2}, Q_n=x_nQ_{n-1}+Q_{n-2}, n\geqslant 0.\end{cases} \tag{34}$$

那么

$$\langle x_0,\cdots,x_n\rangle=P_n/Q_n, \quad n\geqslant 0, \tag{35}$$

$$P_nQ_{n-1}-P_{n-1}Q_n=(-1)^{n+1}, \quad n\geqslant -1, \tag{36}$$

$$P_nQ_{n-2}-P_{n-2}Q_n=(-1)^n x_n, \quad n\geqslant 0, \tag{37}$$

以及

$$\langle x_0,\cdots,x_{n-1},x_n\rangle-\langle x_0,\cdots,x_{n-1}\rangle =(-1)^{n+1}(Q_nQ_{n-1})^{-1}, \quad n\geqslant 1, \tag{38}$$

$$\langle x_0,\cdots,x_{n-2},x_{n-1},x_n\rangle-\langle x_0,\cdots,x_{n-2}\rangle =(-1)^n x_n(Q_nQ_{n-2})^{-1}, \quad n\geqslant 2. \tag{39}$$

证　当 $n=0$ 时,$P_0=x_0,Q_0=1$,所以式(35)成立. 假设当 $n=k(\geqslant 0)$时式(35)成立. 当 $n=k+1$ 时,由式(25)得

$$\langle x_0,\cdots,x_{k-1},x_k,x_{k+1}\rangle=\langle x_0,\cdots,x_{k-1},x_k+1/x_{k+1}\rangle,$$

由式(34)及假设当 $n=k$ 时式(35)成立,就推出

$$\begin{aligned}&\langle x_0,\cdots,x_{k-1},x_k,x_{k+1}\rangle\\ &=\frac{(x_k+1/x_{k+1})P_{k-1}+P_{k-2}}{(x_k+1/x_{k+1})Q_{k-1}+Q_{k-2}}\\ &=\frac{x_{k+1}(x_kP_{k-1}+P_{k-2})+P_{k-1}}{x_{k+1}(x_kQ_{k-1}+Q_{k-2})+Q_{k-1}}\end{aligned}$$

$$=\frac{x_{k+1}P_k+P_{k-1}}{x_{k+1}Q_k+Q_{k-1}}=\frac{P_{k+1}}{Q_{k+1}},$$

即当 $n=k+1$ 时式(35)也成立.所以,式(35)当 $n\geqslant 0$ 时都成立.

当 $n=-1$ 时,由式(34)推出式(36)成立.当 $n\geqslant 0$ 时,由式(34)可得(消去 x_n)

$$P_nQ_{n-1}-P_{n-1}Q_n=-(P_{n-1}Q_{n-2}-P_{n-2}Q_{n-1}). \tag{40}$$

反复利用上式就推出

$$P_nQ_{n-1}-P_{n-1}Q_n=(-1)^{n+1}(P_{-1}Q_{-2}-P_{-2}Q_{-1}).$$

由此及式(34)就得到式(36).注意到当 $n\geqslant 0$ 时 $Q_n>0$,由式(35)及(36),就推得式(34).

当 $n\geqslant 0$ 时,由式(34)可得

$$P_nQ_{n-2}-P_{n-2}Q_n=(P_{n-1}Q_{n-2}-P_{n-2}Q_{n-1})x_n. \tag{41}$$

由此及式(36)就证明了式(37).注意到当 $n\geqslant 0$ 时 $Q_n>0$,由式(35)及(36)就推出式(39).证毕.

利用定理 2 很容易推出定理 1 的(iii),即式(29)~(33)成立.详细推导留给读者.当然,那里的证明更简单.

下面来举几个例子.

例 4 求有限连分数 $\langle -2,1,2/3,2,1/2,3\rangle$ 的值.

解 我们利用式(25)来计算.

$$\begin{aligned}\langle -2,1,2/3,2,1/2,3\rangle&=\langle -2,1,2/3,2,1/2+1/3\rangle\\&=\langle -2,1,2/3,2,5/6\rangle=\langle -2,1,2/3,2+6/5\rangle\\&=\langle -2,1,2/3,16/5\rangle=\langle -2,1,2/3+5/16\rangle\\&=\langle -2,1,47/48\rangle=\langle -2,1+48/47\rangle\\&=\langle -2,95/47\rangle=-2+47/95=-143/95.\end{aligned}$$

例 5 求有限简单连分数 $\langle 1,1,1,1,1,1,1,1,1,1\rangle$ 的各个渐近分数.

解 当然,我们可以用例 1 的方法一个一个计算,但这时利用定理 2 递推地计算出 P_n,Q_n 比较方便.按公式(34)可列出下表,这里 $x_n=1,0\leqslant n\leqslant 9$,以及 $P_{-2}=0,P_{-1}=1,Q_{-2}=1,Q_{-1}=0$,

$$P_n=P_{n-1}+P_{n-2},\quad Q_n=Q_{n-1}+Q_{n-2},\quad n\geqslant 0.$$

n	0	1	2	3	4	5	6	7	8	9
x_n	1	1	1	1	1	1	1	1	1	1
P_n	1	2	3	5	8	13	21	34	55	89
Q_n	1	1	2	3	5	8	13	21	34	55

因此,各个渐近分数 P_n/Q_n 依次为:1/1,2/1,3/2,5/3,8/5,13/8,21/13,34/21,55/34,89/55. 显见,P_n,Q_n 均为 Fibonacci 数列,且有 $P_n=Q_{n+1},n\geqslant 0$.

习题三十二

1. 把下面的有理数表为有限简单连分数,并求各个渐近分数:(i) $-19/29$,(ii) $873/4867$.

2. 求有限简单连分数 $\langle 2,1,2,1,1,4,1,1,6,1,1,8\rangle$ 的各个渐近分数及其值. 并与自然对数底 e(=2.7182818…)的值比较.

3. 设 a,b 是正数. 证明:

$$a+\sqrt{a^2+b}=2a+\cfrac{b}{2a+\cfrac{b}{2a+\cfrac{b}{a+\sqrt{a^2+b}}}},$$

以及

$$a+\sqrt{a^2+b}=\langle 2a,2a/b,2a,2a/b,2a,2a/b,a+\sqrt{a^2+b}\rangle.$$

4. 若 $\xi_0=\langle x_0,x_1,\cdots,x_n\rangle,x_0>0$,则 $\xi_0^{-1}=\langle 0,x_0,x_1,\cdots,x_n\rangle$.

5. 设 $\{x_j\},\{P_j\},\{Q_j\}$ 同 § 32 定理 2. 证明:

(i) 当 $n\geqslant 1$ 时,$Q_n/Q_{n-1}=\langle x_n,x_{n-1},\cdots,x_1\rangle$;

(ii) 当 $x_0>0,n\geqslant 0$ 时,$P_n/P_{n-1}=\langle x_n,x_{n-1},\cdots,x_1,x_0\rangle$.

6. 在 § 32 定理 2 的条件和符号下,证明:

(i) 当 $n\geqslant 1$ 时,

$$Q_{2n}\geqslant x_1(x_2+x_4+\cdots+x_{2n})+1,$$

$$Q_{2n-1} \geqslant x_1 + x_3 + \cdots + x_{2n-1},$$

$$Q_n < (1+x_1)(1+x_2)\cdots(1+x_n).$$

(ii) 无限连分数$\langle x_0, x_1, x_2, \cdots \rangle$收敛的充要条件是级数$\sum_{j=0}^{\infty} x_j$发散.

§ 33 有限简单连分数

本节讨论有限简单连分数的性质及其与有理分数的关系.

设 $a_0,a_1,a_2,\cdots$ 是一个无限整数列,$a_j\geqslant1$, $j\geqslant1$. 记有限简单连分数

$$\langle a_0,a_1,\cdots,a_n\rangle=r^{(n)},\quad n\geqslant0. \tag{1}$$

定义整数列 $\{h_n\}$ 与 $\{k_n\}$:

$$\begin{cases}h_{-2}=0,h_{-1}=1,k_{-2}=1,k_{-1}=0,\\ h_n=a_nh_{n-1}+h_{n-2},k_n=a_nk_{n-1}+k_{n-2},n\geqslant0.\end{cases} \tag{2}$$

显见

$$h_0=a_0,$$

$$h_1=a_1a_0+1,$$

$$1=k_0\leqslant a_1=k_1<k_2<\cdots<k_n<\cdots,\quad k_n\to+\infty. \tag{3}$$

这里的 $\{a_j\}$, $\{h_n\}$, $\{k_n\}$ 就相当于 § 32 定理 2 中的 $\{x_j\}$, $\{P_n\}$, $\{Q_n\}$ 取整数的特殊情形,作为 § 32 定理 2 的特例就得到.

定理 1 有限简单连分数(1)的值是有理分数,

$$r^{(n)}=\langle a_0,\cdots,a_n\rangle=h_n/k_n,(h_n,k_n)=1,\ n\geqslant0, \tag{4}$$

其中 h_n,k_n 由式(2)给出. 此外,还有

$$h_nk_{n-1}-h_{n-1}k_n=(-1)^{n+1},\quad n\geqslant-1, \tag{5}$$

$$h_nk_{n-2}-h_{n-2}k_n=(-1)^na_n,\quad n\geqslant0, \tag{6}$$

$$r^{(n)}-r^{(n-1)}=(-1)^{n+1}(k_nk_{n-1})^{-1},\quad n\geqslant1, \tag{7}$$

$$r^{(n)}-r^{(n-2)}=(-1)^na_n(k_nk_{n-2})^{-1},\quad n\geqslant2. \tag{8}$$

对于给定的一个不是整数的有理分数 u_0/u_1, $u_1\geqslant2$,如何来得到它的有限简单连分数表示式呢? § 32 的例 2 实际上已经给出了这种方法. 利用 § 4 的辗转相除法(定理 7)可得:

$$
\begin{cases}
u_0=b_0u_1+u_2, & 0<u_2<u_1,\\
u_1=b_1u_2+u_3, & 0<u_3<u_2,\\
\cdots\cdots\cdots\cdots\cdots\cdots & \\
u_{s-1}=b_{s-1}u_s+u_{s+1}, & 0<u_{s+1}<u_s,\\
u_s=b_su_{s+1}.
\end{cases}
\tag{9}
$$

由于 u_0/u_1 不是整数,所以 $s\geqslant 1$,以及 $b_s\geqslant 2$. 设

$$
\xi_j=u_j/u_{j+1},\quad 0\leqslant j\leqslant s. \tag{10}
$$

由式(9)得

$$
\begin{cases}
\xi_j=b_j+1/\xi_{j+1}=\langle b_j,\xi_{j+1}\rangle, 0\leqslant j\leqslant s-1;\\
\xi_s=b_s.
\end{cases}
\tag{11}
$$

利用 § 32 式(24)得

$$
\begin{aligned}
\xi_0&=u_0/u_1=\langle b_0,\xi_1\rangle=\langle b_0,\langle b_1,\xi_2\rangle\rangle\\
&=\langle b_0,b_1,\xi_2\rangle=\langle b_0,b_1,\langle b_2,\xi_3\rangle\rangle\\
&=\langle b_0,b_1,b_2,\xi_3\rangle=\cdots\\
&=\langle b_0,b_1,\cdots,b_{s-1},\xi_s\rangle\\
&=\langle b_0,b_1,\cdots,b_s\rangle,\quad b_s>1.
\end{aligned}
\tag{12}
$$

这就得到了 $\xi_0=u_0/u_1$ 的有限简单连分数表示式. 由于 $b_s\geqslant 2$,由 § 32 式(25)得

$$
\begin{aligned}
\xi_0&=u_0/u_1=\langle b_0,b_1,\cdots,(b_s-1)+1/1\rangle\\
&=\langle b_0,b_1,\cdots,b_{s-1},b_s-1,1\rangle.
\end{aligned}
\tag{13}
$$

这样,有理分数 u_0/u_1 就有两个有限简单连分数表示式(12)与(13),(12)的最后一个部分商 $b_s\geqslant 2$,(13)的最后一个部分商为 1. 那么,是否还会有别的形式的表示式呢? 回答是否定的. 这就是下面的唯一性定理.

定理 2 设 $\langle a_0,\cdots,a_n\rangle$, $\langle b_0,\cdots,b_s\rangle$ 是两个有限简单连分数, $a_n>1$, $b_s>1$. 若

$$
\langle a_0,\cdots,a_n\rangle=\langle b_0,\cdots,b_s\rangle, \tag{14}
$$

则必有 $s=n$, $a_j=b_j$, $0\leqslant j\leqslant n$.

证 不妨设 $s\geqslant n$. 对 n 用归纳法. 当 $n=0$ 时,若 $s\geqslant 1$,则由 § 32 式(24)得

$$a_0=\langle b_0,b_1,\cdots,b_s\rangle=\langle b_0,\langle b_1,\cdots,b_s\rangle\rangle$$
$$=b_0+1/\langle b_1,\cdots,b_s\rangle.$$

由于 $b_s>1$,所以 $\langle b_1,\cdots,b_s\rangle>1$,因此上式不可能成立. 这就推出 $s=0,a_0=b_0$. 所以结论当 $n=0$ 时成立. 假设当 $n=k(\geqslant 0)$ 时结论成立. 当 $n=k+1$ 时,由 § 32 式(24)得(注意 $s\geqslant n\geqslant 1$)

$$\langle a_0,a_1,\cdots,a_{k+1}\rangle=a_0+1/\langle a_1,\cdots,a_{k+1}\rangle.$$
$$\langle b_0,b_1,\cdots,b_s\rangle=b_0+1/\langle b_1,\cdots,b_s\rangle.$$

由 $a_{k+1}>1$ 及 $b_s>1$ 知 $\langle a_1,\cdots,a_{k+1}\rangle>1$ 及 $\langle b_1,\cdots,b_s\rangle>1$. 因而,由条件(14)($n=k+1$),就推出 $a_0=b_0$ 及

$$\langle a_1,\cdots,a_{k+1}\rangle=\langle b_1,\cdots,b_s\rangle.$$

由归纳假设知,从上式就推得 $s=k+1$ 及 $a_j=b_j,1\leqslant j\leqslant k+1$. 这就证明了当 $n=k+1$ 时结论也成立. 所以结论对一切 $n\geqslant 0$ 都成立. 证毕.

由定理 2 及式(12)立即推出:

定理 3 任一不是整数的有理分数 u_0/u_1 有且仅有式(12)及(13)给出的两种有限简单连分数表示式,其中 $b_0,\cdots,b_s$ 由式(9)给出,$s\geqslant 1,b_s>1$.

例 1 求 7700/2145 的有限简单连分数,及它的各个渐近分数.

解

$$\begin{aligned}7700/2145&=\langle 3+1265/2145\rangle=\langle 3,2145/1265\rangle\\&=\langle 3,1+880/1265\rangle=\langle 3,1,1265/880\rangle\\&=\langle 3,1,1+385/880\rangle=\langle 3,1,1,880/385\rangle\\&=\langle 3,1,1,2+110/385\rangle=\langle 3,1,1,2,385/110\rangle\\&=\langle 3,1,1,2,3+55/110\rangle=\langle 3,1,1,2,3,2\rangle\\&=\langle 3,1,1,2,3,1,1\rangle.\end{aligned}$$

按式(2)列表来求 h_n,k_n(见表 1)及渐近分数 h_n/k_n. 由表 1 知

表 1

n	0	1	2	3	4	5
a_n	3	1	1	2	3	2
h_n	3	4	7	18	61	140
k_n	1	1	2	5	17	39

渐近分数依次为

$$3/1,4/1,7/2,18/5,61/17,140/39=7700/2145.$$

这分数值化简后为 140/39. 虽然原来的分数不是既约的，但渐近分数一定是既约的. 利用式(7)和(8)可以计算原分数与渐近分数的误差，如

$$\begin{aligned}140/39-61/17 &= h_5/k_5-h_4/k_4=1/(k_4k_5)\\ &= 1/(17\cdot 39)=1/663,\\ 140/39-18/5 &= h_5/k_5-h_3/k_3=-a_5/(k_3k_5)\\ &= -2/(5\cdot 39)=-2/195.\end{aligned}$$

其他几个误差请读者自己计算.

习题三十三

1. 设 a/b 是有理分数，$\langle a_0,\cdots,a_n\rangle$ 是它的有限简单连分数，以及 $b\geqslant 1$. 证明：

$$ak_{n-1}-bh_{n-1}=(-1)^{n+1}(a,b).$$

2. 具体说明第 1 题给出了求最大公约数 (a,b) 及解不定方程 $ax+by=c$ 的一个新方法. 用这个方法来求解以下的最大公约数和不定方程.

(i) $205x+93y=1$；　(ii) $77x+63y=40$；

(iii) $(4144,7696)$.

3. 求有理分数(i) $-43/1001$，(ii) $5391/3976$ 的两种有限简单连分数表示式，以及它们的各个渐近分数、渐近分数与有理分数的误差.

4. 设有理分数 $a/b((a,b)=1, a\geqslant b\geqslant 1)$ 的有限简单连分数是 $\langle a_0, a_1, \cdots, a_n\rangle$. 证明：

$$\langle a_0, a_1, \cdots, a_{n-1}, a_n\rangle = \langle a_n, a_{n-1}, \cdots, a_1, a_0\rangle$$

的充要条件是(i) 当 $2\nmid n$ 时，$a \mid b^2+1$；(ii) 当 $2\mid n$ 时，$a\mid b^2-1$.

5. 设 a,b,c,d 是整数，$c>d>0, ad-bc=\pm 1$. 再设实数 $\eta\geqslant 1$. 若 $\xi=(a\eta+b)/(c\eta+d)$，则 $\xi=\langle a_0, \cdots, a_n, \eta\rangle$，以及 $b/d=\langle a_0, \cdots, a_{n-1}\rangle$，这里 $\langle a_0, \cdots, a_n\rangle$ 是 a/c 的有限简单连分数表示式.

§ 34 无限简单连分数

本节要讨论无限简单连分数的性质，无理数如何表为无限简单连分数，以及无理数的有理逼近.

定理 1 无限简单连分数$\langle a_0, a_1, a_2, \cdots\rangle$一定是收敛的，也就是说，设$r^{(n)}=\langle a_0, \cdots, a_n\rangle$是它的第 n 个渐近分数，那么一定存在极限

$$\lim_{n\to\infty} r^{(n)}=\theta. \tag{1}$$

此外还有

$$r^{(0)}<r^{(2)}<\cdots<r^{(2t)}<\cdots<\theta<\cdots<r^{(2s-1)}<\cdots<r^{(3)}<r^{(1)}, \tag{2}$$

以及 θ 一定是无理数.

证 由 § 32 定理 1 的式(31)，(32)，(33)可知：

(i) 有理数列 $r^{(0)}, r^{(2)}, \cdots, r^{(2t)}, \cdots$是严格的递增数列，且有上界 $r^{(1)}=a_0+1/a_1$. 因此，它一定有极限：

$$\lim_{t\to\infty} r^{(2t)}=\theta'$$

且满足

$$r^{(0)}<r^{(2)}<\cdots<r^{(2t)}<\cdots<\theta'. \tag{3}$$

(ii) 有理数列 $r^{(1)}, r^{(3)}, \cdots, r^{(2s-1)}, \cdots$是严格的递减数列，且有下界 $r^{(0)}=a_0$. 因此它一定有极限：

$$\lim_{s\to\infty} r^{(2s-1)}=\theta''$$

且满足

$$\theta''<\cdots<r^{(2s-1)}<\cdots<r^{(3)}<r^{(1)}. \tag{4}$$

(iii) 由(i)，(ii)及 § 32 的式(33)推出

$$r^{(2t)}<\theta'\leqslant\theta''<r^{(2s-1)}, \quad t\geqslant 0, s\geqslant 1. \tag{5}$$

因而，由式(5)及 § 33 式(7)推出：对任意正整数 m 有

$$0 \leqslant \theta'' - \theta' < r^{(2m-1)} - r^{(2m)} = (k_{2m-1} k_{2m})^{-1}.$$

由此及§33式(3)就推出 $\theta'' = \theta' = \theta$. 这就证明了式(1)和(2).

下面来证明 θ 是无理数. 用反证法. 设 $\theta = u/v$ 是有理数. 由式(2)及§33式(7)可得: 对任意正整数 n 有

$$0 < |\theta - r^{(n)}| < |r^{(n+1)} - r^{(n)}| = (k_n k_{n+1})^{-1},$$

因而有

$$0 < \left| \frac{k_n u - h_n v}{v} \right| < \frac{1}{k_{n+1}}.$$

由于 $|k_n u - h_n v|$ 一定是整数, 故由上式的左半不等式知 $|k_n u - h_n v| \geqslant 1$, 因而 $k_{n+1} < |v|$, 但这和§33式(3)矛盾. 证毕.

定理 2 设 $\langle a_0, a_1, a_2, \cdots \rangle$ 是无限简单连分数, 以及记

$$\theta_n = \langle a_n, a_{n+1}, \cdots \rangle, \quad n \geqslant 0. \tag{6}$$

那么有

$$a_n = [\theta_n], \quad n \geqslant 0, \tag{7}$$

及

$$\langle a_0, a_1, a_2, \cdots \rangle = \langle a_0, \cdots, a_n, \theta_{n+1} \rangle, \quad n \geqslant 0, \tag{8}$$

上式右边是一个有限连分数.

证 由定理 1 知所有的无限简单连分数 $\langle a_n, a_{n+1}, \cdots \rangle (n \geqslant 0)$ 都是收敛的. 由定理 1 及§1式(24)知

$$\begin{aligned} \theta_0 &= \lim_{n \to \infty} \langle a_0, a_1, \cdots, a_n \rangle \\ &= \lim_{n \to \infty} \langle a_0, \langle a_1, \cdots, a_n \rangle \rangle \\ &= \lim_{n \to \infty} \{ a_0 + 1/\langle a_1, \cdots, a_n \rangle \}, \end{aligned}$$

$$\theta_1 = \lim_{n \to \infty} \langle a_1, \cdots, a_n \rangle > a_1 \geqslant 1.$$

由以上两式就推出

$$\theta_0 = a_0 + 1/\theta_1 = \langle a_0, \theta_1 \rangle, \tag{9}$$

$$a_0 = [\theta_0].$$

同理推出对任意的 $n \geqslant 0$,

$$\theta_n = a_n + 1/\theta_{n+1} = \langle a_n, \theta_{n+1} \rangle, \tag{10}$$

$$a_n=[\theta_n].$$

这就证明了式(7). 利用归纳法,由式(9)和(10)就可推出式(8)成立(留给读者). 证毕.

由式(7)立即得到

推论 3 设$\langle a_0,a_1,\cdots\rangle$,$\langle b_0,b_1,\cdots\rangle$是两个无限简单连分数. 若

$$\langle a_0,a_1,\cdots\rangle=\langle b_0,b_1,\cdots\rangle,$$

则 $a_j=b_j, j\geqslant 0$.

这表明一个无理数如果能用无限简单连分数来表示(即其值等于这个无理数),那么这个表示式一定是唯一的. 那么,任意一个无理数是否一定能用无限简单连分数来表示呢?回答是肯定的. 事实上,§32 例 1 和定理 2 已经指出了具体求这种表示式的方法,但需要严格证明.

定理 4 设 ξ_0 是一个无理数. 再设

$$\begin{cases} a_0=[\xi_0], & \xi_1=1/\{\xi_0\}, \\ a_j=[\xi_j], & \xi_{j+1}=1/\{\xi_j\}, j\geqslant 1. \end{cases} \tag{11}$$

那么,有 $a_j\geqslant 1, j\geqslant 1$,及

$$\xi_0=\langle a_0,a_1,a_2,\cdots\rangle. \tag{12}$$

我们把$\langle a_0,a_1,a_2,\cdots\rangle$称为是**无理数 ξ_0 的无限简单连分数表示式**.

证 由于 ξ_0 是无理数,所以 $\xi_j(j\geqslant 1)$都是无理数. 因此,$0<\{\xi_j\}<1, j\geqslant 0$,以及 $\xi_j>1, a_j\geqslant 1, j\geqslant 1$. 由定理 1 知式(12)右边的无限简单连分数是收敛的,设

$$\theta_0=\langle a_0,a_1,a_2,\cdots\rangle.$$

我们要来证明 $\theta_0=\xi_0$. 由 $x=[x]+\{x\}$及式(11)可得

$$\begin{aligned} \xi_0 &=a_0+1/\xi_1=\langle a_0,\xi_1\rangle=\langle a_0,a_1+1/\xi_2\rangle=\langle a_0,a_1,\xi_2\rangle \\ &=\cdots=\langle a_0,a_1,\cdots,a_n,\xi_{n+1}\rangle, \quad n\geqslant 0. \end{aligned} \tag{13}$$

由此及§32 定理 1 得

$$r^{(0)}<r^{(2)}<\cdots<r^{(2t)}<\cdots<\xi_0<\cdots<r^{(2s-1)}<\cdots<r^{(3)}<r^{(1)}, \tag{14}$$

这里

$$r^{(n)}=\langle a_0,a_1,\cdots,a_n\rangle,\quad n\geqslant 0.$$

由此及式(1)就推出 $\theta_0=\xi_0$. 证毕.

由定理 4 立即得到 ξ_n 的无限简单连分数表示式:

$$\xi_n=\langle a_n,a_{n+1},\cdots\rangle,\quad n\geqslant 0. \tag{15}$$

我们把 ξ_n 称为 ξ_0 的**第 n 个完全商**.

例 1 求$\langle 1,1,1,1,\cdots\rangle$的值.

解 设值为 θ. 由式(8)知

$$\theta=\langle 1,\theta\rangle=1+1/\theta.$$

因此,$\theta^2-\theta-1=0$,所以

$$\theta=(1\pm\sqrt{5})/2.$$

由此及 $\theta>1$ 知,$\theta=(1+\sqrt{5})/2$.

例 2 求$\langle -1,3,1,2,4,1,2,4,1,2,4,\cdots\rangle$的值 θ.

解 先求$\langle 1,2,4,1,2,4,1,2,4,\cdots\rangle$的值,设为 θ'. 由式(8)知(利用 § 32 式(25))

$$\begin{aligned}\theta'&=\langle 1,2,4,\theta'\rangle=\langle 1,2,4+1/\theta'\rangle\\&=\langle 1,2,(4\theta'+1)/\theta'\rangle=\langle 1,2+\theta'/(4\theta'+1)\rangle\\&=\langle 1,(9\theta'+2)/(4\theta'+1)\rangle=1+(4\theta'+1)/(9\theta'+2)\\&=(13\theta'+3)/(9\theta'+2).\end{aligned}$$

因此,$9(\theta')^2-11\theta'-3=0$,

$$\theta'=(11\pm\sqrt{229})/18.$$

由此及 $\theta'>1$ 知 $\theta'=(11+\sqrt{229})/18$. 因而,由式(8)知

$$\begin{aligned}\theta&=\langle -1,3,\theta'\rangle=\langle -1,3,(11+\sqrt{229})/18\rangle\\&=\langle -1,3+18/(11+\sqrt{229})\rangle\\&=\langle -1,3+(\sqrt{229}-11)/6\rangle\\&=\langle -1,(\sqrt{229}+7)/6\rangle\\&=-1+6/(\sqrt{229}+7)\\&=(\sqrt{229}-37)/6.\end{aligned}$$

例 3 求例 2 中的连分数的各个完全商.

解 我们只要求 $\xi_0=\theta,\xi_1=\langle 3,\theta'\rangle,\xi_2=\theta',\xi_3=\langle 2,4,\theta'\rangle,\xi_4=\langle 4,\theta'\rangle$. 因为 ξ_0,ξ_2 已求出,且当 $n\geqslant 5$ 时,$\xi_n=\xi_{n-3}$. 这样,只要求

$$\xi_1=\langle 3,\theta'\rangle=3+18/(11+\sqrt{229})=(\sqrt{229}+7)/6.$$

$$\xi_4=\langle 4,\theta'\rangle=4+18/(11+\sqrt{229})=(\sqrt{229}+13)/6.$$

$$\begin{aligned}\xi_3&=\langle 2,4,\theta'\rangle=\langle 2,\langle 4,\theta'\rangle\rangle=\langle 2,\xi_4\rangle\\&=2+6/(\sqrt{229}+13)=(\sqrt{229}+7)/10.\end{aligned}$$

例 4 求$\sqrt{8}$的无限简单连分数.

解 按式(13)可得

$$\begin{aligned}\sqrt{8}&=2+(\sqrt{8}-2)=2+4/(\sqrt{8}+2)\\&=\langle 2,(\sqrt{8}+2)/4\rangle\\&=\langle 2,1+(\sqrt{8}-2)/4\rangle=\langle 2,1,\sqrt{8}+2\rangle\\&=\langle 2,1,4+(\sqrt{8}-2)\rangle\\&=\langle 2,1,4,(\sqrt{8}+2)/4\rangle,\end{aligned}$$

这又回到$\langle 2,(\sqrt{8}+2)/4\rangle$的情形,因此,数字循环出现,得到

$$\sqrt{8}=\langle 2,1,4,1,4,1,4,\cdots\rangle.$$

我们同时得到了

$$(\sqrt{8}+2)/4=\langle 1,4,1,4,1,4,\cdots\rangle,$$

$$\sqrt{8}+2=\langle 4,1,4,1,4,1,\cdots\rangle.$$

例 4 的方法可用来求形如$(\sqrt{d}+a)/b$的无限简单连分数,这将在 § 35 作进一步讨论,但求一般无理数的无限简单连分数是十分困难的.

下面来讨论无理数用它的无限简单连分数的渐近分数来作有理逼近时的误差,并证明这种有理逼近是最佳的.

设无理数 ξ_0 的无限简单连分数表示式由式(12)给出,它的第 n 个渐近分数是

$$r^{(n)}=\langle a_0,a_1,\cdots,a_n\rangle,$$

以及整数列$\{h_n\}$,$\{k_n\}$由 § 33 式(2)给出. 我们先来证明:

定理 5 对 $n \geqslant 0$ 有

$$\frac{1}{k_n(k_n+k_{n+1})} < |\xi_0 - r^{(n)}| = \left|\xi_0 - \frac{h_n}{k_n}\right| < \frac{1}{k_n k_{n+1}}. \tag{16}$$

证 由式(13)及§32定理2的式(35)得到

$$\begin{aligned}\xi_0 &= \langle a_0, \cdots, a_n, \xi_{n+1}\rangle \\ &= \frac{h_n \xi_{n+1} + h_{n-1}}{k_n \xi_{n+1} + k_{n-1}}, \quad n \geqslant 0.\end{aligned} \tag{17}$$

由此及§33定理1得

$$\begin{aligned}\xi_0 - r^{(n)} = \xi_0 - \frac{h_n}{k_n} &= \frac{k_n h_{n-1} - k_{n-1} h_n}{k_n(k_n \xi_{n+1} + k_{n-1})} \\ &= \frac{(-1)^n}{k_n(k_n \xi_{n+1} + k_{n-1})}, \quad n \geqslant 0.\end{aligned} \tag{18}$$

由于 $a_{n+1} < \xi_{n+1} < a_{n+1}+1$，利用§33式(2)得：$n \geqslant 0$ 时，

$$\begin{aligned}k_{n+1} = a_{n+1}k_n + k_{n-1} &< k_n \xi_{n+1} + k_{n-1} \\ &< a_{n+1}k_n + k_{n-1} + k_n = k_{n+1} + k_n.\end{aligned} \tag{19}$$

由以上两式即得式(16). 证毕.

由§33的式(2)知

$$k_n + k_{n+1} \leqslant k_{n+2}.$$

由此及式(16)得：当 $n \geqslant 0$ 时，

$$\left|\xi_0 - \frac{h_{n+1}}{k_{n+1}}\right| < \frac{1}{k_{n+1}k_{n+2}} \leqslant \frac{1}{k_n(k_n+k_{n+1})} < \left|\xi_0 - \frac{h_n}{k_n}\right|, \tag{20}$$

及

$$|k_{n+1}\xi_0 - h_{n+1}| < \frac{1}{k_{n+2}} \leqslant \frac{1}{k_n + k_{n+1}} < |k_n \xi_0 - h_n|. \tag{21}$$

式(20)与(21)表明渐近分数依次一个比一个更接近 ξ_0.

定理 6 设有理分数 a/b 具有正的分母 b. 那么，

(i) 若对某个 $n \geqslant 0$ 有

$$|\xi_0 b - a| < |\xi_0 k_n - h_n|, \tag{22}$$

则 $b \geqslant k_{n+1}$.

(ii) 若对某个 $n \geqslant 1$ 有

$$|\xi_0 - a/b| < |\xi_0 - h_n/k_n|, \tag{23}$$

则 $b>k_n$.

证 证明的关键在于要把 a/b 和渐近分数建立联系. 由 § 33 式(5)知 $k_nh_{n+1}-k_{n+1}h_n=(-1)^n$, 所以线性方程组

$$\begin{cases}xk_n+yk_{n+1}=b,\\ xh_n+yh_{n+1}=a\end{cases}$$

有整数解

$$x=(-1)^n(bh_{n+1}-ak_{n+1}),$$
$$y=(-1)^n(-bh_n+ak_n).$$

这样就有整数 x,y 使得

$$\xi_0b-a=x(\xi_0k_n-h_n)+y(\xi_0k_{n+1}-h_{n+1}). \tag{24}$$

我们用反证法来证(i). 若 $0<b<k_{n+1}$. 我们来证这时必有

$$xy<0. \tag{25}$$

因为, 如果 $x=0$, 则 $b=yk_{n+1}\geqslant k_{n+1}$(注意 $b>0$), 这和假设 $0<b<k_{n+1}$ 矛盾; 如果 $y=0$, 则 $b=xk_n$, $a=xh_n$, 因而有 $|\xi_0b-a|=x|\xi_0k_n-h_n|$, 这和条件(22)矛盾. 这就证明了 $xy\neq0$. 如果 $xy>0$, 则有 $b=|x|k_n+|y|k_{n+1}>k_{n+1}$, 这又和假设 $0<b<k_{n+1}$ 矛盾. 所以, 若 $0<b<k_{n+1}$, 则必有式(25)成立.

但另一方面, 由式(14)知 $\xi_0k_n-h_n$ 依次交替改变正负号(这由式(18)也可看出). 因此, 当式(25)成立时, 由式(24)推出

$$\begin{aligned}|\xi_0b-a|&=|x||\xi_0k_n-h_n|+|y||\xi_0k_{n+1}-h_{n+1}|\\&>|\xi_0k_n-h_n|.\end{aligned}$$

这和条件(22)矛盾. 这就证明了(i).

由(i)立即可推出(ii). 条件(23)可改写为

$$|\xi_0b-a|<(b/k_n)|\xi_0k_n-h_n|,\quad n\geqslant1. \tag{26}$$

若 $b\leqslant k_n$, 则条件(26)推出条件(22)成立, 因而由已证明的(i)推出 $b\geqslant k_{n+1}$. 但当 $n\geqslant1$ 时, 由 § 33 式(3)知 $k_{n+1}>k_n$, 矛盾. 所以当 $n\geqslant1$ 时必有 $b>k_n$. 证毕.

下面的定理表明: 一个无理数的"好的"有理分数逼近一定是

它的渐近分数①给出的逼近.

定理 7 设 ξ_0 是无理数. 若有有理分数 $a/b, b\geqslant 1$, 使得

$$|\xi_0-a/b|<1/(2b^2), \tag{27}$$

那么, a/b 一定是 ξ_0 的某个渐近分数.

证 由 § 33 式(3)知, 存在唯一的 n 使得

$$k_n\leqslant b<k_{n+1}. \tag{28}$$

先来证明必有 $b=k_n$. 若不然, 必有

$$k_n<b<k_{n+1}, \tag{29}$$

及 a/b 不是渐近分数(为什么). 因而有

$$|h_n/k_n-a/b|\geqslant 1/(bk_n). \tag{30}$$

由 $b<k_{n+1}$ 从定理 6(i)推出

$$|\xi_0k_n-h_n|\leqslant|\xi_0b-a|, \tag{31}$$

这样, 由式(30), (31)及条件(27)得到

$$\begin{aligned}1/(bk_n)&\leqslant|h_n/k_n-a/b|\leqslant|\xi_0-h_n/k_n|+|\xi_0-a/b|\\&<1/(2bk_n)+1/(2b^2).\end{aligned}$$

由上式推出 $b<k_n$, 矛盾. 所以, 必有 $b=k_n$. 进而由上式的右半不等式(这是由条件(27)及式(31)推出的, 所以一定成立)得到

$$|h_n/k_n-a/k_n|<1/k_n^2,$$

即 $|h_n-a|<1/k_n$, 所以 $a=h_n$. 因此, $a/b=h_n/k_n$ 是 ξ_0 的一个渐近分数. 证毕.

作为定理 7 的一个应用, 我们来部分地回答 § 32 例 3 提出的问题.

定理 8 设 $d>1$ 不是平方数. 若不定方程

$$x^2-dy^2=\pm 1 \tag{32}$$

有解 $x=x_0>0, y=y_0>0$. 那么, x_0/y_0 一定是 $\sqrt{d}$ 的某个渐近分数 h_n/k_n, 且 $x_0=h_n, y_0=k_n$.

证 这时必有 $x_0\geqslant y_0$. 若不然, 从 $y_0>x_0$ 可推出

① 一个无理数的渐近分数就是指它的无限简单连分数表示式的渐近分数.

$$\pm 1 = x_0^2 - dy_0^2 < y_0^2 - dy_0^2 \leqslant -y_0^2 \leqslant -1.$$

这不可能. 由 x_0, y_0 是解及 $x_0 \geqslant y_0$ 可得

$$|x_0/y_0 - \sqrt{d}| = 1/(y_0^2(x_0/y_0 + \sqrt{d})) < 1/(2y_0^2).$$

$\sqrt{d}$ 是无理数(为什么),利用上式,由定理 7 就推出 x_0/y_0 必为 $\sqrt{d}$ 的渐近分数 h_n/k_n,由此及 $(x_0, y_0) = 1$ 即得 $x_0 = h_n, y_0 = k_n$. 证毕.

虽然,定理 8 并未回答不定方程(32)是否有解,但结论表明,我们只要在 $\sqrt{d}$ 的渐近分数中去寻找(32)的解. 这就要求我们去研究 $\sqrt{d}$ 的无限简单连分数表示式的性质,这将在 § 35 讨论.

像式(27)这样"好的"逼近是否一定存在呢?回答是肯定的,这就是下面的定理.

定理 9 设 $n \geqslant 0, h_n/k_n, h_{n+1}/k_{n+1}$ 是无理数 ξ_0 的两个相邻的渐近分数. 那么,

$$|\xi_0 - h_n/k_n| < 1/(2k_n^2),$$

或

$$|\xi_0 - h_{n+1}/k_{n+1}| < 1/(2k_{n+1}^2),$$

至少有一个成立.

证 若两式都不成立,那么利用式(14)可得

$$\begin{aligned}1/(2k_n^2) + 1/(2k_{n+1}^2) &\leqslant |\xi_0 - h_n/k_n| + |\xi_0 - h_{n+1}/k_{n+1}| \\ &\leqslant |h_n/k_n - h_{n+1}/k_{n+1}| = 1/(k_n k_{n+1}),\end{aligned}$$

最后一步用到了 § 33 式(5). 进而有

$$2k_n k_{n+1} \geqslant k_n^2 + k_{n+1}^2.$$

而这仅当 $k_n = k_{n+1}$ 时才能成立. 由此及 § 33 式(3)知,必有 $n = 0$, $k_0 = k_1 = a_1 = 1, h_0 = a_0, h_1 = a_1 a_0 + 1$. 故有

$$a_0 + 1/2 < \xi_0 < a_0 + 1, \quad h_1/k_1 = a_0 + 1.$$

由此推出

$$|\xi_0 - h_1/k_1| = |\xi_0 - (a_0 + 1)| < 1/2 = 1/(2k_1^2).$$

这和假设矛盾. 证毕.

由定理 9 立即推出(读者自证)：存在无穷多个有理分数 a/b 满足：

$$|\xi_0 - a/b| < 1/(2b^2). \tag{33}$$

例 5 求$\sqrt{8}$的分母最小的渐近分数，其误差$\leqslant 10^{-6}$.

在例 4 中已求出$\sqrt{8}=\langle 2,1,4,1,4,1,4,\cdots\rangle$. 我们先列表求出 h_n, k_n，然后根据式(16)估计误差.

n	0	1	2	3	4	5	6	7	8	9
a_n	2	1	4	1	4	1	4	1	4	1
h_n	2	3	14	17	82	99	478	577	2786	3363
k_n	1	1	5	6	29	35	169	204	985	1189

由上表知，取 $n=8,7$ 时，由式(16)可得

$$\left|\sqrt{8}-\frac{h_8}{k_8}\right| = \left|\sqrt{8}-\frac{2786}{985}\right| < \frac{1}{985\cdot 1189} = \frac{1}{1171165} < 10^{-6},$$

$$\left|\sqrt{8}-\frac{h_7}{k_7}\right| = \left|\sqrt{8}-\frac{577}{204}\right| > \frac{1}{204(204+985)} = \frac{1}{242556} > 10^{-6}.$$

因此要求的渐近分数是 $h_8/k_8=2786/985$.

请读者自己找出$\sqrt{8}$的这些渐近分数中，哪些满足式(27).

习题三十四

1. 求以下无限简单连分数的值：

(i) $\langle 2,3,1,1,1,\cdots\rangle$;

(ii) $\langle 1,2,3,1,2,3,1,2,3,\cdots\rangle$;

(iii) $\langle 0,2,1,3,1,3,1,3,\cdots\rangle$;

(iv) $\langle -2,2,1,2,1,2,1,\cdots\rangle$.

2. 设 a,b 是正整数，a 整除 b，即 $b=ac$. 证明：

$$\langle b,a,b,a,b,a,\cdots\rangle=(b+\sqrt{b^2+4c})/2.$$

3. 求以下无理数的无限简单连分数，前六个渐近分数，前七个完全商，以及该无理数和它的前六个渐近分数的差.

(i) $\sqrt{29}$；(ii) $(\sqrt{10}+1)/3$.

4. 设 ξ_0 是无理数，它的无限简单连分数是 $\langle a_0,a_1,a_2,\cdots\rangle$. 证明：当 $a_1>1$ 时，$-\xi_0=\langle -a_0-1,1,a_1-1,a_2,a_3,\cdots\rangle$；当 $a_1=1$ 时，$-\xi_0=\langle -a_0-1,a_2+1,a_3,\cdots\rangle$.

5. 我们说数 β 等价于数 α，如果存在整数 a,b,c,d，满足 $ad-bc=\pm1$，使得 $\beta=(a\alpha+b)/(c\alpha+d)$. 证明：(i) 任意的数 α 必与自身等价. (ii) 若 β 等价于 α，则 α 等价于 β. (iii) 若 α 等价于 β，β 等价于 γ，则 α 等价于 γ. (iv) 有理数一定等价于零. (v) 任意两个有理数一定等价. (vi) 设 α,β 是两个实无理数. 那么，α 与 β 等价的充要条件是它们的无限简单连分数为如下形式：

$$\alpha=\langle a_0,\cdots,a_m,c_0,c_1,c_2,\cdots\rangle,$$

$$\beta=\langle b_0,\cdots,b_n,c_0,c_1,c_2,\cdots\rangle.$$

6. (i) 设实数 $x\geqslant1$，及 $x+x^{-1}<\sqrt{5}$. 证明：

$$1\leqslant x<(\sqrt{5}+1)/2.$$

(ii) 设 ξ_0 是无理数，$h_{n-1}/k_{n-1},h_n/k_n,h_{n+1}/k_{n+1}\,(n\geqslant1)$ 是 ξ_0 的三个相邻的渐近分数. 那么，以下三个不等式

$$|\xi_0-h_j/k_j|<1/(\sqrt{5}\,k_j^2),\quad j=n-1,n,n+1$$

至少有一个成立(提示：用反证法，并利用(i).).

(iii) 存在无穷多个有理分数 a/b，满足 $|\xi_0-a/b|<1/(\sqrt{5}\,b^2)$.

(iv) 找出例 5 中 $\sqrt{8}$ 的那些渐近分数中，哪些满足(ii)中的不等式.

§ 35　二次无理数与循环连分数

特殊形式的无理数的无限简单连分数应有特殊的形式与性质. 本节将讨论所谓二次无理数的无限简单连分数，并在下一节利用它的性质来解 Pell 方程. 我们先来讨论二次无理数.

一个复数 α 称为**二次无理数**，如果 α 是某个整系数二次方程

$$\begin{cases} ax^2+bx+c=0, \\ \text{判别式 } b^2-4ac \text{ 不是平方数} \end{cases} \tag{1}$$

的根. 方程(1)有两个不同的根：

$$-b/(2a)+\sqrt{b^2-4ac}/(2a), \quad -b/(2a)-\sqrt{b^2-4ac}/(2a). \tag{2}$$

α 必为其中之一. 当二次无理数 α 为实数时，就称为**实二次无理数**. 由式(2)知，α 是实二次无理数当且仅当

$$b^2-4ac>0. \tag{3}$$

定理 1　α 是二次无理数的充要条件是存在非平方数的整数 d，及有理数 $r,s,s\neq 0$，使得

$$\alpha=r+s\sqrt{d}. \tag{4}$$

此外，α 是实二次无理数的充要条件是 $d>0$.

证　必要性由二次无理数的定义及式(2)推出.

充分性　设 α 由式(4)给出. 显见，α 满足二次方程

$$x^2-2rx+(r^2-ds^2)=0.$$

表示 $r=h/l, s=k/l, l,h,k$ 为整数，$l>0, k\neq 0$，方程变为

$$l^2x^2-2lhx+(h^2-dk^2)=0. \tag{5}$$

它的判别式等于

$$(2lh)^2-4l^2(h^2-dk^2)=(2lk)^2d,$$

由 d 不是平方数就推出这判别式也不是平方数，所以 α 是二次无理数. 当 $d>0$ 时，α 为实数. 证毕.

由于 d 是非平方数的充要条件是

$$d=n_1^2 m, \tag{6}$$

n_1 是正整数，$m\neq 0,1$ 且无平方因数. 因此，由定理 1 立即推出：

推论 2 当要求定理 1 中的整数 $d\neq 0,1$，且无平方因数时，定理 1 仍然成立.

定理 3 设整数 d 不是平方数. 那么，形如 $r+s\sqrt{d}$ (r,s 是有理数)的数的和、差、积、商仍是这种形式的数.

证明留给读者.

设整数 d 不是平方数，r,s 是有理数. 我们把

$$\alpha=r+s\sqrt{d}, \quad \alpha'=r-s\sqrt{d} \tag{7}$$

称为是**共轭数**，也说 α' 是 α 的**共轭数**. 当 $s=0$ 时，$\alpha=\alpha'=r$ 都是有理数. 当 $s\neq 0$ 时，由定理 1 的证明知，α,α' 都是二次无理数，且是判别式不是平方数的整系数二次方程(5)的两个根. 反过来，满足这样的二次方程(1)的两个根由式(2)给出，是一对共轭数. 显见，α' 的共轭数是 α，以及对给定的非平方数 d，形如 $r+s\sqrt{d}$ 的数的和、差、积及商的共轭数就等于这些数的共轭数的和、差、积及商(证明留给读者).

由 §34 的例 1～4 可以看出：这些二次无理数的无限简单连分数中的元素 a_n 具有某种周期性，以及这些具有周期性的连分数的值是二次无理数. 这在一般情形下是否也成立呢？回答是肯定的. 下面就来讨论这个问题.

设无限简单连分数

$$\xi_0=\langle a_0,a_1,a_2,\cdots\rangle. \tag{8}$$

若存在正整数 k，使对所有的 $j\geqslant 0$，总有

$$a_{j+k}=a_j, \tag{9}$$

则称 ξ_0 是**纯循环简单连分数**，简称**纯循环连分数**. 显见，这样的 k

不是唯一的. 使式(9)成立的正整数 k 中的最小的记作 l,称 l 是这个纯循环连分数 ξ_0 的**周期**. 容易证明(留给读者): (i) 对任一使式(9)成立的 k,必有 $l|k$. (ii) 对任一 $n\geqslant 0$,ξ_n 也是纯循环连分数,且周期也是 l.

若存在整数 $m\geqslant 0$,使得 ξ_m 是纯循环连分数,则称 ξ_0 是**循环连分数**. 这种整数 m 中的最小的记作 m_0,称 ξ_{m_0}是 ξ_0 的**最大纯循环部分**,ξ_{m_0}的周期称为是 ξ_0 的**周期**. 容易证明(留给读者): 若 ξ_0 是循环连分数,则对任一 $n\geqslant 0$,ξ_n 也是循环连分数,且周期都相同. 为简单起见,周期为 l 的纯循环连分数 ξ_0 记作

$$\xi_0=\langle\overline{a_0,\cdots,a_{l-1}}\rangle. \tag{10}$$

最大纯循环部分为 ξ_{m_0},周期为 l 的循环连分数 ξ_0 记作

$$\xi_0=\langle a_0,\cdots,a_{m_0-1},\overline{a_{m_0},\cdots,a_{m_0+l-1}}\rangle. \tag{11}$$

例如, § 34 例 1 中的 $\langle 1,1,1,\cdots\rangle$ 是周期为 1 的纯循环连分数,可记作 $\langle\overline{1}\rangle$. 例 2 中的 $\langle -1,3,1,2,4,1,2,4,\cdots\rangle$ 是 $m_0=2,l=3$ 的循环连分数,可记作 $\langle -1,3,\overline{1,2,4}\rangle$. 例 4 中的连分数是 $m_0=1$,$l=2$ 的循环连分数,可记作 $\langle 2,\overline{1,4}\rangle$. $\langle 1,4,1,4,\cdots\rangle$ 是 $l=2$ 的纯循环连分数,可记作 $\langle\overline{1,4}\rangle$.

定理 4 (i) 纯循环连分数 ξ_0 的值一定是实二次无理数,$\xi_0>1$,以及它的共轭数 ξ_0' 满足 $-1<\xi_0'<0$.

(ii) 循环连分数的值是实二次无理数.

证 (i) 设纯循环连分数 ξ_0 的周期为 l. 因而有

$$\xi_0=\langle a_0,\cdots,a_{l-1},\xi_0\rangle.$$

由 $a_0=a_l\geqslant 1$ 知 $\xi_0>1$. 由 § 34 式(17)知

$$\xi_0=\frac{h_{l-1}\xi_0+h_{l-2}}{k_{l-1}\xi_0+k_{l-2}},$$

这里 h_n,k_n 由 § 33 式(2)给出. 因此 ξ_0 满足整系数二次方程

$$f(x)=k_{l-1}x^2+(k_{l-2}-h_{l-1})x-h_{l-2}=0.$$

由于无限简单连分数 ξ_0 的值一定是无理数,所以上述二次方程的

判别式一定不是平方数,因而 ξ_0 是实二次无理数. 由于 $a_j\geqslant 1, j\geqslant 0$,所以由 §33 式(2)知

$$f(0)=-h_{l-2}\leqslant -1,\quad l\geqslant 1.$$

$$\begin{aligned}f(-1)&=(k_{l-1}-k_{l-2})+(h_{l-1}-h_{l-2})\\&=k_{l-2}(a_{l-1}-1)+h_{l-2}(a_{l-1}-1)\\&\quad+k_{l-3}+h_{l-3}\geqslant 1,\quad l\geqslant 1.\end{aligned}$$

所以 ξ_0 的共轭数 ξ_0' 即 $f(x)=0$ 的另一根必满足 $-1<\xi_0'<0$.

(ii) 由式(11)及 §34 式(17)知

$$\begin{aligned}\xi_0&=\langle a_0,\cdots,a_{m_0-1},\xi_{m_0}\rangle\\&=\frac{h_{m_0-1}\xi_{m_0}+h_{m_0-2}}{k_{m_0-1}\xi_{m_0}+k_{m_0-2}}.\end{aligned}$$

由此及(i)就推出所要结论. 证毕.

本节主要证明定理 4 的逆定理也成立.

定理 5 设 ξ_0 是实二次无理数. 那么,

(i) ξ_0 的无限简单连分数表示式一定是一个循环连分数.

(ii) 设 ξ_0' 是 ξ_0 的共轭数. 若满足 $\xi_0>1, -1<\xi_0'<0$,则 ξ_0 的无限简单连分数表示式一定是一个纯循环连分数.

证 由定理 1 知,实二次无理数 ξ_0 一定可表为(为什么)

$$\xi_0=(\sqrt{d}+c)/q,\quad d,q,c\in\mathbf{Z}, d>1 \text{ 是非平方数}.$$

但这时并不一定满足条件 $q\mid d-c^2$. 当用 §34 定理 4 的方法来求 ξ_0 的无限简单连分数表示式时,如果有这条件成立则可使求表示式的过程简单. 注意到表达式

$$\xi_0=(\sqrt{dq^2}+c|q|)/(q|q|)$$

就满足这条件,因此,ξ_0 一定可表为:

$$\xi_0=(\sqrt{d}+c_0)/q_0,\quad q_0\mid d-c_0^2,\tag{12}$$

这里 $d>1$ 是非平方数. 现在用 §34 定理 4 的方法来求 ξ_0 的无限简单连分数表示. 以下符号均和 §34 定理 4 相同.

先证明 ξ_j 均可表为式(12)的形式. 我们有 $a_0=[\xi_0]$,

$$\xi_1^{-1}=\xi_0-a_0=\frac{d-(a_0q_0-c_0)^2}{q_0(\sqrt{d}+(a_0q_0-c_0))}. \tag{13}$$

取

$$c_1=a_0q_0-c_0, \tag{14}$$

就推出 $q_0|d-c_1^2$. 设

$$q_1q_0=d-c_1^2, \tag{15}$$

就得 ξ_1 可表为式(12)的形式：

$$\xi_1=(\sqrt{d}+c_1)/q_1,\quad q_1|d-c_1^2. \tag{16}$$

继续依此递推定义：若对 $j(\geqslant 0)$ 有

$$\xi_j=(\sqrt{d}+c_j)/q_j,\quad q_j|d-c_j^2, \tag{17}$$

则由 $a_j=[\xi_j]$ 及取

$$c_{j+1}=a_jq_j-c_j,\quad q_{j+1}q_j=d-c_{j+1}^2 \tag{18}$$

得(注意：d 不是平方数，所以 q_j 均不为零)

$$\xi_{j+1}=(\sqrt{d}+c_{j+1})/q_{j+1},\quad q_{j+1}|d-c_{j+1}^2. \tag{19}$$

这就证明了所要的结论，即式(17)对所有 $j\geqslant 0$ 成立，c_j,q_j 由式(18)给出. 为了证明 ξ_0 是循环连分数，只要证明存在 $k>h\geqslant 0$ 使 $\xi_h=\xi_k$(为什么). 由 ξ_j 有式(17)的表示式知，这就等价于要证明：存在 $k>h\geqslant 0$ 使

$$q_k=q_h,\quad c_k=c_h. \tag{20}$$

现在先来证明式(20)可由下面的结论推出：存在 $j_0\geqslant 0$，使得当 $j\geqslant j_0$ 时

$$q_j>0. \tag{21}$$

若式(21)成立，则当 $j\geqslant j_0$ 时，由式(18)知：

$$0<q_jq_{j+1}=d-c_{j+1}^2\leqslant d.$$

因此，$\{q_j\}$ 只取有限多个值，$\{c_j\}$ 也只取有限多个值. 由此容易推出式(20)(留给读者)，这就证明了(i).

式(21)的证明 由 § 34 式(17)($n=j-1$)解出 ξ_j 得

$$\xi_j=-\frac{k_{j-2}}{k_{j-1}}\left(\frac{\xi_0-r^{(j-2)}}{\xi_0-r^{(j-1)}}\right),\quad j\geqslant 2. \tag{22}$$

这里 $r^{(n)}=h_n/k_n$. 设 ξ_n' 是 ξ_n 的共轭数. 由上式及式(21)得

$$\xi_j'=-\frac{k_{j-2}}{k_{j-1}}\left(\frac{\xi_0'-r^{(j-2)}}{\xi_0'-r^{(j-1)}}\right)=\frac{-\sqrt{d}+c_j}{q_j}. \qquad (23)$$

由于当 $j\to\infty$ 时 $r^{(j)}\to\xi_0$, 以及 $\xi_0\neq\xi_0'$(为什么), 所以必有 $j_0\geqslant2$, 使 $j\geqslant j_0$ 时 $\xi_j'<0$(为什么). 由此及 $\xi_j>1$ $(j\geqslant1)$, 再利用上式及式(17)得

$$1<\xi_j-\xi_j'=2\sqrt{d}/q_j,\quad j\geqslant j_0. \qquad (24)$$

$$0<q_j<2\sqrt{d},\quad j\geqslant j_0. \qquad (25)$$

所以式(21)成立.

下面来证明(ii). 设 $\xi_0=\langle a_0,a_1,\cdots\rangle$. 由 $\xi_0>1$ 知 $a_j\geqslant1, j\geqslant0$. (i) 已经证明必有 $k>h\geqslant0$ 使

$$\xi_h=\xi_k. \qquad (26)$$

若 $h=0$, 则结论成立. 若 $h>0$, 我们来证明由式(26)可推出

$$\xi_{h-1}=\xi_{k-1}. \qquad (27)$$

因而, 依次可得 $\xi_{h-2}=\xi_{k-2},\cdots,\xi_0=\xi_{k-h}$, 这也证明了所要的结论. 所用的方法是以 ξ_{j+1}' 来表 a_j.

由条件知 $\xi_j>1, j\geqslant0$. 现用归纳法来证明当 $j\geqslant0$ 时,

$$-1<\xi_j'<0. \qquad (28)$$

由条件知, $j=0$ 时成立. 假设 $j=n(\geqslant0)$ 时成立. 当 $j=n+1$ 时

$$\xi_{n+1}'=1/(\xi_n'-a_n),$$

利用 $a_n\geqslant1(n\geqslant0)$ 和归纳假设, 从上式就推出式(28)对 $j=n+1$ 成立. 这就证明了式(28)对所有的 $j\geqslant0$ 成立.

由于 $a_j=\xi_j-1/\xi_{j+1}$, 所以 $a_j=\xi_j'-1/\xi_{j+1}'$. 由此及式(28)得

$$0<-a_j-1/\xi_{j+1}'<1.$$

因而得

$$a_j=[-1/\xi_{j+1}'],\quad j\geqslant0. \qquad (29)$$

由此及 $\xi_h'=\xi_k'$ 就推出当 $h\geqslant1$ 时

$$a_{h-1}=a_{k-1}.$$

由此及式(26)就得到

$$\xi_{h-1}=a_{h-1}+1/\xi_h=a_{k-1}+1/\xi_k=\xi_{k-1},$$

即式(27)成立. 证毕.

例 1 求 $\xi_0=(\sqrt{14}+1)/2$ 的循环连分数.

解 我们按定理 5 的方法来求,即要求出最小的 $k>h\geqslant 0$ 使 $\xi_h=\xi_k$,即式(20)成立. 为使条件(12)成立,ξ_0 应表为

$$\xi_0=(\sqrt{56}+2)/4,\quad d=56,$$

$$c_0=2,\quad q_0=4,\quad a_0=[\xi_0]=2.$$

现按递推公式(18)及(19)来求 c_j,q_j,ξ_j,a_j.

$$
\begin{array}{ll}
c_0=2, & q_0=4, \\
\xi_0=(\sqrt{56}+2)/4, & a_0=2. \\
c_1=2\cdot 4-2=6, & q_1=(56-6^2)/4=5, \\
\xi_1=(\sqrt{56}+6)/5, & a_1=2. \\
c_2=2\cdot 5-6=4, & q_2=(56-4^2)/5=8, \\
\xi_2=(\sqrt{56}+4)/8, & a_2=1. \\
c_3=1\cdot 8-4=4, & q_3=(56-4^2)/8=5, \\
\xi_3=(\sqrt{56}+4)/5, & a_3=2. \\
c_4=2\cdot 5-4=6, & q_4=(56-6^2)/5=4, \\
\xi_4=(\sqrt{56}+6)/4, & a_4=3. \\
c_5=3\cdot 4-6=6, & q_5=(56-6^2)/4=5, \\
\xi_5=(\sqrt{56}+6)/5, & a_5=2.
\end{array}
$$

这就求出了 $h=1,k=5$ 是使 $\xi_k=\xi_h$ 的最小的值. 因而得到

$$\xi_0=(\sqrt{14}+1)/2=\langle 2,\overline{2,1,2,3}\rangle.$$

设 $d>1$ 是非平方数,ξ_0 由式(12)给出. 由定理 5 知 ξ_j 可由式(17)表出,但另一方面 ξ_0 和 ξ_j 之间又有一般的关系式——§34 式(17). 因此,由这两个关系式可推出 $\{c_n\},\{q_n\}$ 和 $\{h_n\},\{k_n\}$ 之间的关系,下面的定理就是刻画这种关系.

定理 6 设 ξ_0 由式(12)给出,

$$\xi_0=\langle a_0,a_1,a_2,\cdots\rangle.$$

再设 h_n,k_n 由 § 33 式(2)给出，c_n,q_n 由式(17)给出. 那么有

$$(-1)^{n+1}c_n=(q_0h_{n-1}h_{n-2}-c_0(h_{n-1}k_{n-2}+h_{n-2}k_{n-1}))$$
$$-\frac{d-c_0^2}{q_0}k_{n-1}k_{n-2},\quad n\geqslant 0. \tag{30}$$

$$(-1)^n q_0q_n=(q_0h_{n-1}-c_0k_{n-1})^2-dk_{n-1}^2,\quad n\geqslant 0. \tag{31}$$

特别地，当 $c_0=0,q_0=1$，即 $\xi_0=\sqrt{d}$ 时有

$$(-1)^{n+1}c_n=h_{n-1}h_{n-2}-dk_{n-1}k_{n-2},\quad n\geqslant 0. \tag{32}$$

$$(-1)^n q_n=h_{n-1}^2-dk_{n-1}^2.\quad n\geqslant 0. \tag{33}$$

证 由 § 34 式(17)得

$$\xi_0=(h_{n-1}\xi_n+h_{n-2})/(k_{n-1}\xi_n+k_{n-2}),\quad n\geqslant 0.$$

ξ_0,ξ_n 用表达式(17)代入得到

$$\frac{\sqrt{d}+c_0}{q_0}=\frac{h_{n-1}(\sqrt{d}+c_n)+h_{n-2}q_n}{k_{n-1}(\sqrt{d}+c_n)+k_{n-2}q_n},\quad n\geqslant 0.$$

$$(\sqrt{d}+c_0)(k_{n-1}(\sqrt{d}+c_n)+k_{n-2}q_n)$$
$$=q_0(h_{n-1}(\sqrt{d}+c_n)+h_{n-2}q_n),\quad n\geqslant 0.$$

由上式比较系数得

$$(q_0h_{n-1}-c_0k_{n-1})c_n+(q_0h_{n-2}-c_0k_{n-2})q_n=dk_{n-1},\quad n\geqslant 0,$$
$$k_{n-1}c_n+k_{n-2}q_n=(q_0h_{n-1}-c_0k_{n-1}),\quad n\geqslant 0.$$

由以上两式解出 q_n,c_n，利用 § 33 式(5)简化后即得式(30)及(31). 由于 $q_0|d-c_0^2$，所以式(31)的右边可被 q_0 整除. 证毕.

对特殊的实二次无理数，q_n 应有特殊的性质. 下面来讨论最简单的情形.

定理 7 设 $d>1$ 是非平方数，$\xi_0=\sqrt{d}+[\sqrt{d}]$. 再设 ξ_j,a_j 同 § 34 定理 4，以及 c_j,q_j 是由 ξ_j 的表示式(17)确定. 那么，

(i) $q_j=1$ 的充要条件是 $l|j$，这里 l 是 ξ_0 的纯循环连分数的周期.

(ii) 对任意的 $j\geqslant 0,q_j\neq -1$.

证 设 ξ_0 的共轭数是 ξ_0'. 我们有

$$\xi_0>1,\quad -1<\xi_0'=-\sqrt{d}+[\sqrt{d}]<0.$$

所以由定理 5 知 ξ_0 的无限简单连分数是纯循环的. 因此任一 ξ_j 的无限简单连分数都是纯循环的. 若 $q_j=1$, 则由式(17)知 $\xi_j=\sqrt{d}+c_j$. 因而由定理 4 知, 必有

$$\xi_j>1,\quad -1<\xi_j'=-\sqrt{d}+c_j<0.$$

因此, 必有 $c_j=[\sqrt{d}]$, 即 $\xi_j=\xi_0$. 这就证明了 $q_j=1$ 的充要条件是 $\xi_j=\xi_0$. 由此及 $l\mid j$ 就证明了(i).

下面来证(ii). 若有 $j\geqslant 0$ 使 $q_j=-1$, 则 $\xi_j=-\sqrt{d}-c_j$. 由于前面已指出 ξ_j 的无限简单连分数一定是纯循环的, 故由定理 4(i)知, 必须有

$$\xi_j=-\sqrt{d}-c_j>1,\quad -1<\xi_j'=\sqrt{d}-c_j<0,$$

即有

$$-\sqrt{d}-1>c_j>\sqrt{d},$$

这是不可能的. 所以对任意的 $j\geqslant 0, q_j\neq -1$. 证毕.

推论 8 在定理 7 的条件和符号下,

$$\xi_0=\sqrt{d}+[\sqrt{d}]=\langle\overline{a_0,a_1,\cdots,a_{l-1}}\rangle, a_0=2[\sqrt{d}]. \tag{34}$$

以及

$$\tilde{\xi}_0=\sqrt{d}=\langle[\sqrt{d}],\overline{a_1,\cdots,a_{l-1},a_0}\rangle. \tag{35}$$

此外, 若设 $\tilde{\xi}_0=\langle\tilde{a}_0,\tilde{a}_1,\tilde{a}_2,\cdots\rangle$, $\tilde{\xi}_j=\langle\tilde{a}_j,\tilde{a}_{j+1},\cdots\rangle$, 以及

$$\tilde{\xi}_j=(\sqrt{d}+\tilde{c}_j)/\tilde{q}_j,\quad \tilde{c}_{j+1}=\tilde{a}_j\tilde{q}_j-\tilde{c}_j,$$

$$\tilde{q}_{j+1}\tilde{q}_j=d-\tilde{c}_{j+1}^2,\quad j\geqslant 0,$$

$\tilde{c}_0=0, \tilde{q}_0=1$. 那么, $\tilde{a}_0=[\sqrt{d}]$,

$$\tilde{\xi}_j=\ _j,\quad \tilde{a}_j=a_j,\quad \tilde{c}_j=c_j,\quad j\geqslant 1,$$

$$\tilde{q}_j=q_j,\quad j\geqslant 0,$$

以及 $\tilde{q}_j=1$ 的充要条件是 $l\mid j$, 对任意的 $j\geqslant 0, \tilde{q}_j\neq -1$.

利用 $\tilde{\xi}_1=\xi_1$, 从定理 7 立即推出所有结论, 详细论证留给读

者. §34 例 4 给出了定理 7 的具体例子.

定理 6 和定理 7 是应用连分数理论解 Pell 方程的基础.

习题三十五

1. 设$\langle a_0,a_1,a_2,\cdots\rangle$是循环连分数,周期为 l,h_n/k_n 是它的渐近分数,$\xi_n=\langle a_n,a_{n+1},\cdots\rangle$. 证明:

(i) $\xi_{n+1}+k_{n-1}/k_n=\langle \xi_{n+1},a_n,\cdots,a_1\rangle$.

(ii) 数列 $\xi_{n+1}+k_{n-1}/k_n(n\geqslant 0)$的极限点至多有 l 个,它们是

$$\lambda_k=\langle \overline{a_k,\cdots,a_{k+l-1}}\rangle+(\langle \overline{a_{k-1},\cdots,a_{k-l}}\rangle)^{-1},$$

$k=m_0+l,\cdots,m_0+2l-1$,这里假定 ξ_0 由 §5 式(14)给出.

(iii) 对 $\xi_0=\langle 0,5,8,6,\overline{1,1,1,4}\rangle$,求出(ii)中的各个极限点.

2. 求以下二次无理数的循环连分数表示式,它的纯循环部分及周期.

(i) $(5+\sqrt{37})/3$;　　(ii) $(6+\sqrt{43})/7$;

(iii) $(3+\sqrt{7})/2$.

3. 设二次无理数 $\alpha=(a+\sqrt{d})/b$,a,b,d 是整数,$b>0$,d 是非平方数. α' 是 α 的共轭数. 证明:有 $\alpha>1$,$-1<\alpha'<0$ 成立的充要条件是:$0<a<\sqrt{d}$,$\sqrt{d}-a<b<\sqrt{d}+a$. 进而求出

(i) $a=[\sqrt{d}]$时所有满足 $\alpha>1$,$-1<\alpha'<0$ 的 α;

(ii) $b=1$ 时的所有这种 α;

(iii) $a=1$ 时的所有这种 α.

以 $d=7,19$ 为例,具体说明以上结论.

4. 设 $\xi_0=\langle \overline{a_0,a_1,\cdots,a_n}\rangle$,$\xi_0'$ 是 ξ_0 的共轭数. 证明:

$$-1/\xi_0'=\langle \overline{a_n,a_{n-1},\cdots,a_0}\rangle.$$

5. 证明:当且仅当 $d=a^2+1$(a 是正整数)时,$\sqrt{d}$ 的循环连分数的周期为 1,且 $\sqrt{a^2+1}=\langle a,\overline{2a}\rangle$. 由此求 $\sqrt{101}$,$\sqrt{325}$,$\sqrt{2602}$的循环连分数.

6. 设整数 $a\geqslant 2$. 证明:(i) $\sqrt{a^2-1}=\langle a-1,\overline{1,2a-2}\rangle$;

(ii) $\sqrt{a^2-a}=\langle a-1,\overline{2,2a-2}\rangle$. 举例说明(i),(ii)的应用.

7. 设整数 $a\geqslant 3$. 证明：

(i) $\sqrt{a^2-2}=\langle a-1,\overline{1,a-2,1,2a-2}\rangle$;

(ii) $\sqrt{a^2+2}=\langle a,\overline{a,2a}\rangle$. 具体举例说明(i),(ii)的应用.

8. 设 a 是奇数. 证明：

(i) 当 $a>1$ 时, $\sqrt{a^2+4}=\langle a,\overline{(a-1)/2,1,1,(a-1)/2,2a}\rangle$.

(ii) $a>3$ 时, $\sqrt{a^2-4}=\langle a-1,\overline{1,(a-3)/2,2,(a-3)/2,1,2a-2}\rangle$. 具体举例说明(i),(ii)的应用.

9. 证明：$\sqrt{d}$ 的循环连分数周期等于 2 的充要条件是 $d=a^2+b$, $b>1$, $b\mid 2a$, 且 $\sqrt{a^2+b}=\langle a,\overline{2a/b,2a}\rangle$. 举例说明这一结论的应用.

10. 设 l 是正整数. 证明存在无穷多个 $\sqrt{d}$, 它的循环连分数的周期为 l.

11. 设 $\sqrt{d}$ 的循环连分数是

$$\langle[\sqrt{d}],\overline{a_1,\cdots,a_{l-1},2[\sqrt{d}]}\rangle,$$

l 是周期. 证明：$a_j=a_{l-j}$, $1\leqslant j\leqslant l/2$, 即

$$\langle a_1,\cdots,a_{l-1}\rangle=\langle a_{l-1},\cdots,a_1\rangle.$$

§ 36　$x^2-dy^2=\pm 1$

这一节我们应用连分数理论来解不定方程

$$x^2-dy^2=1, \tag{1}$$

及

$$x^2-dy^2=-1, \tag{2}$$

这里 d 是非平方数，$d>1$. 通常这类方程称为 Pell 方程，满足 $x>0, y>0$ 的解称为**正解**.

定理 1　设 $\xi_0=\sqrt{d}$，它的循环连分数周期为 l，渐近分数为 h_n/k_n. 那么，

(i) 当 l 为偶数时，不定方程(2)无解，不定方程(1)的全体正解为

$$x=h_{jl-1},\quad y=k_{jl-1},\quad j=1,2,3,\cdots; \tag{3}$$

(ii) 当 l 为奇数时，不定方程(2)的全部正解为

$$x=h_{lj-1},\quad y=k_{lj-1},\quad j=1,3,5,\cdots; \tag{4}$$

不定方程(1)的全部正解为

$$x=h_{lj-1},\quad y=k_{lj-1},\quad j=2,4,6,\cdots. \tag{5}$$

证　由 § 34 定理 8 知，若 x,y 是不定方程(1)或(2)的一组正解，那么必有某个 $n\geqslant 0$ 使 $x=h_n, y=k_n$. 另一方面由 § 35 式(33)得

$$h_n^2-dk_n^2=(-1)^{n+1}q_{n+1}. \tag{6}$$

由 § 35 推论 8(那里的 $\xi_0, \tilde{q}_j$ 即这里的 ξ_0, q_j)知，$q_j\neq -1$，及当且仅当 $l\mid j$ 时 $q_j=1$. 因此，仅当 $n+1=jl\,(j>0)$ 时，$h_n=h_{lj-1}, k_n=k_{lj-1}$ 才有可能是不定方程(1)或(2)的解，这时

$$h_{lj-1}^2-dk_{lj-1}^2=(-1)^{lj},\quad j>0.$$

由此就推出所要的全部结论. 证毕.

由于当 x,y 是不定方程(1)或(2)的解时，$\pm x,\pm y$(正、负号任意选取)也是不定方程(1)或(2)的解，再注意到 $\pm 1,0$ 是(1)的解，及 $h_{-1}=1,k_{-1}=0$，从定理1立即得到

推论 2 在定理1的符号和条件下，

(i) 当 l 为偶数时，不定方程(2)无解，不定方程(1)的全部解为

$$x=\pm h_{lj-1},\quad y=\pm k_{lj-1},\quad j=0,1,2,\cdots,\tag{7}$$

其中正、负号任意选取.

(ii) 当 l 为奇数时，不定方程(2)的全部解为

$$x=\pm h_{lj-1},\quad y=\pm k_{lj-1},\quad j=1,3,5,\cdots.\tag{8}$$

不定方程(1)的全部解为

$$x=\pm h_{lj-1},\quad y=\pm k_{lj-1},\quad j=0,2,4,\cdots,\tag{9}$$

以上正、负号均为任意选取.

定理1表明，为了求出不定方程(1)和(2)的全部正解，就要去求出 $\sqrt{d}$ 的所有渐近分数 $h_{lj-1}/k_{lj-1}(j=1,2,\cdots)$. 当然逐个去求不仅麻烦也是不可能的. 下面将证明只要求出 h_{l-1},k_{l-1}，其他的解都可用它很简单地表出. 为了叙述和推导方便起见，当 x,y 是不定方程(1)或(2)的(正)解时，我们就说二次无理数 $x+y\sqrt{d}$ 是不定方程(1)或(2)的(正)解.

定理 3 设 $\xi_0=\sqrt{d}$，它的循环连分数的周期为 l，渐近分数为 $h_n/k_n(n\geqslant 0)$. 那么有

$$h_{lj-1}+\sqrt{d}\,k_{lj-1}=(h_{l-1}+\sqrt{d}\,k_{l-1})^j,$$
$$j=1,2,\cdots.\tag{10}$$

证 记 $\rho_j=h_{lj-1}+\sqrt{d}\,k_{lj-1}$，它的共轭数

$$\rho_j'=h_{lj-1}-\sqrt{d}\,k_{lj-1}.$$

定理1证明了不定方程(1)和(2)(有解的话)的全部正解由 $\rho_j(j\geqslant 1)$给出. 易验证

$$\rho_j\rho_j'=h_{lj-1}^2-dk_{lj-1}^2=\pm 1,\quad j\geqslant 1.\tag{11}$$

$$\rho_{j+1}>\rho_j,\quad j\geqslant 1. \tag{12}$$

因此,对任意的 $j>1$,必有正整数 k 满足

$$\rho_1^k\leqslant\rho_j<\rho_1^{k+1}.$$

我们来证明必有

$$\rho_j=\rho_1^k. \tag{13}$$

若不然,则有

$$1<\rho_j\rho_1^{-k}<\rho_1. \tag{14}$$

由此及式(11)知

$$1<\rho_j\rho_1^{-k}=\rho_j(\pm\rho_1')^k=a+b\sqrt{d}<\rho_1,\quad a,b\in\mathbf{Z}. \tag{15}$$

$$\begin{aligned}a^2-db^2&=(a+b\sqrt{d})(a-b\sqrt{d})\\&=\rho_j(\pm\rho_1')^k\cdot\rho_j'(\pm\rho_1)^k\\&=\rho_j\rho_j'(\rho_1\rho_1')^k=\pm1.\end{aligned}$$

由以上两式可推出:a,b 不能均为负,$ab\neq0$,以及

$$1<a+b\sqrt{d}=\pm1/(a-b\sqrt{d}).$$

若 a,b 为一正一负,则有

$$|\pm1/(a-b\sqrt{d})|=1/(|a|+\sqrt{d}\,|b|)\leqslant1/(1+\sqrt{d}),$$

这和上式矛盾. 因此,a,b 均为正整数,且 $a+b\sqrt{d}$ 是不定方程(1)或(2)的正解. 但由式(12),(14)及(15)知,

$$a+b\sqrt{d}<\rho_j,\quad j\geqslant1.$$

这和定理 1 矛盾. 所以式(13)成立.

为了证明式(10),只要证明必有 $k=j$. 显见,所有 $\rho_1^m(m\geqslant1)$ 一定是不定方程(1)或(2)的正解. 由此及定理 1 和式(13)就证明了 $\rho_1^m(m\geqslant1)$ 和 $\rho_j(j\geqslant1)$ 一样,都分别给出了不定方程(1)和(2)的全部正解,因此,这两个集合是一样的. 注意到(利用式(12)及 $\rho_1>1$)

$$\rho_1<\rho_2<\rho_3<\cdots<\rho_j<\cdots,$$
$$\rho_1<\rho_1^2<\rho_1^3<\cdots<\rho_1^j<\cdots,$$

所以式(13)中的 $k=j$. 证毕.

由定理 3 及推论 2 立即得到(证明留给读者)

推论 4 在定理 1 的符号和条件下，

(i) 当 l 为偶数时，不定方程(2)无解，不定方程(1)的全部解为

$$x+y\sqrt{d}=\pm(h_{l-1}\pm\sqrt{d}\,k_{l-1})^j,\quad j=0,1,2,\cdots,\tag{16}$$

其中正、负号任意选取.

(ii) 当 l 为奇数时，不定方程(2)的全部解为

$$x+y\sqrt{d}=\pm(h_{l-1}\pm\sqrt{d}\,k_{l-1})^j,\quad j=1,3,5,\cdots.\tag{17}$$

不定方程(1)的全部解为

$$x+y\sqrt{d}=\pm(h_{l-1}\pm\sqrt{d}\,k_{l-1})^j,\quad j=0,2,4,\cdots,\tag{18}$$

以上正、负号均为任意选取.

显见 $\{h_{l-1},k_{l-1}\}$ 是正解中的最小的. 如果(2)有解，我们把 $\{h_{l-1},k_{l-1}\}$ 及 $\rho_1=h_{l-1}+\sqrt{d}\,k_{l-1}$ 称为不定方程(2)的**最小正解**，$\{h_{2l-1},k_{2l-1}\}$ 及 $\rho_2=h_{2l-1}+\sqrt{d}\,k_{2l-1}$ 称为(1)的最小正解；如果(2)无解，称 $\{h_{l-1},k_{l-1}\}$ 及 ρ_1 为(1)的最小正解.

例 1 求不定方程

$$x^2-73y^2=-1\tag{19}$$

及

$$x^2-73y^2=1\tag{20}$$

的全部解.

解 由 § 35 例 3 知，$\sqrt{73}=\langle 8,\overline{1,1,5,5,1,1,16}\rangle$. 周期为 7. 因此由定理 1 及定理 3 知，不定方程(19)的最小正解是 $x=h_6$，$y=k_6$. 不难求出

$$h_6/k_6=\langle 8,1,1,5,5,1,1\rangle=1068/125.$$

因此，由推论 4 知(19)的全部解为

$$x+y\sqrt{73}=\pm(1068\pm125\sqrt{73})^j,\quad j=1,3,5,7,\cdots.$$

(20)的全部解为

$$x+y\sqrt{73}=\pm(1068\pm125\sqrt{73})^j,\quad j=0,2,4,8,\cdots.$$

例 2 求不定方程

$$x^2-8y^2=-1 \tag{21}$$

及

$$x^2-8y^2=1 \tag{22}$$

的全部解.

解 由§34 例 4 知,$\sqrt{8}=\langle 2,\overline{1,4}\rangle$.周期为 2.因此由定理 1 及定理 3 知,不定方程(21)无解,(22)的最小正解是 $x=h_1,y=k_1$.容易求出

$$h_1/k_1=\langle 2,1\rangle=3/1.$$

所以,由推论 4 知(22)的全部解为

$$x+y\sqrt{8}=\pm(3\pm\sqrt{8})^j,\quad j=0,1,2,3,\cdots.$$

当 d 比较小或是比较特殊的数时,我们可以不用去求$\sqrt{d}$的循环连分数,而是通过一个一个试算 $y=1,2,\cdots$来求出

$$x^2-dy^2=-1 \text{ 或 } x^2-dy^2=1$$

的最小正解,即第一次找到的一组解.由以上讨论知,当这个第一次找到的解是 $x^2-dy^2=-1$ 的最小正解时,就可按推论 4(ii)求出这两个方程的全部解;当是 $x^2-dy^2=1$ 的最小正解时,$x^2-dy^2=-1$ 就无解,而按推论 4(i)就找到 $x^2-dy^2=1$ 的全部解.例如,在例 2 的情形,取 $y=1$ 时,$x=3,y=1$ 就是(22)的解,因而(21)无解.由此立即得到(22)的全部解.下面再举一例.

例 3 求解不定方程

$$x^2-29y^2=-1 \tag{23}$$

及

$$x^2-29y^2=1 \tag{24}$$

的全部解.

解 依次取 $y=1,2,\cdots,12$,由计算知$\pm1+29y^2$ 均不是完全平方.当 $\nu=13$ 时,$-1+29\cdot13^2=70^2$.因此,$x=70,y=13$ 是不

定方程(23)的最小正解.(24)的最小正解,由

$$(70+13\sqrt{29})^2=9801+1820\sqrt{29}$$

知,是 $x=9801$, $y=1820$. 由推论 4 知(23)的全部解是

$$x+y\sqrt{29}=\pm(70\pm13\sqrt{29})^j,\quad j=1,3,5,7,\cdots.$$

(24)的全部解是

$$x+y\sqrt{29}=\pm(70\pm13\sqrt{29})^j,\quad j=0,2,4,6,\cdots.$$

当然,利用 $\sqrt{29}=\langle 5,\overline{2,1,1,2,10}\rangle$ 可得到同样结果(留给读者).

习题三十六

1. 利用 $\sqrt{d}$ 的循环连分数来解下面的 Pell 方程.

(i) $x^2-80y^2=-1$, (ii) $x^2-80y^2=1$,

(iii) $x^2-23y^2=-1$, (iv) $x^2-23y^2=1$,

(v) $x^2-29y^2=-1$, (vi) $x^2-29y^2=1$.

2. 通过直接试算求最小正解的方法来解下面的 Pell 方程.

(i) $x^2-7y^2=-1$, (ii) $x^2-7y^2=1$,

(iii) $x^2-74y^2=-1$, (iv) $x^2-74y^2=1$.

3. 设 $d>1$ 是非平方数, a 是给定的正整数. 证明: $x^2-dy^2=1$ 有无穷多组解满足 $a\mid y$.

4. 求不定方程 $x^2+(x+1)^2=y^2$ 的全部解,并说明本题的几何意义.

5. 证明存在无穷多个正整数 n,使得 $1+2+\cdots+n$ 是平方数.

6. 设 $x_n+y_n\sqrt{2}=(1+\sqrt{2})^n$. 证明:

(i) $y_{n+1}=x_n+y_n$, $x_{n+1}=y_{n+1}+y_n$, $n\geqslant1$.

(ii) $y_{2n+1}=y_{n+1}^2+y_n^2$, $n\geqslant1$.

(iii) y_{2n+1}^2 是两个相邻自然数的平方和,求出这两个自然数.

(iv) 设 $x_0=1$, $y_0=0$. 当 $n\geqslant m$ 时,

$$x_nx_m-2y_ny_m=(-1)^mx_{n-m},\ x_ny_m-y_nx_m=(-1)^my_{n-m}.$$

(v) $x_{2n+1}=x_{n+1}x_n+2y_{n+1}y_n=2x_{n+1}x_n+(-1)^{n+1}$,

$y_{2n+1}=x_{n+1}y_n+y_{n+1}x_n$.

(vi) $2\mid y_{2n}, 2\nmid y_{2n+1}$.

(vii) 当 $n>1$ 时,x_n 不是完全平方数.

7. 设素数 $p\equiv1\pmod 4$. 证明:$x^2-py^2=-1$ 必有解.

8. 设 $d>1$ 是非平方数,u,v 是 $x^2-dy^2=1$ 的最小正解. 证明:$x^2-dy^2=-1$ 有解的充要条件是:

$$s^2+dt^2=u,\quad 2st=v$$

有正整数解 s,t,以及 s,t 是 $x^2-dy^2=-1$ 的最小正整数解.

附表 1 素数与最小正原根表(2000 以内)

(加*者表示 10 为其原根)

p	g	p	g	p	g	p	g
3	2	149*	2	337*	10	547	2
5	2	151	6	347	2	557	2
7*	3	157	5	349	2	563	2
11	2	163	2	353	3	569	3
13	2	167*	5	359	7	571*	3
17*	3	173	2	367*	6	577*	5
19*	2	179*	2	373	2	587	2
23*	5	181*	2	379*	2	593*	3
29*	2	191	19	383*	5	599	7
31	3	193*	5	389*	2	601	7
37	2	197	2	397	5	607	3
41	6	199	3	401	3	613	2
43	3	211	2	409	21	617	3
47*	5	223*	3	419*	2	619*	2
53	2	227	2	421	2	631	3
59*	2	229*	6	431	7	641	3
61*	2	233*	3	433*	5	643	11
67	2	239	7	439	15	647*	5
71	7	241	7	443	2	653	2
73	5	251	6	449	3	659*	2
79	3	257*	3	457	13	661	2
83	2	263*	5	461*	2	673	5
89	3	269*	2	463	3	677	2
97*	5	271	6	467	2	683	5
101	2	277	5	479	13	691	3
103	5	281	3	487*	3	701*	2
107	2	283	3	491*	2	709*	2
109*	6	293	2	499*	7	719	11
113*	3	307	5	503*	5	727*	5
127	3	311	17	509*	2	733	6
131*	2	313*	10	521	3	739	3
137	3	317	2	523	2	743*	5
139	2	331	3	541*	2	751	3

续

p	g	p	g	p	g	p	g
757	2	991	6	1223*	5	1471	6
761	6	997	7	1229*	2	1481	3
769	11	1009	11	1231	3	1483	2
773	2	1013	3	1237	2	1487*	5
787	2	1019*	2	1249	7	1489	14
797	2	1021*	10	1259*	2	1493	2
809	3	1031	14	1277	2	1499	2
811*	3	1033*	5	1279	3	1511	11
821*	2	1039	3	1283	2	1523	2
823*	3	1049	3	1289	6	1531*	2
827	2	1051*	7	1291*	2	1543*	5
829	2	1061	2	1297*	10	1549*	2
839	11	1063*	3	1301*	2	1553*	3
853	2	1069*	6	1303*	6	1559	19
857*	3	1087*	3	1307	2	1567*	3
859	2	1091*	2	1319	13	1571*	2
863*	5	1093	5	1321	13	1579*	3
877	2	1097*	3	1327*	3	1583*	5
881	3	1103*	5	1361	3	1597	11
883	2	1109*	2	1367*	5	1601	3
887*	5	1117	2	1373	2	1607*	5
907	2	1123	2	1381*	2	1609	7
911	17	1129	11	1399	13	1613	3
919	7	1151	17	1409	3	1619*	2
929	3	1153*	5	1423	3	1621*	2
937*	5	1163	5	1427	2	1627	3
941*	2	1171*	2	1429*	6	1637	2
947	2	1181*	7	1433*	3	1657	11
953*	3	1187	2	1439	7	1663*	3
967	5	1193*	3	1447*	3	1667	2
971*	6	1201	11	1451	2	1669	2
977*	3	1213*	2	1453	2	1693	2
983*	5	1217*	3	1459	3	1697*	3

续

p	g	p	g	p	g	p	g
1699	3	1783*	10	1871	14	1949*	2
1709*	3	1787	2	1873*	10	1951	3
1721	3	1789*	6	1877	2	1973	2
1723	3	1801	11	1879	6	1979*	2
1733	2	1811*	6	1889	3	1987	2
1741*	2	1823*	5	1901	2	1993*	5
1747	2	1831	3	1907	2	1997	2
1753	7	1847*	5	1913*	3	1999	3
1759	6	1861*	2	1931	2		
1777*	5	1867	2	1933	5		

附表 2　$\sqrt{d}$ 的连分数与 Pell 方程的最小正解表（$1<d<100$）

（$x_0+y_0\sqrt{d}$（+1 或 −1）分别表示 $x^2-dy^2=+1$ 或 −1 的最小正解）

d	$\sqrt{d}$ 的连分数	$x_0+y_0\sqrt{d}$	d	$\sqrt{d}$ 的连分数	$x_0+y_0\sqrt{d}$
2	$\langle 1,\overline{2}\rangle$	$1+\sqrt{2}$ (−1)	19	$\langle 4,\overline{2,1,3,1,2,8}\rangle$	$170+39\sqrt{19}$ (+1)
3	$\langle 1,\overline{1,2}\rangle$	$2+\sqrt{3}$ (+1)	20	$\langle 4,\overline{2,8}\rangle$	$9+2\sqrt{20}$ (+1)
5	$\langle 2,\overline{4}\rangle$	$2+\sqrt{5}$ (−1)	21	$\langle 4,\overline{1,1,2,1,1,8}\rangle$	$55+12\sqrt{21}$ (+1)
6	$\langle 2,\overline{2,4}\rangle$	$5+2\sqrt{6}$ (+1)	22	$\langle 4,\overline{1,2,4,2,1,8}\rangle$	$197+42\sqrt{22}$ (+1)
7	$\langle 2,\overline{1,1,1,4}\rangle$	$8+3\sqrt{7}$ (+1)	23	$\langle 4,\overline{1,3,1,8}\rangle$	$24+5\sqrt{23}$ (+1)
8	$\langle 2,\overline{1,4}\rangle$	$3+\sqrt{8}$ (+1)	24	$\langle 4,\overline{1,8}\rangle$	$5+\sqrt{24}$ (+1)
10	$\langle 3,\overline{6}\rangle$	$3+\sqrt{10}$ (−1)	26	$\langle 5,\overline{10}\rangle$	$5+\sqrt{26}$ (−1)
11	$\langle 3,\overline{3,6}\rangle$	$10+3\sqrt{11}$ (+1)	27	$\langle 5,\overline{5,10}\rangle$	$26+5\sqrt{27}$ (+1)
12	$\langle 3,\overline{2,6}\rangle$	$7+2\sqrt{12}$ (+1)	28	$\langle 5,\overline{3,2,3,10}\rangle$	$127+24\sqrt{28}$ (+1)
13	$\langle 3,\overline{1,1,1,1,6}\rangle$	$18+5\sqrt{13}$ (−1)	29	$\langle 5,\overline{2,1,1,2,10}\rangle$	$70+13\sqrt{29}$ (−1)
14	$\langle 3,\overline{1,2,1,6}\rangle$	$15+4\sqrt{14}$ (+1)	30	$\langle 5,\overline{2,10}\rangle$	$11+2\sqrt{30}$ (+1)
15	$\langle 3,\overline{1,6}\rangle$	$4+\sqrt{15}$ (+1)	31	$\langle 5,\overline{1,1,3,5,3,1,1,10}\rangle$	$1520+273\sqrt{31}$ (+1)
17	$\langle 4,\overline{8}\rangle$	$4+\sqrt{17}$ (−1)	32	$\langle 5,\overline{1,1,1,10}\rangle$	$17+3\sqrt{32}$ (+1)
18	$\langle 4,\overline{4,8}\rangle$	$17+4\sqrt{18}$ (+1)	33	$\langle 5,\overline{1,2,1,10}\rangle$	$23+4\sqrt{33}$ (+1)

续

d	$\sqrt{d}$ 的连分数	$x_0+y_0\sqrt{d}$	d	$\sqrt{d}$ 的连分数	$x_0+y_0\sqrt{d}$
34	$\langle 5,\overline{1,4,1,10}\rangle$	$35+6\sqrt{34}$ (+1)	52	$\langle 7,\overline{4,1,2,1,4,14}\rangle$	$649+90\sqrt{52}$ (+1)
35	$\langle 5,\overline{1,10}\rangle$	$6+\sqrt{35}$ (+1)	53	$\langle 7,\overline{3,1,1,3,14}\rangle$	$182+25\sqrt{53}$ (−1)
37	$\langle 6,\overline{12}\rangle$	$6+\sqrt{37}$ (−1)	54	$\langle 7,\overline{2,1,6,1,2,14}\rangle$	$485+66\sqrt{54}$ (+1)
38	$\langle 6,\overline{6,12}\rangle$	$37+6\sqrt{38}$ (+1)	55	$\langle 7,\overline{2,2,2,14}\rangle$	$89+12\sqrt{55}$ (+1)
39	$\langle 6,\overline{4,12}\rangle$	$25+4\sqrt{39}$ (+1)	56	$\langle 7,\overline{2,14}\rangle$	$15+2\sqrt{56}$ (+1)
40	$\langle 6,\overline{3,12}\rangle$	$19+3\sqrt{40}$ (+1)	57	$\langle 7,\overline{1,1,4,1,1,14}\rangle$	$151+20\sqrt{57}$ (+1)
41	$\langle 6,\overline{2,2,12}\rangle$	$32+5\sqrt{41}$ (−1)	58	$\langle 7,\overline{1,1,1,1,1,1,14}\rangle$	$99+13\sqrt{58}$ (+1)
42	$\langle 6,\overline{2,12}\rangle$	$13+2\sqrt{42}$ (+1)	59	$\langle 7,\overline{1,2,7,2,1,14}\rangle$	$530+69\sqrt{59}$ (+1)
43	$\langle 6,\overline{1,1,3,1,51,3,1,1,12}\rangle$	$3482+531\sqrt{43}$ (+1)	60	$\langle 7,\overline{1,2,1,14}\rangle$	$31+4\sqrt{60}$ (+1)
44	$\langle 6,\overline{1,1,1,2,1,1,1,12}\rangle$	$199+30\sqrt{44}$ (+1)	61	$\langle 7,\overline{1,4,3,1,2,2,1,3,4,1,14}\rangle$	$29718+3805\sqrt{61}$ (−1)
45	$\langle 6,\overline{1,2,2,2,1,12}\rangle$	$161+24\sqrt{45}$ (+1)	62	$\langle 7,\overline{1,6,1,14}\rangle$	$63+8\sqrt{62}$ (+1)
46	$\langle 6,\overline{1,3,1,1,2,6,2,1,1,3,1,12}\rangle$	$24335+3588\sqrt{46}$ (+1)	63	$\langle 7,\overline{1,14}\rangle$	$8+\sqrt{64}$ (+1)
47	$\langle 6,\overline{1,5,1,12}\rangle$	$48+7\sqrt{47}$ (+1)	65	$\langle 8,\overline{16}\rangle$	$8+\sqrt{65}$ (−1)
48	$\langle 6,\overline{1,12}\rangle$	$7+\sqrt{48}$ (+1)	66	$\langle 8,\overline{8,16}\rangle$	$65+8\sqrt{66}$ (+1)
50	$\langle 7,\overline{14}\rangle$	$7+\sqrt{50}$ (−1)	67	$\langle 8,\overline{5,2,1,1,7,1,1,2,5,16}\rangle$	$48842+5967\sqrt{67}$ (+1)
51	$\langle 7,\overline{7,14}\rangle$	$50+7\sqrt{51}$ (+1)	68	$\langle 8,\overline{4,16}\rangle$	$33+4\sqrt{68}$ (+1)
			69	$\langle 8,\overline{3,3,1,4,1,3,3,16}\rangle$	$7775+936\sqrt{69}$ (+1)

续

d	$\sqrt{d}$ 的连分数	$x_0+y_0\sqrt{d}$		d	$\sqrt{d}$ 的连分数	$x_0+y_0\sqrt{d}$	
70	$\langle 8,\overline{2,1,2,1,2,16}\rangle$	$251+30\sqrt{70}$	$(+1)$	86	$\langle 9,\overline{3,1,1,1,8,1,1,1,3,18}\rangle$	$10405+1122\sqrt{86}$	$(+1)$
71	$\langle 8,\overline{2,2,1,7,1,2,2,16}\rangle$	$3480+413\sqrt{71}$	$(+1)$	87	$\langle 9,\overline{3,18}\rangle$	$28+3\sqrt{87}$	$(+1)$
72	$\langle 8,\overline{2,16}\rangle$	$17+2\sqrt{72}$	$(+1)$	88	$\langle 9,\overline{2,1,1,1,2,18}\rangle$	$197+21\sqrt{88}$	$(+1)$
73	$\langle 8,\overline{1,1,5,5,1,1,16}\rangle$	$1068+125\sqrt{73}$	(-1)	89	$\langle 9,\overline{2,3,3,2,18}\rangle$	$500+53\sqrt{89}$	(-1)
74	$\langle 8,\overline{1,1,1,1,16}\rangle$	$43+5\sqrt{74}$	(-1)	90	$\langle 9,\overline{2,18}\rangle$	$19+2\sqrt{90}$	$(+1)$
75	$\langle 8,\overline{1,1,1,16}\rangle$	$26+3\sqrt{75}$	$(+1)$	91	$\langle 9,\overline{1,1,5,1,5,1,1,18}\rangle$	$1574+165\sqrt{91}$	$(+1)$
76	$\langle 8,\overline{1,2,1,1,5,4,5,1,1,2,1,16}\rangle$	$57709+6630\sqrt{76}$	$(+1)$	92	$\langle 9,\overline{1,1,2,4,2,1,1,18}\rangle$	$1151+120\sqrt{92}$	$(+1)$
77	$\langle 8,\overline{1,3,2,3,1,16}\rangle$	$351+40\sqrt{77}$	$(+1)$	93	$\langle 9,\overline{1,1,1,4,6,4,1,1,1,18}\rangle$	$12151+1260\sqrt{93}$	$(+1)$
78	$\langle 8,\overline{1,4,1,16}\rangle$	$53+6\sqrt{78}$	$(+1)$	94	$\langle 9,\overline{1,2,3,1,1,5,1,8,1,5,1,1,3,2,1,18}\rangle$	$2143295+221064\sqrt{94}$	$(+1)$
79	$\langle 8,\overline{1,7,1,16}\rangle$	$80+9\sqrt{79}$	$(+1)$	95	$\langle 9,\overline{1,2,1,18}\rangle$	$39+4\sqrt{95}$	$(+1)$
80	$\langle 8,\overline{1,16}\rangle$	$9+\sqrt{80}$	$(+1)$	96	$\langle 9,\overline{1,3,1,18}\rangle$	$49+5\sqrt{96}$	$(+1)$
82	$\langle 9,\overline{18}\rangle$	$9+\sqrt{82}$	(-1)	97	$\langle 9,\overline{1,5,1,1,1,1,1,1,5,1,18}\rangle$	$5604+569\sqrt{97}$	(-1)
83	$\langle 9,\overline{9,18}\rangle$	$82+9\sqrt{83}$	$(+1)$	98	$\langle 9,\overline{1,8,1,18}\rangle$	$99+10\sqrt{98}$	$(+1)$
84	$\langle 9,\overline{6,18}\rangle$	$55+6\sqrt{84}$	$(+1)$	99	$\langle 9,\overline{1,18}\rangle$	$10+\sqrt{99}$	$(+1)$
85	$\langle 9,\overline{4,1,1,4,18}\rangle$	$378+41\sqrt{85}$	(-1)				

习题的提示与解答

习　题　一

1. 作变数替换：$n=m+k_0-1$. $P(n)=P(m+k_0-1)=P^*(m)$. 对 $P^*(m)$ 用§1 定理 1.

2. $P^*(m)$同第 1 题解答，对 $P^*(m)$用§1 定理 4.

3. 设 T^* 是 T 中所有正整数组成的子集. 对 T^* 用§1 定理 2.

4. 考虑集合 $T^*=\{t-a+1: t\in T\}$. 对 T^* 用§1 定理 2.

5. 考虑集合 $M^*=\{-m: m\in M\}$. 对 M^* 用第 4 题结论.

6. 考虑集合 $T=\{k: a^k\leqslant n, k\in \mathbf{Z}\}$. 对 T 用第 5 题的结论.

习　题　二

2. $a_0=-x_0(x_0^{n-1}+a_{n-1}x_0^{n-2}+\cdots+a_1)$.

3. 利用第 2 题. (i) 无；(ii) $x=1,2,-2$.

4. $a|byn=(1-ax)n$.

5. $1\cdot 5+(-2)\cdot 2=1$，所以 $10|n$. $3\cdot 7+(-2)\cdot 10=1$，所以 $70|n$.

6. $n^k-1=((n-1)+1)^k-1=A(n-1)^2+k(n-1)$，$A$ 为一整数.

7. $1234=2\cdot 617$，素除数：2，617；正除数：1，2，617，1234. $2345=5\cdot 7\cdot 67$，素除数：5，7，67；正除数：1，5，7，35，67，335，469，2345. $34560=2^8\cdot 3^3\cdot 5$，素除数：2，3，5；正除数：$2^{\alpha_1}\cdot 3^{\alpha_2}\cdot 5^{\alpha_3}$，$0\leqslant\alpha_1\leqslant 8$，$0\leqslant\alpha_2\leqslant 3$，$0\leqslant\alpha_3\leqslant 1$. $11=3\cdot 7\cdot 11\cdot 13\cdot 37$，素除数：3，7，11，13，17；正除数：略.

8. $(K+1)!+2,(K+1)!+3,\cdots,(K+1)!+(K+1)$.

9. $2n+1=(n+1)^2-n^2$.

10. 若 n/p 不是素数，则必有素因数 p' 满足：$p'\leqslant(n/p)^{1/2}$，

$p' \geqslant p$. 由此推出 $p \leqslant n^{1/3}$. 这和假设矛盾.

11. $p_1^3 \leqslant p_1 p_2 p_3 \leqslant n$. $2p_2^2 \leqslant p_1 p_2 p_3 \leqslant n$.

12. 见附表 1. 用不超过$\sqrt{300}$的素数：2,3,5,7,11,13,17 去筛选.

13. 设 N 是给定正整数. $p_{11}, p_{12}, \cdots, p_{1r}$表所有不超过 $N^{1/3}$的素数，$p_{21}, p_{22}, \cdots, p_{2s}$表所有不超过$(N/2)^{1/2}$的素数. 这样，由第 11 题知，任一整数 n：$N^{1/3}(N/2)^{1/2} < n \leqslant N$，是三个或三个以上素数乘积的充要条件是 n 可被某一乘积 $p_{1i}p_{2j}$整除. 由此，即可提出以下方法：把满足 $N^{1/3}(N/2)^{1/2} < n \leqslant N$ 的正整数 n 列出，依次把能被 $p_{1i}p_{2j}$整除的数都删去$(1 \leqslant i \leqslant r, 1 \leqslant j \leqslant s)$，剩下的就是素数或两个素数的乘积. 再补上不超过 $N^{1/3}(N/2)^{1/2}$的素数及 $p_{1i}p_{ij}(1 \leqslant i \leqslant r, 1 \leqslant j \leqslant t)$就得到了不超过 N 的素数及两个素数乘积的全体正整数. 当 $N=100$ 时，不超过 $100^{1/3}$的素数是 2,3；不超过 $50^{1/2}$的素数是：2,3,5,7；不超过 $100^{1/3} \cdot 50^{1/2} (<33)$的素数是：2,3,5,7,11,13,17,19,23,29,31. 这样，不超过 $100^{1/3} \cdot 50^{1/2}$的素数及两个素数乘积的正整数是：

$2, 3, 2 \cdot 2, 5, 2 \cdot 3, 7, 3 \cdot 3, 2 \cdot 5, 11, 13, 2 \cdot 7, 3 \cdot 5, 17, 19,$

$3 \cdot 7, 2 \cdot 11, 23, 5 \cdot 5, 2 \cdot 13, 29, 31.$

再列出满足 $100^{1/3} 50^{1/2} < n \leqslant 100$ 的整数，依次删去能被 $2 \cdot 2$, $2 \cdot 3, 2 \cdot 5, 2 \cdot 7, 3 \cdot 3, 3 \cdot 5, 3 \cdot 7$ 整除的整数，剩下的就是其中的素数及两个素数的乘积：

33 34 35 ~~36~~ 37 38 39 ~~40~~ 41 ~~42~~ 43 ~~44~~

~~45~~ 46 47 ~~48~~ 49 ~~50~~ 51 ~~52~~ 53 ~~54~~ 55 ~~56~~

57 58 59 ~~60~~ 61 62 ~~63~~ ~~64~~ 65 ~~66~~ 67 ~~68~~

69 ~~70~~ 71 ~~72~~ 73 74 ~~75~~ ~~76~~ 77 ~~78~~ 79 ~~80~~

~~81~~ 82 83 ~~84~~ 85 86 87 ~~88~~ 89 ~~90~~ 91 ~~92~~

93 94 95 ~~96~~ 97 ~~98~~ ~~99~~ ~~100~~

实际上，以下的方法可能更方便：先找出不超过 N 的全体素数，然后补上不超过两个素数的乘积 $p_1p_2, p_1 \leqslant p_2 \leqslant N/p_1$.

14. 当 $m>n$ 时必有 $F_n | 2^{2^m}-1$.

15. 用归纳法.

16. (i) 对任意 x, $P(x)$都是合数; (ii) $P(x_0)=\pm p$, p 是素数, 则 $p | P(x_0+jp)$, $j \in \mathbf{Z}$.

17. 用反证法及合数的定义.

18. 用反证法及不可约数的定义.

习 题 三

1. (i)～(iii)利用§2 例 3; (iv)利用(iii)及§2 例 3; (v)利用 $5 | n^5-n$; (vi)类似(v); (vii)利用 $5 | n^5-n, 3 | n^3-n$.

2. 下表列出了绝对最小余数

	3	4	8	10
n^2	$\{0,1\}$	$\{0,1\}$	$\{0,1,4\}$	$\{-4,-1,0,1,4,5\}$
n^3	$\{-1,0,1\}$	$\{-1,0,1\}$	$\{-3,-1,0,1,3\}$	$\{-4,-3,-2,-1,0,1,2,3,4,5\}$
n^4	$\{0,1\}$	$\{0,1\}$	$\{0,1\}$	$\{-4,0,1,5\}$
n^5	$\{-1,0,1\}$	$\{-1,0,1\}$	$\{-3,-1,0,1,3\}$	$\{-4,-3,-2,-1,0,1,2,3,4,5\}$

3. (i),(ii),(iii)利用§3 定理 1; (iv)由(ii)及(iii)推出.

4. (ii) (a) $j=0$; (b) $j=1$; (c) $j=8$.

(iii) $s=7, j_i=1+(i-1)3, 1 \leqslant i \leqslant 7$. 一般地, $s=b/a, j_i=j+(i-1)a, 1 \leqslant i \leqslant b/a$.

6. 利用证明§2 定理 7 的方法.

7. 利用§3 定理 1.

9. 利用第 8 题(i), 找一整数与和 $1+1/2+\cdots+1/n$ 之积不是整数.

10. 利用第 8 题(ii), 及上题的方法.

12. 设 $m \geqslant 1, r \geqslant 1, m+(m+1)+\cdots+(m+r)=(r+1) \cdot (2m+r)/2=n$. $r+1$ 和 $2m+r$ 的奇偶性相反, 这就证明了必要性. 当 $n=2^k \cdot n', 2 \nmid n'>1$ 时, 若 $2^{k+1}>n'$, 取 $r=n'-1, 2m=$

$2^{k+1}-r$;若 $2^{k+1}<n'$,取 $r=2^{k+1}-1,2m=n'-r$.就证明了充分性.

13. 分 $a<b,a\geqslant b$ 两种情形.$a<b$ 时,仅当 $a=1,b=2$ 时才可能有 $2^b-1\mid 2^a+1$;$a\geqslant b$ 时,设 $a=qb+r,0\leqslant r<b$.易证 $2^b-1\mid 2^a+1\Longleftrightarrow 2^b-1\mid 2^r+1$.

14. 仿照§3例5的证法.

15. (i) 3;(ii) 5;(iii) 1,2,4;1,2,−3;(iv) 1,3,9,5,4;1,3,−2,5,4.

16. (i) 找出 3^d 被13除后,可能取到的绝对最小余数;

(ii) 把(i)中的 3^d 换成 4^d.

17. 参看§3结束时的讨论.

18. 证明:$2^0,2^1,\cdots,2^{d_0-1}$ 被 a 除后所得的最小非负余数各不相同,而任一 2^k 被 a 除后所得的最小非负余数必和以上的 d_0 个中的一个相同.

19. (i) $3587=1819+1768,1819=1768+51,1768=34\cdot 51+34,51=1\cdot 34+17,34=2\cdot 17$.所以 $(3587,1819)=17$. $17=51-34=51-(1768-34\cdot 51)=35\cdot 51-1768=35(1819-1768)-1768=35\cdot 1819-36\cdot 1768=35\cdot 1819-36(3587-1819)=-36\cdot 3587+71\cdot 1819$;

(ii) $(2947,3997)=7=-87\cdot 3997+118\cdot 2947$;

(iii) $(-1109,4999)=1=522\cdot 4999+2353\cdot(-1109)$;

21. 由 b_j 的递推公式证明:当 $k\geqslant 1$ 时,$b_k\geqslant 2^{(k+1)/2}$.

习 题 四

1. (i) $\mathscr{D}(72,-60)=\{\pm 1,\pm 2,\pm 3,\pm 4,\pm 6,\pm 12\},(72,-60)=12$;

(ii) $\mathscr{D}(-120,28)=\{\pm 1,\pm 2,\pm 4\},(-120,28)=4$;

(iii) $\mathscr{D}(168,-180,495)=\{\pm 1,\pm 3\},(168,-180,495)=3$.

2. $2\cdot 3\cdot 5=30,2\cdot 3\cdot 7=42,2\cdot 5\cdot 7=70,3\cdot 5\cdot 7=105$.

3. (i) $[198,252]=2[99,126]=18[11,14]=2^2\cdot3^2\cdot7\cdot11$; (ii) $[482,1687]=241[2,7]=2\cdot7\cdot241$.

4. $d|c,d|a\Longrightarrow d|a+b,d|a\Longrightarrow d|b,d|a\Longrightarrow d=\pm1$,所以$(c,a)=1$. 同样证$(c,b)=1$.

5. $(n!+1,(n+1)!+1)=(n!+1,-n)=(1,-n)=1$.

6. (i) $(2t+1,2t-1)=(2t+1,-2)=(1,-2)=1$;

(ii) $(2n,2(n+1))=(2n,2)=2$;

(iii) $(kn,k(n+2))=(kn,2k)$. 当 $n=2a$ 时,$(kn,2k)=(2ak,2k)=2k$;当 $n=2a+1$ 时,$(kn,2k)=(2ak+k,2k)=(k,2k)=k$;

(iv) $(n-1,n^2+n+1)=(n-1,2n+1)=(n-1,3)=3$,当 $n=3k+1$;$=1$,当 $n=3k-1,3k$.

7. $[a,b]\geqslant a\geqslant(a,b)$,$[a,b]\geqslant b\geqslant(a,b)$,所以,$a=b=(a,b)=[a,b]$.

8. $a=4k_1+2,b=4k_2+2$.

9. (i) 充分性:设 $l=cg$,取 $x=g,y=cg$;(ii) 充分性:设 $l=dg^2$,取 $x=g,y=dg$.

10. $(a/10,b/10,c/10)=1$,$[a/10,b/10,c/10]=10$. $a/10$,$b/10$,$c/10$ 仅可能取值 1,2,5,10 并满足上述两条件. 有三种可能情形(i) $a/10=b/10=c/10$,这不可能;(ii) 三个中有两个相等,由条件知另一个唯一确定,它们是{10,10,1},{5,5,2},{2,2,5},{1,1,10},以及改变次序,共有 $3\cdot4=12$ 组解;(iii) 三个两两不等,任取三个不等的均可,它们是{10,5,2},{10,5,1},{10,2,1},{5,2,1}及改变次序,共有 $6\cdot4=24$ 组解. 把每个数都乘 10 就是原问题的解,共有 36 组解.

11. 设 $d=(m,n)$. $A=a^d-b^d$,$B=(a^m-b^m,a^n-b^n)$. 显见,$A|B$,不妨设 $d=mx-ny$,$x>0$,$y>0$(必要时 m 和 n 可交换位置).

$$a^{mx}=a^{ny}(A-b^d),$$
$$a^{mx}-b^{mx}=b^d(a^{ny}-b^{ny})+Aa^{ny},$$

所以，$B|Aa^{ny}$，由此及$(a,b)=1$推出$B|A$.

13. $a=pa_1, b=pb_1, (a_1,b_1)=1$.

$(a^2,b)=p(pa_1^2,b_1)=p(p,b_1)=p, p^2$.

$(a^3,b)=p(a_1^3p^2,b_1)=p(p^2,b_1)=p, p^2, p^3$.

$(a^2,b^3)=p^2(a_1^2,pb_1^3)=p^2(a_1,p)=p^2, p^3$.

14. (i) 不成立. 如$a=b=1, c=2$.

(ii) 成立. $(a,b,c)=((a,b),c)=((a,c),c)=(a,c)=(a,b)$.

(iii) 不成立. $d=4, a=4, b=2$.

(iv) 成立. 因为$a^4|b^4$，利用例 9 或例 10.

(v) 不成立. $a=8, b=4$.

(vi) 成立. 见例 9 或例 10.

(vii) 成立. $[a^2,b^2]=a^2b^2/(a^2,b^2)=ab\cdot ab/(a,b)^2$，最后一步用到了例 10.

(viii) 成立. 利用(vii).

(ix) 成立. 利用例 10. $(a^2,ab,b^2)=((a^2,b^2),ab)=((a,b)^2, ab)=(a,b)^2=(a^2,b^2)$.

(x) 成立. $(a,b,c)=(a,b,a,c)=((a,b),(a,c))$.

(xi) 不成立. $d=5, a=2$.

(xii) 成立. $a^4-1=(a^2-1)(a^2+1)$.

15. 利用例 9.

16. 设$x_0=d/c, (c,d)=1$. 则$c|d$.

17. $a=(da, dab/n), a|dab/n$，所以$n|db$. 因而有$a=(da, a(db)/n)=a(d, db/n), (d, db/n)=1$，即$d(n,b)=n$. 由$n\nmid b, n|db$推出$d>1$. 由$n|ab, n\nmid a$推出$(n,b)>1$，由此及$d(n,b)=n$推出$d<n$. 这结论表明有所说性质的$n$一定不是素数.

18. (i) $(d,ab)=(d,a)(d/(d,a), ba/(d,a))=(d,a)(d/(d,a), b)=(d,a)(d,b)$; (ii) 利用(i).

19. $\mathscr{L}(a_1,a_2,\cdots,a_n)=\mathscr{L}([a_1,a_2],a_3,\cdots,a_n)=\mathscr{L}([a_1,\cdots,a_r],[a_{r+1},\cdots,a_n])$.

20. (i) $[a,b,c]=[[a,b],c]=[ab/(a,b),c]$

$$=abc/(ab,(a,b)c);$$

(ii) 由条件可得$(ab,bc,ca)=1$. 用(i).

21. $[(a,b),(a,c)]=(a,b)(a,c)/((a,b),(a,c))=(a,b)(a,c)/(a,b,c)$. $(a,[b,c])=(a,bc/(b,c))=(ab,bc,ca)/(b,c)$. 再利用定理 12 和定理 1.

22. $[a,(b,c)]=a(b,c)/(a,b,c)$. $([a,b],[a,c])=(ab/(a,b),ac/(a,c))=a(ab,bc,ca)/(a,b,c)$. 再利用定理 12 和定理 1.

23. 显见只要考虑 $2\nmid m$. 设 m 的最小素因数是 p,必有 $p>2$. 因此,$p\mid 2^m-1$,$p\mid 2^{p-1}-1$,进而有 $p\mid 2^{(m,p-1)}-1$. 由 p 是 m 的最小素因数知,$(m,p-1)=1$,推出 $p\mid 1$,矛盾.

24. 不妨设$(a_n,\cdots,a_0)=(b_m,\cdots,b_0)=1$. 用反证法. 若 $d=(c_{m+n},\cdots,c_0)>1$,则有素数 $p\mid d$. 设 i_0,j_0 分别是 $p\nmid a_i,p\nmid b_j$ 的最大指标,即 $p\mid a_i,i>i_0,p\mid b_j,j>j_0$. 我们有 $c_{i_0+j_0}=\sum\limits_{i+j=i_0+j_0}a_ib_j$. 因此,推出 $p\mid a_{i_0}b_{j_0}$,这和假设矛盾.

25. 设 c 是 m 的最大正除数使得$(c,a)=1$,证明$(a+bc,m)=1$. 设 $d=(a+bc,m)$,由$(a,bc)=1$,$d\mid a+bc$ 推出$(d,a)=(d,bc)=1$,由此及 $d\mid m,c\mid m$ 推出 $dc\mid m$. 由于$(a,dc)=1$,所以由 c 的最大性推出 $d=1$.

26. 不妨设$(a,b)=1,a>b$. 若 $a^n-b^n\mid a^n+b^n$,则 $a^n-b^n\mid 2$.

习 题 五

1. 推论 3.

2. 若 $p^\alpha\parallel g$,则 $p^{2\alpha}\mid abcd$. 因而 p^α 至少整除 ac,bd 中的一个,由此及 $p^\alpha\mid ac+bd$ 即得 $p^\alpha\mid ac,p^\alpha\mid bd$.

3. 利用推论 5 或例 1 中的证法.

4. (i) $n=p_1^{\alpha_1}\cdots p_s^{\alpha_s},p_1<\cdots<p_s$. $\tau(n)=(\alpha_1+1)\cdots(\alpha_s+1)=6$. 必有 $\alpha_1=1,\alpha_2=2$;或 $\alpha_1=2,\alpha_2=1$. 所以最小 $n=2^2\cdot 3^1=12$.

(ii)和(iii)同第5题. 证(iii)时注意定理2.

5. 利用§5式(7),式(8)证. 或利用定义证.

6. 利用式(2).

7. 利用推论3、推论4,及组合公式.

8. 同上题方法.

9. 设$n=x^2-y^2(x>y\geqslant 0)$的表法个数为$T$. 由$n=(x-y)\cdot(x+y)$,$x+y\geqslant x-y$知,$T=n$的不超过$\sqrt{n}$的正除数个数.

10. 若$\log_2 10=a/b,(a,b)=1,a\geqslant 1,b\geqslant 1$. $2^a=2^b5^b$. 这不可能.

习 题 六

1. $b/a=[b/a]+\{b/a\}$,$b=[b/a]a+\{b/a\}a$,这给出了带余数除法(§3定理1)的一个新证明.

2. $b/a=2b/a-b/a=[2b/a]-[b/a]+\{2b/a\}-\{b/a\}$. 并利用$-1/2\leqslant\{2x\}-\{x\}<1/2$.

3. $\{xy\}$与$\{x\}\{y\}$之间大于、等于、小于均可能出现.

4. 原式等价于$[1/2+\{x\}]=[2\{x\}]$. 然后对$\{x\}$分情形讨论.

5. 不妨设$0\leqslant x<1$. 必有整数k,$0\leqslant k\leqslant n-1$,使$k/n\leqslant x<(k+1)/n$. 这样,易证等式两边均等于$k$,第4题是本题的特例.

6. 用带余数除法.

7. 利用定理1的(iv)和(v).

9. (i) 利用第4题,定理1(iv). 当$\alpha=\beta=1/4$时第二个不等式不成立;

(ii) 充分性即(i). 当$m<n$时,取$\alpha=\beta=1/(m+n+1)$,不等式就不成立;当$m>n$时,设$m=kn+r$. 若$r=0$,则取$\alpha=\beta=1/(2n)$,当$2\mid k$;取$\alpha=\beta=(k-1)/(kn)$,当$2\nmid k$. 若$r>0$,取$\alpha=\beta=k/m$.

10. (i) 所有整数x;(ii) 满足$2\{x\}<1$的实数x;(iii) $1\leqslant x<$

$12/11$;(iv) $10/11\leqslant x<1$;(v) 原式等价于 $2[x-1/2]=[2(x-1/2)]$;由(ii)知是满足 $2\{x-1/2\}<1$ 的实数 x,即满足 $1/2\leqslant\{x\}<1$ 的实数 x.

11. 利用定理 1(iv).

12. 用例 1 的方法,并注意图形的对称性.

13. 同上题方法.

14. 用例 1 的方法,及图形的对称性.求 M 的近似公式时以 C/s 代 $[C/s]$.由(i)得的近似公式为

$$C\sum_{1\leqslant s\leqslant C}1/s-[C]<M\leqslant C\sum_{1\leqslant s\leqslant C}1/s.$$

由(ii)得的近似公式为

$$2C\sum_{1\leqslant s\leqslant\sqrt{C}}1/s-C-2\sqrt{C}<M\leqslant 2C\sum_{1\leqslant s\leqslant\sqrt{C}}1/s-C+2\sqrt{C}-1.$$

用你知道的办法去计算公式中的级数的渐近公式.

习 题 七

1. $2^{616}\,\|\,623!$,$3^{308}\,\|\,623!$,$6^{308}\,\|\,623!$,$12^{308}\,\|\,623!$,$70^{102}\,\|\,623!$.

2. 即求 10 整除 120! 的最高次幂,也就是 5 整除 120! 的最高次幂.所以有 28 个零.

3. $2^{31}\cdot 3^{14}\cdot 5^{7}\cdot 7^{4}\cdot 11^{2}\cdot 13^{2}\cdot 17\cdot 19\cdot 23\cdot 29\cdot 31$.

4. (i) $p=2$ 时,$e=n+\sum_{j}[n/2^{j}]$,$p>2$ 时,

$$e=\sum_{j}[n/p^{j}];$$

(ii) $p=2$ 时 $f=0$,$p>2$ 时 $f=\sum_{j}([2n/p^{j}]-[n/p^{j}])$.

5. 用例 3 的方法.

6. 利用例 3 及以下结论:设 $(a,b)=1$,ρ 是实数.若 $a\rho,b\rho$ 均为整数,则 ρ 必为整数.

8. 利用第 4 题(i)及第 7 题.

9. 利用习题六第 9 题(i).

11. 利用习题五第 1 题的方法,分 $p|b,p\nmid b$ 两种情形,并注意以下结论:设 $(b,c)=1,c|n!$,则 $c|a(a+b)(a+2b)\cdots(a+(n-1)b)$.

12. 要证对任一素数 p,有

$$\sum_{j}[nm/p^j]\geqslant n\sum_{j}[m/p^j]+\sum_{j}[n/p^j].$$

设 $m=p^lc,p\nmid c$. 当 $j\leqslant l$ 时,$[nm/p^j]=n[m/p^j]$;当 $j>l$ 时,设 $m=q_jp^j+r_j,0<r_j<p^j-1$. 我们有

$$[nm/p^j]=nq_j+[nr_j/p_j]=n[m/p^j]+[n\{m/p^j\}].$$

由此及 $\{m/p^j\}=\{c/p^{j-l}\}\geqslant 1/p^{j-l}$ 推出

$$\sum_{j>l}[nm/p^j]\geqslant n\sum_{j>l}[m/p^j]+\sum_{j=l}^{\infty}[n/p^j].$$

合起来即得所要结果. 本题用排列组合法证简单.

习 题 八

1. (i) $x_1=2+5t,x_2=1-3t$;

(ii) 无解. $43|(903,731),43\nmid 1106$;

(iii) $x_1=1778+1969t,x_2=1266+1402t$.

2. (i) $x_1=7+s,x_2=-s+3t,x_3=s-2t$;

(ii) 令 $3x_1+5x_2=y_1,3x_3-2x_4=y_2$. 原方程变为 $2y_1-7y_2=1$. $y_1=4+7s,y_2=1+2s$. 进而得

$$x_1=2y_1+5t=8+14s+5t,\quad x_2=-y_1-3t=-4-7s-3t,$$
$$x_3=y_2+2u=1+2s+2u,\quad x_4=y_2+3u=1+2s+3u.$$

3. (i) $x_1=3+7s,x_2=-1-3s$ 进而得 $29s+10x_3=-3,s=3+10t,x_3=-9-29t$. $x_1=24+70t,x_2=-10-30t$;

(ii) $x_1=-1+6t,x_2=111-7t,x_3=-16+t$;

(iii) 先得 $x_3+3x_4=150$,解出 $x_3=3t,x_4=50-t$,进而得 $x_2=50-3t,x_1=t$.

4. (i) 设 $23/30=b_1/a_1+b_2/a_2+b_3/a_3$. $(a_1,a_2)=(a_2,a_3)=(a_3,a_1)=1$, $a_j\geqslant 2$, $(a_j,b_j)=1$. 由 $30=2\cdot 3\cdot 5$ 知可设 $a_1=2$, $a_2=3$, $a_3=5$. $15b_1+10b_2+6b_3=23$. $23/30=1/2-1/3+3/5$.

(ii) $23/30=a_1/5+a_2/6$. $a_1=3$, $a_2=1$. 两题均可有别的解，但(i)中的三个分母是唯一的.

5. (i) $x_1=4+7t$, $x_2=3-5t$. $x_1=4$, $x_2=3$.

(ii) $x_1=3t$, $x_2=41-7t$. 全部正解是由 $t=1,2,3,4,5$ 给出；非负解再加上 $t=0$.

6. $x_1=71$, $x_2=22$. 虽然 $6893<63\cdot 1100$，但仍有正解.

8. 设 x_1^0,x_2^0,x_3^0 为一组特解，任意一组解 x_1,x_2,x_3 必满足 $a_2a_3(x_1-x_1^0)+a_3a_1(x_2-x_2^0)+a_1a_2(x_3-x_3^0)=0$. 因此，$a_1\mid x_1-x_1^0$, $a_2\mid x_2-x_2^0$, $a_3\mid x_3-x_3^0$，即有 $x_1=x_1^0+a_1t_1$, $x_2=x_2^0+a_2t_2$, $x_3=x_3^0+a_3t_3$, $t_1+t_2+t_3=0$. 若有非负解，那么，当 x_2,x_3 取最小非负值时，x_1 的值必为非负. 所以取 t_2,t_3 使 $0\leqslant x_2=x_2^0+a_2t_2\leqslant a_2-1$, $0\leqslant x_3=x_3^0+a_3t_3\leqslant a_3-1$，得到 $a_2a_3(x_1^0+a_1t_1)\geqslant c-2a_1a_2a_3+a_3a_1+a_1a_2$. 由此就推出当 $c>2a_1a_2a_3-a_1a_2-a_2a_3-a_3a_1$ 时，$x_1>-1$，即必有非负解. 当 $c=2a_1a_2a_3-a_1a_2-a_2a_3-a_3a_1$ 时，若有非负解 x_1,x_2,x_3，则 $a_2a_3(x_1+1)+a_3a_1(x_2+1)+a_1a_2(x_3+1)=2a_1a_2a_3$. 由此推出 $a_1\mid x_1+1\geqslant a_1$, $a_2\mid x_2+1\geqslant a_2$, $a_3\mid x_3+1\geqslant a_3$. 这和上式矛盾.

9. (i) 40,15,5； (ii) 25,2,4;24,4,3;23,6,2;22,8,1.

习 题 九

1. (i) 本原的有：{15,8,17}，{15,112,113}，非本原的有：{15,36,39}，{15,20,25}，{9,12,15}；(ii) 无本原的，非本原的有：{22,120,122}；(iii) 无本原的，非本原的有：{14,48,50}，{30,40,50}，{50,120,130}，{50,624,626}.

2. (i) $2\nmid n$ 或 $4\mid n$ 时有解；(ii) $2\nmid n$ 或 $8\mid n$ 时有本原解. 通过讨论 $n=n_1n_2$, $x-y=n_1$, $x+y=n_2$, $2\mid n_1+n_2$，得到方程的解.

4. (i) $1105=5\cdot 13\cdot 17$. $5=2^2+1^2$, $13=3^2+2^2$, $17^2=4^2+$

1^2. 进而利用第 3 题(i)得：$5\cdot 13=8^2+1^2=7^2+4^2$，$5\cdot 17=9^2+2^2=7^2+6^2$，$13\cdot 17=14^2+5^2=11^2+10^2$，$5\cdot 13\cdot 17=33^2+4^2=32^2+9^2=31^2+12^2=24^2+23^2$. 由此，对 $z=1105$ 确定式(9)和(10)中的 k,r,s 就可得到全部要求的本原与非本原商高三角形.

5. 利用第 2 题.

6. 设 x,y,z 由式(6)及式(7)给出. 边长为 dx,dy,dz 的商高三角形的面积 $A=d^2rs(r-s)(r+s)$. 以 $A=78,360$ 去试算，可知没有这样的三角形.

7. 必有 $2\nmid x$，$2\nmid z$，及 $2|y$. 所以方程变为 $2(y/2)^2=(z-x)/2\cdot(z+x)/2$. 然后，按定理 2 一样讨论.

8. x^2,y,z 是方程(1)的既约解. 进而利用公式(6)，(7)，讨论 $x^2=r^2-s^2$ 或 $x^2=2rs$ 的解.

9. $3|z+x$ 或 $3|z-x$ 有且仅有一个成立，$(z-x,z+x)=1$ 或 2. 把方程写为 $y^2=(z+x)/3\cdot(z-x)$ 或 $y^2=(z+x)\cdot(z-x)/3$，然后仿照定理 2 一样讨论.

10. 若 x,y,z 是正解，则 $x/(x,y)$，$y/(x,y)$，$xy/(z(x,y))$是方程(1)的本原解.

11. (i) 若有解 x_0,y_0,z_0，则必有一组两两互素的正解 x_1,y_1,z_1；

(ii) 设 x_1,y_1,z_1 是所有两两互素的正解中使得 y_1 为最小的. 利用$((z_0-x_0^2)/2,(z_0+x_0^2)/2)=1$，仿照定理 4 一样讨论(本题解法很多，也可设 z_1 是最小的).

12. 仿照定理 4 证.

13. 利用定理 2，去推出矛盾.

14. 由此题知，以上三题只要直接去证一个.

15. 若有解，则利用定理 2 可推出第 11 题有 $xyz\neq 0$ 的解.

习 题 十

1. 当 $m\geqslant 5$，$2m/3<p\leqslant m$ 时，$\alpha(p,2m)-2\alpha(p,m)=0$；$\alpha(p,$

$2m)-2\alpha(p,m)<2$.

2. $\pi(y)$等于不超过 y 的奇数的个数与奇合数个数之差.

3. 假设 $n<k(k\geqslant 3)$时结论成立. 当 $n=k$ 为素数时,设 $k=2h+1$. 利用归纳假设, $\sum\limits_{p\leqslant h+1}\ln p<(2\ln 2)(h+1)$,及

$$\prod_{h+2\leqslant p\leqslant 2h+1} p \,\Big|\, \binom{2h+1}{h}<2^{2h}.$$

4. 利用式(3),第1题、第2题、第3题,及对 M 的更精确的下界估计: $M\geqslant 2^{2m}/(2m)$.

5. 当 $m<128$ 时直接验证. 当 $m\geqslant 128$ 时,由上题推出.

习 题 十 一

1. 根据定义证.

2. 利用算术基本定理.

3. $(f(-1))^2=f((-1)\cdot(-1))=f(1)=1$.

4. 设$(n_1,n_2)=1, n=n_1n_2$. 那么, $n=m^k \Longleftrightarrow n_1=m_1^k, n_2=m_2^k$. 所以 $P_k(n)$是积性的. $k=1$ 时,显见 $P_1(n)\equiv 1$ 是完全积性的;若 $P_k(n)$是完全积性的,则必有 $k=1$,如不然, $k>1$,则有 $1=P_k(2^k)=P_k(2)P_k(2)\cdots P_k(2)=0$,矛盾. 若 $n=m^k$,则$(m-1)^k\leqslant n-1<m^k$;若$(m-1)^k<n<m^k$,则$(m-1)^k\leqslant n-1<m^k$,所以总有 $P_k(n)=[n^{1/k}]-[(n-1)^{1/k}]$.

5. 设$(n_1,n_2)=1, n=n_1n_2$. 那么, n 有大于1的 k 次方因数的充要条件是 n_1 或 n_2 有大于1的 k 次方因数,所以是积性的. $k=1$ 时,显见 $Q_1(n)=[1/n]$,是完全积性的. 若 $Q_k(n)$是完全积性的,则 $Q_k(2^k)=Q_k(2)Q_k(2^{k-1})=1$,所以必有 $k=1$.

6. 设$(n_1,n_2)=1, n=n_1n_2$. 那么, $n=d_1\cdots d_l$ 的充要条件是 $n_1=d_{11}\cdots d_{l1}, n_2=d_{12}\cdots d_{l2}, d_{j1}=(d_j,n_1), d_{j2}=(d_j,n_2)$. 由此就推出 $\tau_l(n)$是积性. $\tau_l(p^\alpha)(l\geqslant 2)$等于不定方程 $x_1+\cdots+x_l=\alpha, x_j\geqslant 0$ 的解数,即$(\alpha+l-1)!/(\alpha!(l-1)!)$.

7. 类似上题证明积性. $\tau_1^*(n)\equiv 1$. $\tau_l^*(p^\alpha)(l\geqslant 2)$等于不定方程 $x_1+\cdots+x_l=\alpha, x_j\geqslant 0$ 且不能同时有两个$\geqslant 1$,因此等于 l. $\tau_l^*(n)=l^{\omega(n)}$.

8. 利用式(15).

9. $\sigma_t(n)=\prod_{j=1}^{s}(p_j^{t(\alpha_j+1)}-1)/(p_j^t-1)$, $n=p_1^{\alpha_1}\cdots p_s^{\alpha_s}$.

10. 6,28.

13. 直接求 $2^{k-1}(2^k-1)$的除数和.

14. 证明必有 $k=1$.

15. 设 $m=2^{r-1}m_1, 2\nmid m_1, r>1$. $2m=\sigma(m)=(2^r-1)\sigma(m_1)$. 设 $\sigma(m_1)=m_1+k$,得 $m_1=(2^r-1)k$. 利用上题.

16. 利用第 8 题.

17. (i) 两边都是积性函数,利用定理 1 证;

(ii) 由定义推出.

18. 表 $n=m^k n_1$, n_1 无大于 1 的 k 次方因数.

$$\sum_{d^k\mid n} f(d^l)=\sum_{d\mid m} f(d^l).$$

习 题 十 二

1. $\pi(200)=46, \pi(300)=62, \pi(400)=78, \pi(500)=95$, $\pi(600)=109, \pi(700)=125, \pi(1800)=139, \pi(900)=154$, $\pi(1000)=168$.

2.

y	3	5	7	11
$\Phi(400,y)$	132	105	90	81
$400\prod_{p\leqslant y}\left(1-\frac{1}{p}\right)$	133	106	91	83

3. $n=m^2 n_1, \mu(n_1)\neq 0$. $\sum_{d^2\mid n} f(d)=\sum_{d\mid m} f(d)$. 再利用引理 1.

4. (i) 由 §11 定理 2 可证:

$$\sum_{d|n}\mu^2(d)=\Big(\sum_{i_1=0}^{\alpha_1}\mu^2(p_1^{i_1})\Big)\cdots\Big(\sum_{i_r=0}^{\alpha_r}\mu^2(p_r^{i_r})\Big),$$

这里 $n=p_1^{\alpha_1}\cdots p_r^{\alpha_r}$；

(ii) $\sum_{d|n}\mu(d)\tau(d)$

$$=\Big(\sum_{i_1=0}^{\alpha_1}\mu(p_1^{i_1})\tau(p_1^{i_1})\Big)\cdots\Big(\sum_{i_r=0}^{\alpha_r}\mu(p_r^{i_r})\tau(p_r^{i_r})\Big).$$

5. $n=m^k n_1$，对任一素数 p，$p^k\nmid n_1$. $d^k|n\Longleftrightarrow d|m$.

6. n.

8. 左边和式 $=\sum_{d\leqslant x}\mu(d)\sum_{\substack{k\leqslant x\\ d|k}}1$，再交换求和号.

9. 这不是积性函数，直接用定理 1(i)计算，$n=1$ 时等于零；当 $n=p_1^{\alpha_1}\cdots p_r^{\alpha_r}$ 时，等于

$$\sum_{\substack{k_1+\cdots+k_r=m\\ k_j\geqslant 1}}(-1)^r\frac{m!}{k_1!\cdots k_r!}\ln^{k_1}p_1\cdots\ln^{k_r}p_r.$$

当 $r>m$ 时，$k_1+\cdots+k_r=m$，$k_j\geqslant 1$ 无解，故必为零.

习 题 十 三

1. (i) 只要 $3^2\nmid n$ 及 n 没有 $3k+1$ 形式的素因数；

(ii) 设 p 是 d 的最大素因数. 若 $p\geqslant 3$，那么只要 $p^2\nmid n$ 及 n 没有 $pk+1$ 形式的素因数，就有 $p\nmid\varphi(n)$，因而 $d\nmid\varphi(n)$；若 $p=2$，则 $4|d$，那么，只要 n 是 $4k+3$ 形式的素数，就有 $4\nmid\varphi(n)$.

2. 因为当 $n\to\infty$ 时，$\varphi(n)\to\infty$.

3. (i) 用定理 1(i). $[m,n]$ 与 mn 有相同的素因数；(ii) 利用定理 1 的式(2)；(iii) 由(ii)推出.

4. $k=3$ 无解；$k=1$ 恰有两解：$\varphi(2)=\varphi(1)=1$，因为 $2|\varphi(n)$，$n\geqslant 3$；$k=2$ 恰有三解：$\varphi(6)=\varphi(4)=\varphi(3)=2$，因为这时 n 只能有小于 5 的素因数；$k=4$ 恰有四解：$\varphi(12)=\varphi(10)=\varphi(8)=\varphi(5)=4$，因为这时 n 只能有小于 7 的素因数(利用式(2)).

5. 当 $\varphi(n)=24$ 时, n 仅可能有 2,3,5,7,13 作为其素因数. 设 $n=2^{\alpha_1}3^{\alpha_2}5^{\alpha_3}7^{\alpha_4}13^{\alpha_5}$, 可算出: $n=13\cdot 3, 13\cdot 3\cdot 2, 13\cdot 2^2, 7\cdot 5, 7\cdot 5\cdot 2, 7\cdot 3\cdot 2^2, 7\cdot 2^3, 5\cdot 3^2, 5\cdot 3^2\cdot 2, 3^2\cdot 2^3$.

6. 即要从 $m\varphi(m)=n\varphi(n)$ 推出 $m=n$. 设 $m=p_1^{\alpha_1}\cdots p_r^{\alpha_r}, n=p_1^{\beta_1}\cdots p_r^{\beta_r}, p_1>p_2>\cdots>p_r$, 利用式(5)依次证明: $\alpha_1=\beta_1, \alpha_2=\beta_2, \cdots$.

7. 由第 3 题(ii)推出.

8. (i) 由 $\varphi(n)$ 的定义推出.

(ii) $\sum_{d=1}^{n} f((d,n))=\sum_{k\mid n}\sum_{\substack{d=1\\(d,n)=k}}^{n} f((d,n))$.

(iii) 由(ii)得和式 $=\sum_{d\mid n} d\mu(d)\varphi(n/d)$. $n=1$ 时等于 1. $n>1$ 时可证: 当 $(n_1,n_2)=1$ 时,

$$\sum_{d\mid n_1n_2} d\mu(d)\varphi(n_1n_2/d)=\sum_{d_1\mid n_1} d_1\mu(d_1)\varphi(n_1/d_1)\cdot\sum_{d_2\mid n_2} d_2\mu(d_2)\varphi(n_2/d_2).$$

由此及

$$\sum_{d\mid p^\alpha} d\mu(d)\varphi(p^\alpha/d)=\begin{cases}-1, & \text{当 } \alpha=1;\\ 0, & \text{当 } \alpha>1,\end{cases}$$

即得所要结论.

9. 右边和式 $=\sum_{d=1}^{n} \mathrm{e}^{2\pi i d/n}\sum_{k\mid(d,n)}\mu(k)$, 再交换求和号.

10. 设 $n_1^{-1}n_1\equiv 1 \pmod{n_2}$, $n_2^{-1}n_2\equiv 1 \pmod{n_1}$, $n=n_1n_2$, $(n_1,n_2)=1$. 因孙子定理知: $d=n_2^{-1}n_2d_1+n_1^{-1}n_1d_2$, d 遍历模 n 的完全剩余系的充要条件是 d_1,d_2 分别遍历模 n_1,n_2 的完全剩余系. $(d,n)=1$ 的充要条件是 $(d_1,n_1)=(d_2,n_2)=1$, $(d+1,n)=1$ 的充要条件是 $(d_1+1,n_1)=(d_2+1,n_2)=1$. 这就证明了 $f(n)$ 是积性的. 显见 $f(p^\alpha)=p^\alpha(1-2/p)$.

习 题 十 四

1. $F_1(n)=\sum_{d\mid n} f(d)$, $F_2(m)=\sum_{n\mid m} F_1(n)=\sum_{n\mid m}\sum_{d\mid n} f(d)$, 交换

求和号.

2. 直接验证,利用习题十一第 18 题.

3. $\sum_{d|n}|\mu(n)|=2^{\omega(n)}$, $\sum_{d|n}\mu(d)|\mu(n/d)|=1$,当 $n=1$;$=0$,当 $n=p$ 或 $p^\alpha,\alpha>2$;$=-1$,当 $n=p^2$,即

$$\sum_{d|n}\mu(d)|\mu(n/d)|=\begin{cases}1, & n=1,\\(-1)^r, & n=p_1^2\cdots p_r^2,\\0, & \text{其他}.\end{cases}$$

4. 设 $n=p_1^{\alpha_1}\cdots p_r^{\alpha_r}$. $\sum_{d|n}P_k(d)=\prod_{i=1}^{r}(1+[\alpha_i/k])$. 再设 $\rho(r)=1,r=0$;$\rho(r)=-1,r=1$;及 $\rho(r)=0,r\geqslant 2$.

$$\sum_{d|n}\mu(n/d)P_k(d)=\prod_{i=1}^{r}\rho(\alpha_i-[\alpha_i/k]\cdot k).$$

当 $k=2$ 时,$\alpha-2[\alpha/2]=0,2|\alpha;1,2\nmid\alpha$. 由此就推出这时的 Möbius 逆变换是 $\lambda(n)=(-1)^{\Omega(n)}$.

5. 设 $n=p_1^{\alpha_1}\cdots p_r^{\alpha_r}$. $\sum_{d|n}Q_k(d)=\prod_{i=1}^{r}(1+\min(\alpha_i,k-1))$.

$$\begin{aligned}\sum_{d|n}\mu(n/d)Q_k(d)&=\prod_{i=1}^{r}(Q_k(p^\alpha)-Q_k(p^{\alpha-1}))\\&=\begin{cases}(-1)^r, & \text{当 } \alpha_1=\cdots=\alpha_r=k;\\0, & \text{其他的 } n>1.\end{cases}\end{aligned}$$

6. (i) $\varphi_k(n)=\sum_{1\leqslant d_1\leqslant n}\cdots\sum_{1\leqslant d_k\leqslant n}\sum_{d|(d_1,\cdots,d_k,n)}\mu(d)=\sum_{d|n}\mu(d)(n/d)^k$. 另一证法是

$$\begin{aligned}\sum_{d|n}\varphi_k(d)&=\sum_{d|n}\sum_{\substack{(d_1,\cdots,d_k,d)=1\\1\leqslant d_j\leqslant d}}1\\&=\sum_{d|n}\sum_{1\leqslant d_1,\cdots,d_k\leqslant d}\sum_{l|(d_1,\cdots,d_k,d)}\mu(l)\\&=\sum_{l|n}\mu(l)\sum_{l|d|n}\sum_{\substack{1\leqslant d_1,\cdots,d_k\leqslant d\\l|d_1,\cdots,d_j}}1=\sum_{l|n}\mu(l)\sum_{h|n/l}h^k\\&=\sum_{h|n}h^k\sum_{l|n/h}\mu(l)=n^k.\end{aligned}$$

(ii) 由 $\varphi_k(n)$的积性推出.

7. (i) 利用上题方法,由 $S_k(n)=n^{-k}\sum_{d|n}\sum_{\substack{j=1\\(j,n)=d}} j^k$,或$\sum_{d|n}S_k^*(d)$

$=\sum_{d|n}d^{-k}\sum_{j=1}^{d}j^2\Big(\sum_{l|(d,j)}\mu(l)\Big)$,即可推出;

(ii) 当 $n>1$ 时,

$$\begin{aligned} S_1^*(n) &= \sum_{d|n}\mu(d)S_1(n/d) \\ &= \sum_{d|n}\mu(d)(1/2+n/(2d))=\varphi(n)/2; \\ S_2^*(n) &= \sum_{d|n}\mu(d)S_2(n/d) \\ &= \sum_{d|n}\mu(d)(1/2+n/(3d)+d/(6n)) \\ &= \varphi(n)/3+(1/6n)\prod_{p|n}(1-p). \end{aligned}$$

8. 和定理 1 的论证相同.

9. 无论按怎样的次序作卷积 $f_1*f_2*\cdots*f_r$,必有

$$(f_1*\cdots*f_r)(n)=\sum_{d_1\cdots d_r=n}f_1(d_1)\cdots f_r(d_r).$$

10. 直接验证,或利用定理 2,或利用卷积性质推导. 例如:由(i)～(iv)可推出 $\sigma=U*E=U*(U*\varphi)=\tau*\varphi$,即(v)成立.

11. 利用归纳法证存在性及唯一性.

12. 用归纳法,及当$(m,n)=1,m>1,n>1$ 时,记 $g=f^{-1}$,有

$$0=\sum_{d|mn}f(d)g\left(\frac{mn}{d}\right)=g(mn)+\sum_{\substack{d_1|m\\d_1d_2>1}}\sum_{d_2|n}f(d_1d_2)g\left(\frac{mn}{d_1d_2}\right).$$

13. 利用上题、卷积性质,及定理 2.

14. (i),(ii)由第 10 题(i),(ii)推出;(iii) $E^{-1}(1)=1,E^{-1}(p)=-p,E^{-1}(p^\alpha)=0,\alpha\geqslant2$,即 $E^{-1}=\mu E$;(iv) $\sigma^{-1}=\mu*E^{-1}$, $\sigma^{-1}(p^\alpha)=E^{-1}(p^\alpha)-E^{-1}(P^{\alpha-1})=-p-1,\alpha=1;p,\alpha=2;0,\alpha>2$. $\varphi^{-1}=U*E^{-1},\varphi^{-1}(p^\alpha)=1-p,\alpha\geqslant1$;(v) $\lambda^{-1}=\mu^2$.

15. 由上题(ii),利用归纳法推出必要性. 充分性亦由上题(i)

和(ii),利用归纳法推出.

16. (i) 直接验证$(fg^{-1})*(fg)^{-1}=I$;(ii) 在(i)中取$g=U$.

17. 必要性即上题(ii),充分性同第15题的充分性.

19. (i) 利用式(6);(ii) 利用第18题(iii);(iii) 由(i)可得

$$\ln(2m)!-2\ln(m!)=\sum_{k\leqslant 2m}(-1)^{k-1}\Psi(2m/k);$$

(iv) 利用(iii),§10的式(9)和式,及§10定理1的证明方法.

习题十五

1. (i) 不成立. $5^2\equiv 7^2 \pmod 8$, $5\not\equiv 7 \pmod 8$;(ii) 不成立. 例如(i) $5\not\equiv \pm 7 \pmod 8$;(iii) 不成立. $5\equiv -3 \pmod 8$, $25\not\equiv 9 \pmod{64}$;(iv) 成立. 因为$2\mid a-b \Longrightarrow 2\mid a+b$;(v) 成立. 因为$p\mid (a-b)(a+b)$, $p\nmid (a-b,a+b)\mid 2(a,b)$;(vi) 成立. 利用性质Ⅷ,设$c=(a^k)^{-1}\bmod m$, $1\equiv ca^k\equiv cb^k \pmod m$. $a\equiv ca^{k+1}\equiv cb^{k+1}\equiv b \pmod m$.

2. $1^3+2^3+\cdots+(m-1)^3+m^3\equiv m^3+(1+(m-1)^3)+\cdots\equiv 0 \pmod m$,当$2\nmid m$;$\equiv (m/2)^3 \pmod m$,当$2\mid m$. 当$2\nmid m$或$4\mid m$时成立,当$2\mid m$, $4\nmid m$时不成立.

4. (i) 6;(ii) $2^{22}\equiv 4 \pmod{100}$. $2^{1000}\equiv 2^{100}\equiv 2^{20}\equiv 76 \pmod{100}$, 76;(iii) $9^{10}\equiv (10-1)^{10}\equiv 1 \pmod{100}$, $9^9\equiv (10-1)^9\equiv 9 \pmod{10}$,所以,$9^{9^9}\equiv 9^9\equiv -11\equiv 89 \pmod{100}$,末两位数为89. $9^{9^{9^9}}\equiv 9^{89}\equiv 9^9\equiv 89 \pmod{100}$,末两位数也是89;(iv) 70;(v) 6.

5. (i) -2;(ii) -3.

7. $n\equiv 0 \pmod 2 \Longleftrightarrow n\equiv 0,2,4,6,8$,或$10 \pmod{12}$;$n\equiv 0 \pmod 3 \Longleftrightarrow n\equiv 0,3,6$,或$9 \pmod{12}$;$n\equiv 1 \pmod 4 \Longleftrightarrow n\equiv 1,5$,或$9 \pmod{12}$;$n\equiv 5 \pmod 6 \Longleftrightarrow n\equiv 5$或$11 \pmod{12}$;以及$n\equiv 7 \pmod{12}$本身.

8. 用例 4 的方法证.

9. 若 a,b,c 满足要求,则对任意 $k\geqslant 1,ka,kb,kc$ 也满足,所以,可先设$(a,b,c)=1$,及 $1\leqslant a\leqslant b\leqslant c$. 由此及 $c\mid a-b$ 推出 $a=b$,进而由 $a\mid c$ 及$(a,b,c)=1$ 推出 $a=b=1$. 所以,所有解为$\{1,1,c\}$,c 为任意正整数.

10. 由 §4 例(ii)推出.

11. 第一部分利用多项式除法,用归纳法证明. 由此推出第二部分中的各个结论,最后一个结论(d)要通过比较式(a)两边 x^{p-2} 的系数推出.

12. 设 $(x-1)\cdots(x-p+1)=x^{p-1}+s_1x^{p-2}+\cdots+s_{p-2}x+(p-1)!$. 由此及第 11 题(a),(c)推出 $p\mid(s_1,\cdots,s_{p-2})$. 在上式中令 $x=p$,由此即得 $p^2\mid s_{p-2}$,这就是要证的结论.

习题十六

1. (i) 1,11,3,13,5,15,7,17,9;(ii) 0,10,2,12,4,14,6,16,8;(iii) 由式(4)知不能;(iv) 由式(4)推出.

2. 因 $j^2\equiv(m-j)^2 \pmod m$.

3. 利用式(5).

4. 利用盒子原理,必有两数属于同一剩余类.

5. 当 m 是偶数时,以 $1 \bmod m, 2 \bmod m$ 为一组,$3 \bmod m$,$4 \bmod m$ 为一组,…,$(m-1) \bmod m, m \bmod m$ 为一组,把 m 个剩余类两两分组. 这样,任取$[m/2]+1$ 个数,必有两个数在同一组中,所以结论成立.

当 m 为奇数时,以 $1 \bmod m$ 为单独一组,$2 \bmod m, 3 \bmod m$ 为一组,…,$(m-1) \bmod m, m \bmod m$ 为一组,把 m 个剩余类分为$[m/2]+1$ 组. 当有两数属于后面的$[m/2]$组的某一组时,结论成立. 不然,必是一个数属于 $1 \bmod m$,及其他各组中各有一数. 若结论不成立,则其他各数必是依次属于 $3 \bmod m, 5 \bmod m,\cdots,(m-2) \bmod m, m \bmod m$. 但属于 $1 \bmod m$ 和 $m \bmod m$ 的两数之差属于

$1 \bmod m$.

6. (i) $1 \bmod 5 = \bigcup_{0\leqslant r\leqslant 4} (1+5r) \bmod 15$;

(ii) $6 \bmod 10 = \bigcup_{0\leqslant r\leqslant 11} (6+10r) \bmod 120$;

(iii) $6 \bmod 10 = \bigcup_{0\leqslant r\leqslant 7} (6+10r) \bmod 80$.

7. $(2n-1,n-2)=1$，当 $3\nmid n-2$；$=3$，当 $3\mid n-2$. 当$(2n-1,n-2)=1$时，最少属于1个模$n-2$的剩余类；当$(2n-1,n-2)=3$时，最少属于3个模$n-2$的剩余类，一般最少属于(K,m)个模m的剩余类.

10. 利用第9题.

11. 若$(a,d)>1$则必有$(a,n)>1$. 此外，在d个相邻整数中与d不互素的数有$d-\varphi(d)$个. 所以，$n-\varphi(n)\geqslant(n/d)(d-\varphi(d))$.

12. (i) 和式$=\sum_{r=0}^{m-1}\left\{\frac{r}{m}\right\}=\sum_{r=0}^{m-1}\frac{r}{m}$；

(ii) 和式$=\sum_{\substack{r=1\\(r,m)=1}}^{m}\frac{r}{m}$.

13. 取$r_i=5i+4$，$1\leqslant i\leqslant 4$，$s_j=5+4j$，$1\leqslant j\leqslant 5$即可使(i)及(ii)都成立.

14. (i) 成立. 取第13题给出的完全剩余系中的既约剩余系即可.

(ii) 不成立. 因为这时必有$(r_is_j,20)=1$. 当$\{r_i\}$是模4的既约剩余系时，对任一固定的s_{j_0}，由$(s_{j_0},4)=1$可推出$\{r_i+s_{j_0}\}$中必有数和4不既约(利用式(9)). 但可以单独要求r_i+s_j是模20的既约剩余系. 这只要取$r_i=5i$，$s_j=4j$即可.

习题十七

1. $n=1,2^{\alpha}\cdot 3^{\beta},\alpha\geqslant 1,\beta\geqslant 0$.

2. 利用§15性质Ⅸ，§17定理4，式(12)，及例1.

3. (i) 若$p_i\mid a$，则$p_i^{\alpha_i}\mid a^{\alpha+\varphi(m)}-a^{\alpha}$；若$p_i\nmid a$，则$p_i^{\alpha_i}\mid a^{\varphi(p_i^{\alpha_i})}-1$，进

而 $p_i^{\alpha_i} | a^{\varphi(m)}-1$；(ii) 若 $p_i \nmid a$，则由(i)知 $p_i^{\alpha_i} | a^{\varphi(m)}-1$，进而有 $p_i^{\alpha_i} | a^{m-\varphi(m)}(a^{\varphi(m)}-1)=a^m-a^{m-\varphi(m)}$；若 $p_i | a$，由 $m-\varphi(m) \geqslant p_i^{\alpha_i-1} \geqslant \alpha_i$，也得到 $p_i^{\alpha_i} | a^m-a^{m-\varphi(m)}$；(iii) 从(i)的讨论可推出.

4. 由§15 性质Ⅸ及§17 定理推出.

5. 设 $f(x)=a_nx^n+\cdots+a_0$. $(f(x))^p=(a_nx^n)^p+(a_{n-1}x^{n-1})^p+\cdots+a_0^p+p\cdot h_1(x)$，$h_1(x)$是整系数多项式. 进而由 Fermat 小定理得$(f(x))^p=a_n(x^p)^n+a_{n-1}(x^p)^{n-1}+\cdots+a_0+ph_2(x)=f(x^p)+p\cdot h_2(x)$. $h_2(x)$是整系数多项式.

6. (i) 必有$(q,a)=1$，$q | a^{q-1}-1$. 因而 $q | a^{(p,q-1)}-1$. 若$(p,q-1)=1$，则 $q | a-1$；若$(p,q-1)=p$，则 $q \equiv 1 \pmod{2p}$；$q | a^{2p}-1$，并注意 $q \nmid a-1$；

(ii) 设 s 是给定的正整数，取 $a=2^{p^{s-1}}$. 设 q 是$(a^p-1)/(a-1)$的素除数. 先证 $a \not\equiv 1 \pmod q$. 用反证法. 设 δ 是最小正整数使得 $2^\delta \equiv 1 \pmod q$. 证明 $\delta=p^s$. 进而推出 $p^s | q-1$. 以上论证对 $p=2$ 也成立. 当 $p>2$ 时，$q=2kp^s+1$；当 $p=2$ 时，$q=2^sk+1$. 由 s 的任意性就推出所要结论.

7. 证明 $a^{l\varphi(r)+1}$都属于这算术数列，$l=0,1,2,\cdots$.

8. 必有 $a \equiv b \pmod p$.

习 题 十 八

1. 利用定理 1.

2. 利用定理 1，Fermat 小定理.

3. $p \nmid a$ 时，利用定理 1 及 Fermat 小定理.

4. 用反证法. 利用定理 2，定理 3.

5. 由上题推出.

6. 不一定. 如对模 8 可取：$r_1=-3$，$r_2=-1$，$r_3=1$，$r_4=3$，$r_1'=3$，$r_2'=-3$，$r_3'=1$，$r_4'=-1$ 或 $r_1'=1$，$r_2'=-1$，$r_3'=3$，$r_4'=-3$. 对模 15 可取：r_i 依次为$-7,-4,-2,-1,1,2,4,7$，r_i' 依次为 $2,-2,4,-4,-1,1,7,-7$.

7. 一定有$(r_i,m)=1 \Longleftrightarrow (r_i',m)=1$. 所以不和 m 既约的 r_i 一定是同不和 m 既约的 r_i' 相乘. 对给定的 $d>1$,在一个完全剩余系中同 m 的最大公约数为 d 的数的个数是一定的. 由这两点就可推出矛盾.

习 题 十 九

1. (i) $x \equiv 1,5 \pmod 7$;　　(ii) $x \equiv 1,3,15,17 \pmod{28}$;

(iii) $x \equiv -5,-3,9,11 \pmod{28}$;

(iv) 利用 $x^5 \equiv x \pmod 5$ 化简,原方程变为: $2x^3-2x^2-2 \equiv 0 \pmod 5$,无解.

2. 原方程等价于 $4a(ax^2+bx+c) \equiv (2ax+b)^2+4ac-b^2 \equiv 0 \pmod m$.

3. $p^\alpha | a^2$ 的充要条件是 $p^{[(\alpha+1)/2]} | a$.

6. $a \equiv 0, \pm 1 \pmod 9$.

8. (i) $x^5+x^2-3 \equiv 0 \pmod 7$;

(ii) $x^4-2x^3-x+2 \equiv 0 \pmod 5$;

习 题 二 十

1. (i) $x \equiv 3 \pmod 7$;　　(ii) $x \equiv 3,8,13 \pmod{15}$;

(iii) $(20,30)=10 \nmid 4$,无解;　(iv) $x \equiv 62 \pmod{105}$;

(v) $x \equiv -1 \pmod{1597}$;　　(vi) $x \equiv -163 \pmod{999}$.

2. $m=[m/a]a+a_1$, $1 \leqslant a_1 < a$. $ax \equiv b \pmod m$ 的解一定是 $a[m/a]x \equiv b[m/a] \pmod m$ 的解,即是 $a_1x \equiv -b[m/a] \pmod m$ 的解. 反过来不一定对. 要$([m/a],m)=1$ 时反过来才一定成立.

3. (i) $m=23$, $a=6$. $[23/6]=3$, $(3,23)=1$. 所以原方程等价于 $5x \equiv -21 \equiv 2 \pmod{23}$. $[23/5]=4$, $(4,23)=1$, $3x \equiv -8 \pmod{23}$. $[23/3]=7$, $(7,23)=1$, $2x \equiv 10 \pmod{23}$, $x \equiv 5 \pmod{23}$.

(ii) $[12/5]=2$, $(2,12)=2$,所以不要用这方法.

4. $ay+b \equiv x \pmod m$ 确定了 $g(y) \equiv 0 \pmod m$ 的解 $y \bmod m$

与 $f(x)\equiv 0(\bmod m)$的解 $x \bmod m$ 之间的一一对应.

5. 若 x_0 是 $ax\equiv b(\bmod m)$的一解. 取 $y_0=(b-ax_0)/m$. $x=x_0+mt/(a,m)$, $y=y_0-mt/(a,m)$, $t=0,\pm1,\pm2,\cdots$,就给出了不定方程的解.

6. 当 $f(x)=ax-b$ 时,令 $d=m/(a,m)$. 我们有

$$\sum_{l=0}^{m-1}\sum_{x=0}^{m-1}\mathrm{e}^{2\pi il(ax-b)/m}=\sum_{l=0}^{m-1}\mathrm{e}^{-2\pi ilb/m}\sum_{x=0}^{m-1}\mathrm{e}^{2\pi ilax/m}$$

$$=m\sum_{\substack{l=0\\ m\mid la}}^{m-1}\mathrm{e}^{-2\pi ilb/m}=m\sum_{k=0}^{m/d-1}\mathrm{e}^{-2\pi ibkd/m}$$

$$=\begin{cases}m(a,m), & \text{当}(a,m)=(m/d)\mid b,\\ 0, & \text{当}(a,m)=(m/d)\nmid b.\end{cases}$$

习题二十一

1. (i) $x=4+11y$, $11y\equiv-1(\bmod 17)$, $y\equiv 3(\bmod 17)$, $x\equiv 37(\bmod 187)$.

(ii) $m_1=5$, $m_2=6$, $m_3=7$, $m_4=11$. $M_1=6\cdot7\cdot11\equiv 2(\bmod 5)$, $3M_1\equiv1(\bmod m_1)$. $M_2=5\cdot7\cdot11\equiv1(\bmod 6)$, $1\cdot M_2\equiv1(\bmod m_2)$. $M_3=5\cdot6\cdot11\equiv1(\bmod 7)$, $1\cdot M_3\equiv 1(\bmod m_3)$. $M_4=5\cdot6\cdot7\equiv1(\bmod 11)$, $1\cdot M_4\equiv1(\bmod 11)$. 所以 $x\equiv3\cdot6\cdot7\cdot11\cdot2+5\cdot7\cdot11\cdot1+5\cdot6\cdot11\cdot3(\bmod 5\cdot6\cdot7\cdot11)$.

(iii) $x=-3+5y$, $15y\equiv2(\bmod 17)$, $y\equiv-1(\bmod 17)$, $x\equiv-8(\bmod 85)$. $x\equiv-8,77(\bmod 170)$.

(iv) 无解. 第二,第三两个方程矛盾.

2. (i) $x\equiv-1(\bmod 4)$, $2x\equiv-1(\bmod 5)$, $2x\equiv1(\bmod 7)$. 得到解为 $x\equiv67(\bmod 140)$;

(ii) $x\equiv1(\bmod 4)$, $2x\equiv-1(\bmod 5)$, $3x\equiv5(\bmod 7)$, $2x\equiv 3(\bmod 11)$. 得到解 $x\equiv557(\bmod 1540)$.

3. 使 $7x+1\equiv0(\bmod 10)$成立的最小正整数,及使 $7x\equiv0\equiv$

(mod 10)成立的最小正整数中,小的一个即为要求的周数,即 7 周后可在星期天休息.

4. 同上题方法,以 a_j 代 p_j^3.

5. 不两两既约时不成立.

8. (i) 设 $m_j=p_1^{\alpha_{1j}}\cdots p_r^{\alpha_{rj}}, 1\leqslant j\leqslant k$. $m=p_1^{\alpha_1}\cdots p_r^{\alpha_r}, \alpha_i=\max\limits_{1\leqslant j\leqslant k}(\alpha_{ij})$. 先在每个 m_j 中保留和 m 中同方幂的那些素数幂,其他删去,得到 m_j'',若 $p_i^{\alpha_i}$ 出现在两个或两个以上的 m_j'' 中,则只保留最小指标 j_0 的 m_{j_0}''中的这一方幂,其他的均删去. 这样得到 $m_j'(1\leqslant j\leqslant k)$,这些 m_j' 就满足要求;

(ii) $x\equiv a_j(\bmod m_j)(1\leqslant j\leqslant k)$的解一定是 $x\equiv a_j(\bmod m_j')(1\leqslant j\leqslant k)$的解,且均对模 m 有唯一解,所以解相同.

9. (i) $x\equiv -6(\bmod 13), y\equiv -4(\bmod 13)$; (ii) 无解; (iii) $x\equiv 2y-1(\bmod 7)$.

11. (i) $r_i=21x_i+91i, 1\leqslant i\leqslant 13$, x_i 取任一模 13 的完全剩余系;(ii) 设 $m_1=23, m_2=2, m_3=3, m_4=5, m_5=7, m=m_1\cdots m_5$, $m_iM_i=m$. 可取 $r_i=M_1x_i+M_2-M_3+M_4i, 1\leqslant i\leqslant 23$, x_i 取任一模 23 的完全剩余系.

12. 2^r, r 为 m 的不同的素因子个数. 应用定理 5.

习题二十二

1. (i) $(-8)^{26}\equiv 11^{13}\equiv 11\cdot 15^6\equiv 11\cdot 13^3\equiv -16\cdot 10\equiv -1(\bmod 53)$, -8 不是模 53 的二次剩余;(ii) $8^{33}\equiv 8\cdot(3)^{16}\equiv 8\cdot 14^4\equiv 8\cdot 5^2\equiv -1(\bmod 67)$. 8 不是模 67 的二次剩余.

2. (i) 2;(ii) 0;(iii) 0;(iv) 0;(v) $221=13\cdot 17\cdot 4$ 个解;(vi) $427=7\cdot 61$. 无解.

3. 若 $u^2+av^2\equiv 0(\bmod p)$成立,则必有 $p\nmid uv$. 因而有 $vv'\equiv 1(\bmod p)$, $(v'u)^2\equiv -a(\bmod p)$.

4. 由条件(i)和(ii)知模 p 的全部二次剩余均属于 S_1. 由条件

(i)和(iii)知 S_2 中的元素个数不会少于 S_1 中的元素个数. 由此及定理 1 就推出所要结论.

5. (i),(ii)利用 Wilson 定理;(iii) 即求 $1^2+2^2+\cdots+((p-1)/2)^2$ 对模 p 的剩余,用平方和公式;(iv) 由(iii)来求.

6. 这时 j 和 $p-j$ 必同为二次剩余或二次非剩余,$1\leqslant j\leqslant(p-1)/2$. 并利用定理 1.

习题二十三

1. $-1,-1,1,1,1,1,-1,1,-1,1$.

2. (i) $\left(\frac{7}{227}\right)=1$,有解;(ii) $511=7\cdot 73$, $\left(\frac{11}{73}\right)=-1$,无解;(iii) $91=7\cdot 13$. $\left(\frac{11}{7}\right)=\left(\frac{-6}{7}\right)=1$, $\left(\frac{11}{13}\right)=\left(\frac{-6}{13}\right)=-1$,有解;(iv) $6193=11\cdot 563$. $\left(\frac{5}{11}\right)=1\neq\left(\frac{-14}{11}\right)=-1$,无解.

3. (i) $p\equiv 1\pmod 6$; (ii) $p\equiv 1\pmod{12}$; (iii) $p\equiv 5\pmod{12}$; (iv) $p\equiv -1\pmod{12}$; (v) $p\equiv -5\pmod{12}$; (vi) $(100)^2-3$ 的素因数 $p\equiv\pm 1\pmod{12}$. $100^2-3=13\cdot 769$; 150^2+3 的素因数 $p\equiv 1\pmod 6$,及 $p=3$. $150^2+3=3\cdot 13\cdot 577$.

4. $p\equiv\pm 7\pmod{24}$.

5. (i) $p\equiv\pm 1\pmod 5$; (ii) $p\equiv 1,3,7,9\pmod{20}$; (iii) $121^2-5=2^2\cdot 3659$; $121^2+5=14646=2\cdot 3\cdot 2441$; $82^2+5\cdot 11^2=7329=3\cdot 7\cdot 349$; $82^2-5\cdot 11^2=6119=29\cdot 211$; $273^2+5\cdot 11^2=2\cdot 37567$, $273^2-5\cdot 11^2=2^2\cdot 18481$; (iv) 由(i)和(ii)知不可解.

6. $n^4-n^2+1=(n^2-1)^2+n^2=(n^2+1)^2-3n^2$.

7. (i) 证 $8k-1$ 形式的素数有无穷多个,利用$(p_1\cdots p_r)^2-2$;证 $8k+3$ 形式的素数有无穷多个,利用$(p_1\cdots p_r)^2+2$;证 $8k-3$ 形式的素数有无穷多个,利用 $4(p_1\cdots p_r)^2+1$;

(ii) 依次利用 $3(p_1\cdots p_r)^2+1$, $3(p_1\cdots p_r)^2+1$(和 $3k+1$ 形式

同），$4(p_1\cdots p_r)^2+3$，$(p_1\cdots p_r)^4-(p_1\cdots p_r)^2+1$（利用第 6 题）；

(iii) 利用第 5 题(i)，及考虑 $5(n!)^2-1$，证明 $10k-1$ 形式的素数有无穷多个.

8. 只要证 d 为素数时成立.

9. $x^4+4=((x-1)^2+1)((x+1)^2+1)$.

10. (i) 由定理 3 推出；(ii) $2^{22}-1=(2^{11}-1)(2^{11}+1)\equiv 0 \pmod{23}$，$23\equiv -1 \pmod 8$，所以 $2^{11}+1\not\equiv 0 \pmod{23}$. 另两个同样证明；(iii) 先求出使 $\left(\frac{-2}{p}\right)=1$ 的全体素数 p，并利用 $2^{2p}-1\equiv 0 \pmod{2p+1}$ 及 $2p+1\equiv 7 \pmod 8$.

11. 利用定理 3，定理 1 证必要性. 证充分性利用：p 是使 $2^d\equiv 1 \pmod{2p+1}$ 成立的最小正整数，及 $\varphi(m)$ 的性质.

12. (i)

d / n / p	2	3	5	7	13
11	3	2	2	3	
17	4	3	3	3	4
19	5	3	4	4	3
29	7	5	6	6	6

(ii) 仿照例 3 中直接用引理 2 证 $\left(\frac{3}{p}\right)$ 的方法.

13. 因为 $\left(\frac{2}{q}\right)=\left(\frac{2-q}{q}\right)$.

14. (i) 用反证法. 若 $b^2+2\mid 4a^2+1$，则 $2\nmid b$，$b^2+2\equiv 3 \pmod 4$. 所以 b^2+2 一定有素因数 $p\equiv 3 \pmod 4$，但 $p\mid 4a^2+1$ 必有 $p\equiv 1 \pmod 4$，矛盾.

(ii) 证法同(i).

(iii) 若 $2b^2+3\mid a^2-2$，由于 $2b^2+3\equiv \pm 3 \pmod 8$，所以必有素数 $p\equiv 3 \pmod 8$ 或 $-3 \pmod 8$，$p\mid 2b^2+3$. 但 $p\mid a^2-2$，必有 $p\equiv \pm 1 \pmod 8$，矛盾.

(iv) 若 $3b^2+4\mid a^2+2$,则 $2\nmid b$,$3b^2+4\equiv 7 \pmod 8$,所以 $3b^2+4$ 必有素因数 $p\equiv 5$ 或 $7 \pmod 8$. 但 $p\mid a^2+2$,必有 $p\equiv 1,3 \pmod 8$,矛盾.

15. 仿照引理 2 证明.

17. x 和 $ax+b$ 同时遍历模 p 的完全剩余.

18. 以 $x^{-1}=y$ 表示 x 对模 p 的逆,x,y 同时遍历模 p 的既约剩余系.

$$\sum_{x=1}^{p}\left(\frac{x^2+ax}{p}\right)=\sum_{x=1}^{p}\left(\frac{(ax)^2+a(ax)}{p}\right)$$

$$=\sum_{x=1}^{p-1}\left(\frac{x^2+x}{p}\right)=\sum_{x=1}^{p-1}\left(\frac{y^2(x^2+x)}{p}\right)$$

$$=\sum_{x=1}^{p-1}\left(\frac{1+y}{p}\right)=\sum_{x=1}^{p-1}\left(\frac{1+x}{p}\right)=-1.$$

19. $4af(x)=(2ax+b)^2-\Delta$. $\sum_{x=1}^{p}\left(\frac{f(x)}{p}\right)=\left(\frac{a}{p}\right)\sum_{x=1}^{p}\left(\frac{x^2-\Delta}{p}\right)$. 当 $p\mid\Delta$ 时,由此推出(ii)成立. 当 $p\nmid\Delta$ 时,分 $\left(\frac{\Delta}{p}\right)=1$, $\left(\frac{\Delta}{p}\right)=-1$ 两种情形. 当 $\left(\frac{\Delta}{p}\right)=1$ 时,设 $d^2\equiv\Delta \pmod p$. 我们有

$$\sum_{x=1}^{p}\left(\frac{x^2-\Delta}{p}\right)=\sum_{x=1}^{p}\left(\frac{(x-d)(x+d)}{p}\right)=\sum_{x=1}^{p}\left(\frac{x(x+2d)}{p}\right)=-1, \tag{*}$$

最后一步用到了第 18 题. 所以这时结论成立. 但当 $\left(\frac{\Delta}{p}\right)=-1$ 时不能用这方法,要困难得多. 下面的证法可统一讨论 $p\nmid\Delta$ 的情形. 显见,我们需要知道有多少个 $x(1\leqslant x\leqslant p)$ 使得 $x^2-\Delta$ 是模 p 的二次剩余(包括 $p\mid x^2-\Delta$ 的情形),这就是要讨论同余方程 $x^2-\Delta\equiv y^2 \pmod p$ 的解数 T. 显见

$$T=\sum_{x=1}^{p}\left(1+\left(\frac{x^2-\Delta}{p}\right)\right)=p+\sum_{x=1}^{p}\left(\frac{x^2-\Delta}{p}\right).$$

但另一方面,T 可以这样来计算: 以 t_u 表同余方程组 $y^2\equiv$

$u \pmod p$，$x^2 \equiv u+\Delta \pmod p$ 的解数，则 $t_u = \left(1+\left(\frac{u}{p}\right)\right)\left(1+\left(\frac{u+\Delta}{p}\right)\right)$，$T=\sum_{u=1}^{p} t_u$. 因而，

$$T=\sum_{u=1}^{p}\left\{1+\left(\frac{u}{p}\right)+\left(\frac{u+\Delta}{p}\right)+\left(\frac{u(u+\Delta)}{p}\right)\right\}=p-1,$$

这里用到了第 17 题，第 18 题. 由 T 的这两个关系式推出这时式 (*)也成立，这就证明了所要的结论.

20. $x^4+1\equiv(x^2+1)^2 \pmod 2$，所以可设 $p\geqslant 3$. 若 $\left(\frac{-1}{p}\right)=1$，则取 b 满足 $b^2\equiv -1 \pmod p$，就有 $x^4+1\equiv(x^2-b)(x^2+b) \pmod p$. 若 $\left(\frac{-1}{p}\right)=-1$，设 a,b,c,d 为待定整数，要求满足所说的关系式，及 $p\nmid abcd$. 这时 $p\equiv 3 \pmod 4$. 易证：当 $p\equiv 3 \pmod 8$ 时，可取 a 满足 $a^2\equiv -2 \pmod p$，$c\equiv -a \pmod p$，$b=d=-1$；当 $p\equiv 7 \pmod 8$ 时，可取 a 满足 $a^2\equiv 2 \pmod p$，$c\equiv -a \pmod p$，$b=d=1$.

习题二十四

1. (i) -1；(ii) 1；(iii) 1；(iv) -1.

2. 以 $4|a$ 为例. 设 $a=2^{\alpha}n$，$\alpha\geqslant 2$，$2\nmid n$. 利用互反律得

$$\left(\frac{a}{2a+b}\right)=\left(\frac{2^{\alpha}}{2a+b}\right)\left(\frac{b}{n}\right)(-1)^{(k-1)(b-1)/4},$$

$$\left(\frac{a}{b}\right)=\left(\frac{2^{\alpha}}{b}\right)\left(\frac{b}{n}\right)(-1)^{(k-1)(b-1)/4},$$

$2|\alpha$ 时由此推出结论成立；$2\nmid\alpha$ 时，利用式(2)直接验证 $\left(\frac{2}{2a+b}\right)=\left(\frac{2}{b}\right)$，所以结论也成立. 其他类似验证.

3. 同上题的证法.

4. 充分性显然. 必要性用反证法. 设 $a=b^2a_1$，$a_1\neq 1$ 且不是平方数，即 $a_1=\pm 2^{\alpha_0}p_1\cdots p_r$（$\alpha_0=0,1$；$p_i$ 为两两不同的奇素数）. 设 d_r 是模 p_r 的二次非剩余. 由提示知，必有素数 $p\equiv 1 \pmod 8$，$p\equiv$

$1 \pmod{p_i}, 1 \leqslant i \leqslant r-1$，及 $p \equiv d_r \pmod{p_r}$，进而推出 $\left(\frac{a_1}{p}\right) = -1$，矛盾.

习题二十五

1. (i) $(x-1)(x+2)(x^2+2)+7(2x^5-x^4+x^3+x^2-2x+1)$；

(ii) $(x-1)(x^3+4x^2+4x+5)+7(x^4+2)=(x-1)^2(x^2-x+2)+7(x^3+x+1)$；

(iii) $(x-1)(x+1)(x^5-3x^4+2x^3+4x^2-3x-1)+13(x^6+x^4+x^3-x^2)=(x-1)^2(x+1)^2(x^3-3x^2+3x+1)+13(x^6+x^4+x^3-x^2)$.

3. (i) 原同余方程的解和同余方程 $x^3+2x^2-x+3 \equiv 0 \pmod 5$ 相同，

$x^5-x=(x^2-2x)(x^3+2x^2-x+3)+5(x^3-5x^2+5x)$；

(ii) $x \equiv 0 \pmod{13}$ 不是它的根. $x^{12}-1=(x^6-4x^5+6x^4+6x^3+3x^2-2x+3)\cdot(x^6+4x^5+10x^4+10x^3-47x^2-318x-1075)+13(-164x^5+653x^4-560x^3+21x^2-92x+248)$.

4. (i) $x^6-3x^4+x^3+2x-1 \equiv 0 \pmod 7$；

(ii) $x^{10}+4x^9-x^8-x^6+x^4+x^3+2x-5 \equiv 0 \pmod{11}$.

习题二十六

1. (i) $x \equiv -17, -12, -7 \pmod{45}$；(ii) $x \equiv -5 \pmod{33}$；(iii) $x \equiv -65 \cdot x_1 + 66 \cdot x_2 \pmod{143}$，$x_1=1,3,5$，$x_2=1,3,5$.

2. (i) 无解；(ii) $x \equiv 23 \pmod{7^3}$；(iii) $x \equiv 2+9j \pmod{3^3}$，$j=0,\pm 1$；(iv) 无解；(v) $x \equiv \pm 578 \pmod{11^3}$；(vi) $x \equiv \pm(2590+4\cdot 19^3) \equiv \pm 30026 \pmod{19^4}$.

3. 由例 4，例 5 推出.

4. 化为 $(x-1)(x+1) \equiv 0 \pmod{p^l}$ 的同余方程组，再用例 4，

例 5.

5. 先证明对素数 p，$x^2\equiv x \pmod{p^k}$ 的解数一定为 2，k 为任意正整数.

6. 利用 § 22 推论 3.

7. 利用推论 2.

习题二十七

1.

a	-5	-1	1	5
$\delta_{12}(a)$	2	2	1	2

$\varphi(12)=4\neq\lambda(12)=2$. 无原根.

a	-6	-5	-4	-3	-2	-1	1	2	3	4	5	6
$\delta_{13}(a)$	12	4	3	6	12	2	1	12	3	6	4	12

$\varphi(13)=\lambda(13)=12$. 原根：2，6，7，11.

a	-5	-3	-1	1	3	5
$\delta_{14}(a)$	3	3	2	1	6	6

$\varphi(14)=\lambda(14)=6$. 原根：3，5.

a	-9	-8	-7	-6	-5	-4	-3	-2	-1	1	2	3	4	5	6	7	8	9
$\delta_{19}(a)$	18	3	6	18	18	18	9	9	2	1	18	18	9	-9	9	3	6	9

$\varphi(19)=\lambda(19)=18$. 原根：2，3，10，13，14，15.

a	-9	-7	-3	-1	1	3	7	9
$\delta_{20}(a)$	2	4	4	2	1	4	4	2

$\varphi(20)=8\neq\lambda(20)=4$. 无原根.

a	-10	-8	-5	-4	-2	-1	1	2	4	5	8	10
$\delta_{21}(a)$	6	2	3	6	6	2	1	6	3	6	2	6

$\varphi(21)=12\neq\lambda(21)=6$. 无原根.

2. 依次为 5,6,20,4,12,11,30.

3. 由 $\lambda(m)$ 的定义(见式(7))推出.

4. $a=11,27$ 时, $\delta_{37}(a)=6$; $a=7,37$ 时, $\delta_{43}(a)=6$.

5. 若 $(x_1x_2,m)=1$, $x_1^n\equiv x_2^n(\bmod m)$, $(x_1x_2^{-1})^n\equiv 1(\bmod m)$. 设 $x_1x_2^{-1}$ 对模 m 的指数为 δ, 则 $\delta\mid(n,\varphi(m))$, 所以 $\delta=1$, 即 $x_1\equiv x_2(\bmod m)$.

6. 由 $\delta_p(a)=3$, 可得 $a\not\equiv\pm 1(\bmod p)$, $a^2+a+1\equiv 0(\bmod p)$. 所以 $1+a\not\equiv 1(\bmod p)$, $(1+a)^2\equiv 1+2a+a^2\equiv a\not\equiv 1(\bmod p)$, $(1+a)^3\equiv -1(\bmod p)$. 因而有 $\delta_p(1+a)=6$.

7. 由 $m-1=\delta_m(a)\mid\varphi(m)$ 推出 $\varphi(m)=m-1$, 即证.

8. (i) 由 $p\nmid a^{h/2}-1$, $p\mid a^h-1=(a^{h/2}-1)(a^{h/2}+1)$ 即得.

(ii) 由(i)得 $(-a)^{h/2}\equiv a^{h/2}\equiv -1(\bmod p)$. 设 $h'=\delta_p(-a)$. 我们有 $h/2=\delta_p(a^2)=\delta_p((-a)^2)=h'/(h',2)$, 由此及 $h'\neq h/2$ 即得 $h'=h$.

(iii) 这时 $(-a)^{h/2}\equiv -a^{h/2}\equiv 1(\bmod p)$. 由此及(ii)的论证即得 $h'=h/2$.

9. (i) $F_n\mid 2^{2^{n+1}}-1$, 所以 $\delta_{F_n}(2)\mid 2^{n+1}$. 由此及 $F_n\nmid 2^{2^l}-1$, $l\leqslant n$ 就推出 $\delta_{F_n}(2)=2^{n+1}$.

(ii) $\delta_p(2)\mid\delta_{F_n}(2)=2^{n+1}$. 设 $\delta_p(2)=2^d$, $d\leqslant n+1$ 即 $p\mid 2^{2^d}-1$, $p\nmid 2^{2^{d-1}}-1$. 若 $d\leqslant n$, 则 $p\mid(2^{2^{d-1}}-1)(2^{2^{d-1}}+1)$, 因而 $p\mid 2^{2^{d-1}}+1$, 这和 Fermat 数两两既约(见§4 例 1(v))矛盾.

(iii) 由(ii)及 $\delta_p(2)\mid p-1$ 推出.

(iv) 当 $n>1$ 时, $2^{n+1}<2^{2^n}$.

(v) 设 a 是二次非剩余, 若不是原根, 设其指数 $\delta=2^k$, $k<2^n$. 因而, $a^{(F_n-1)/2}\equiv 1(\bmod F_n)$, a 为二次剩余, 矛盾.

(vi) $\left(\frac{\pm 3}{F_n}\right)=\left(\frac{3}{F_n}\right)=\left(\frac{F_n}{3}\right)=\left(\frac{2}{3}\right)=-1$, $\left(\frac{\pm 7}{F_n}\right)=\left(\frac{7}{F_n}\right)=$

$\left(\frac{F_n}{7}\right)$，由此及 $F_{n+2}\equiv F_n \pmod 7$ 推出 $\left(\frac{F_n}{7}\right)=\left(\frac{3}{7}\right)=-1$，当 $2\nmid n$；$\left(\frac{F_n}{7}\right)=\left(\frac{5}{7}\right)=-1$，当 $2\nmid n$. 所以由(v)推出结论成立.

10. (i) $2^{2q}\equiv 1 \pmod p$. 只要证 $2^2\not\equiv 1 \pmod p$ 及 $2^q\not\equiv 1 \pmod p$，由于 $p>3$ 第一式成立. 若 $2^q\equiv 1 \pmod p$，则 $2^{q+1}\equiv 2 \pmod p$，所以 2 是模 p 的二次剩余，$p\equiv \pm 1 \pmod 8$，但现在 $p\equiv 3 \pmod 8$，矛盾.

(ii) 同(i)的论证. 若不然，-2 必为模 p 的二次剩余，所以 $p\equiv 1,3 \pmod 8$，但现在 $p\equiv -1 \pmod 8$，矛盾.

(iii) 同(i)的论证. 先证 -3. 若不然，-3 是模 p 的二次剩余，$p\equiv 1 \pmod 6$，但现在 $q=2k+1$，$p=4k+3$，仅当 $k=3l+1$ 时才有 $p\equiv 1 \pmod 6$，而这时 $q=6l+3>3$ 一定不是素数，矛盾. 若 -4 不是原根，则 -4 是模 p 的二次剩余，即 -1 是二次剩余，$p\equiv 1 \pmod 4$，但这里 $p\equiv 3 \pmod 4$，矛盾.

(iv) 若 2 不是模 p 的原根，则 $2^4\equiv 1 \pmod p$，$2^{2q}\equiv 1 \pmod p$ 必有一成立. 第一式显见不可能. 若 $2^{2q}\equiv 1 \pmod p$，则 $2^q\equiv 1 \pmod p$ 或 $2^q\equiv -1 \pmod p$. 所以，2 或 -2 为模 p 的二次剩余，因此 $p\equiv \pm 1,3 \pmod 8$. 但现在 $p\equiv 5 \pmod 8$，矛盾.

11. $\delta_m(a)=(\delta_m(a),c)\cdot d$.

12. (i) $\delta_m(a^\lambda)=\delta_m(a)/\lambda$，$\delta_m(b^\lambda)=\delta_m(b)/\lambda$. 因此，$(\delta_m(a^\lambda),\delta_m(b^\lambda))=1$；(ii) 利用(i)及 $\delta_m((ab)^\lambda)=\delta_m(ab)/(\delta_m(ab),\lambda)$.

13. 由性质 7 推出.

14. 利用上题及 $m\neq 3,4,6$ 时必有 $2\mid\varphi(\varphi(m))$.

习题二十八

1. 见附表 1.

2. 依次可取：7，31，-3，-65，-338.

3. 直接计算：证明 $10^{486}\equiv 1(487^2)$.

4. 依次为 7,7,3,3,3,−5,3,7.

5. 取 g 为模 p 原根. $1^k+\cdots+(p-1)^k\equiv\sum_{j=1}^{p-1}g^{kj}$,由此及 $g^k\not\equiv 1(\bmod p)$当 $p-1\nmid k$, $g^k\equiv 1(\bmod p)$,当 $p-1\mid k$,就推出所要结论.

6. (i) 设 $1,2,\cdots,p-1$ 所可能取到的不同的指数是 $\delta_1,\cdots,\delta_s$. 我们有 $\tau=[\delta_1,\cdots,\delta_s]\mid p-1$,设 τ 的素因数分解式是 $p_1^{\alpha_1}\cdots p_t^{\alpha_t}$. 必有 a_j 对模 p 的指数为 $p_j^{\alpha_j}(1\leqslant j\leqslant t)$. 再证 $\tau=p-1$ 就推出了(i). 这可由 $x^\tau-1\equiv 0(\bmod p)$的解数为 $p-1$ 推出.

(ii) 由(i)及§27 性质 8 就推出.

(iii) 2 的指数为 11,−1 的指数为 2,所以 −2 是模 23 的原根.

7. 利用第 1 题的结果,取 g 为模 p 最小正原根,再求 g^k 对模 p 的最小正剩余,$1\leqslant k\leqslant p-1$, $(k,p-1)=1$,即得. 模 19 为: 2,3,10,13,14,15;模 31 为: 3,11,12,13,17,21,22,24;模 37 为: 2,5,13,15,17,18,19,20,22,24,32,35;模 53 为: 2,3,5,8,12,14,18,19,20,21,22,26,27,31,32,33,34,35,39,41,45,48,50,51;模 71 为: 7,11,13,21,22,28,31,33,35,42,44,47,52,53,55,56,59,61,62,63,65,67,68,69.

8. 只要把上题为偶数的原根 g 改为 $g+p$.

9. 对模 2^{α_0}存在指数为 2^{c_0}的数 a_0,对模 $p_j^{\alpha_j}$ 存在指数为 $\varphi(p_j^{\alpha_j})$ 的数 a_j(即原根). 由此及§27 性质 10 即得所要结论.

习题二十九

1. (i) 无解;(ii) $x\equiv 1,13,16,4(\bmod 17)$;(iii) $x\equiv 29,3,30,13,7(\bmod 41)$;(iv) $x\equiv 7,18(\bmod 22)$.

2. $b\equiv 29,3,30,13,7(\bmod 41)$.

3. −1 对模 p 任一原根的指标均为 $(p-1)/2$. 因此, $x^4\equiv -1(\bmod p)$有解的充要条件是 $(4,p-1)\mid(p-1)/2$,即 $p\equiv$

$1 \pmod 8$.

4. (i) $x \equiv \pm 9, \pm 23 \pmod{64}$;(ii) 无解.

5. (i) 无解;(ii) 无解.

6. 利用定理 2 的前一式即可写出全部三次、四次剩余.

7. 见第 3 题.

8. 设 g 是 p 的原根,$\gamma=\gamma_{p,g}(2)$. 原同余方程等价于 $8y \equiv 4\gamma \pmod{p-1}$. 当 $p \equiv \pm 1 \pmod 8$时,$2 \mid \gamma$.

9. $\delta_{73}(2)=9$. 由定理 3 及式(8)推出.

10. 必要性显然. 若$\left(\frac{a}{p}\right)=1$,则

$$a \equiv b^2 \pmod p.\ x^4-a \equiv (x^2-b)(x^2+b) \pmod p.$$

当 $p \equiv 3 \pmod 4$时,$\left(\frac{b}{p}\right)$,$\left(\frac{-b}{p}\right)$必有一个为 1.

习 题 三 十

1. 证法同引理 3.

3. (i) $23 \cdot 53=27^2+15^2+12^2+11^2=25^2+19^2+13^2+8^2$;

(ii) $43 \cdot 197=74^2+51^2+15^2+13^2=69^2+57^2+19^2+10^2$;

(iii) $47 \cdot 223=101^2+12^2+10^2+6^2=77^2+54^2+40^2+6^2$.

4. 当 $N-1$ 不等于 0,1,2,3,4,6,7,9,10,12,15,18,33 时,由定理 7 知 N 一定可表为六个正平方和. $34=3^2+3^2+2^2+2^2+2^2+2^2$. 再直接验证:仅当 $N=1,2,3,4,5,7,8,10,11,13,16,19$ 时不能表为六个正平方和.

5. 用归纳法证第一个结论. $k=0$ 时结论成立. 假设 $k=n$ $(\geqslant 0)$时成立. 当 $k=n+1$ 时,若

$$2^{n+1}=x_1^2+x_2^2+x_3^2, x_1>0, x_2>0, x_3>0,$$

则 x_1, x_2, x_3 一定是两奇一偶. 且两个奇数不能相等. 由此推出矛盾. 当 $k>2$,$2^k=x_1^2+x_2^2+x_3^2+x_4^2$,$x_i$ 一定全为偶数. 因此

$$2^{2h}=(2^h)^2+0^2+0^2+0^2=(2^{h-1})^2+(2^{h-1})^2+(2^{h-1})^2+(2^{h-1})^2,$$

$$2^{2h+1}=(2^h)^2+(2^h)^2+0^2+0^2.$$

6. 由上题推出.

习题三十一

1.

n	200	201	202	203
$N(n)$	12	0	8	0
$P(n)$	0	0	2	0
$Q(n)$	0	0	8	0

3. 设 $n=2^{\alpha_0}p_1^{\alpha_1}\cdots p_r^{\alpha_r},q_1^{\beta_1}\cdots q_s^{\beta_s},p_i\equiv1(\bmod 4),q_i\equiv3(\bmod 4)$. n 和 $n'=n/2^{\alpha_0}$的奇正除数个数相同. 比较 $n''=q_1^{\beta_1}\cdots q_s^{\beta_s}$ 的形如 $4k+1$ 的正除数和形如 $4k+3$ 的正除数个数.

4. 即 $R(n)$等于零的充要条件.

5. 当 $n\equiv1(\bmod 4)$时,$u^2+v^2=n$ 的两个解对应于 $4x^2+y^2=n$ 的一个解.

6. 利用上题,及§31 对 $N(n)$,$Q(n)$,$P(n)$的讨论结果.

7. (i) 利用§22 推论 3. (ii) 考虑集合: $s_0v-u,0\leqslant u,v<\sqrt{p}$. 利用§1 定理 5. (iii) 由(ii)推出.

8. (i) 有解必要条件是$\left(\frac{-3}{p}\right)=1$; (ii) 同证第 7 题(ii)的方法; (iii) 设 u_0,v_0 是满足(ii)的一组解. 证明: 必有 $u_0^2+3v_0^2=p$ 或 $3p$.

9. 取$(x-\sqrt{d}\,y)=(x_1-\sqrt{d}\,y_1)(x_2-\sqrt{d}\,y_2)$即可.

习题三十二

1. (i) $\langle -1,2,1,9\rangle$; (ii) $\langle 0,5,1,1,2,1,4,1,21\rangle$.

2. 2, 3, 2+2/3, 2+3/4, 2+5/7, 2+23/32, 2+28/39, 2+51/71, 2+334/465, 2+385/536, 2+719/1001, 2+3799/5289≈2.718283229. e 的近似值是: 2.718281828…. 这个连分数是 e 的无限简单连分数展开的一个渐近分数.

5. 由式(34)推出.

6. (i) 利用式(34),用归纳法证;(ii) 利用(i),及式(38).

习题三十三

1. 由式(4)及(5)推出.

2. (i) $205/93=\langle 2,93/19\rangle=\langle 2,4,19/17\rangle=\langle 2,4,1,17/2\rangle=\langle 2,4,1,8,2\rangle$. $\langle 2,4,1,8\rangle=\langle 2,4,9/8\rangle=\langle 2,44/9\rangle=97/44$. 由第1题知,$205\cdot 44-93\cdot 97=-1=-(205,93)$,所以解为 $x=-44+93t,y=97-205t,t=0,\pm 1,\pm 2,\cdots$. (ii) 用同样方法求解. (iii) 无解.

3. (i) $\langle -1,1,22,3,1,1,2,2\rangle=\langle -1,1,22,3,1,1,2,1,1\rangle$;

(ii) $\langle 1,2,1,4,3,1,5,2,1,3\rangle=\langle 1,2,1,4,3,1,5,2,1,2,1\rangle$;

4. 利用第1题及习题三十二第5题(ii)可得:若结论成立,则有 $ak_{n-1}=b^2+(-1)^{n+1}$. 这就推出了必要性. 当条件(i)或(ii)成立时,由第1题可推出:$a|b-h_{n-1}$,即 $h_n|k_n-h_{n-1}$. 由此推出 $b=k_n=h_{n-1}$. 因而,由习题三十二第5题就证明了充分性.

5. 利用§32定理2.

习题三十四

1. (i) $(25-\sqrt{5})/10$;(ii) $(4+\sqrt{37})/7$;

(iii) $(\sqrt{21}-1)/10$;(iv) $-3+\sqrt{2}$.

3. (i) $\sqrt{29}=\langle 5,\overline{2,1,1,2,10}\rangle$;(ii) $(\sqrt{10}+1)/3=\langle\overline{1,2,1}\rangle$.

5. 利用习题三十三第5题.

习题三十五

1. (i) 利用习题三十二第5题;

(ii) 利用(i),以及对任一取定的 $j,0\leqslant j\leqslant l-1$,当 $n\equiv m_0+j \pmod{l}$,$n\to\infty$ 时,$\xi_{n+1}+k_{n-1}/k_n$ 的极限为 λ_{m_0+j};

(iii) $\langle 0,5,8,6,\overline{1,1,1,4}\rangle$的四个极限点是:$2\sqrt{7}/3,\sqrt{7}$,

$2\sqrt{7}/3, 2\sqrt{7}$（这里 $2\sqrt{7}/3$ 两个极限点相重）；可以证明：这 l 个极限点是 $\langle\overline{a_k,\cdots,a_{k+l-1}}\rangle$ $(k=m_0+l,\cdots,m_0+2l-1)$ 的无理部分的两倍.

2. (i) $\langle\overline{3,1,2}\rangle$; (ii) $\langle 1,1,3,1,5,1,3,1,1,\sqrt{43}+6\rangle = \langle\overline{1,1,3,1,5,1,3,1,1,12}\rangle$; (iii) $\langle 2,1,4,1,1\rangle$

3. (i) $b=1,2,\cdots,2[\sqrt{d}\,]$; (ii) $a=[\sqrt{d}\,]$; (iii) $b=[\sqrt{d}\,]$, $[\sqrt{d}\,]+1$.

4. 记 $\eta_0=-1/\xi_0'$. $\xi_0=(h_n\xi_0+h_{n-1})/(k_n\xi_0+k_{n-1})$, $\eta_0=(h_n\eta_0+k_n)/(h_{n-1}\eta_0+k_{n-1})$. 利用习题三十二第 5 题.

5. $[\sqrt{d}\,]+\sqrt{d}$ 和 $\sqrt{d}$ 的周期相同，且前者是纯循环连分数. 由 $[\sqrt{d}\,]+\sqrt{d}=\langle\overline{2[\sqrt{d}\,]}\rangle$ 可推出必要性.

9. 同第 5 题的论证方法，由 $[\sqrt{d}\,]+\sqrt{d}=\langle\overline{2[\sqrt{d}\,],b}\rangle$, $b\neq 2[\sqrt{d}\,]$, 可推出必要性.

10. 设 $c_1=2, c_2=5$ 及 $c_s=2c_{s-1}+c_{s-2}, s\geqslant 3$. 当取 $d=(uc_s+1)^2+2c_{s-1}+1$ 时，$\sqrt{d}$ 的周期为 $s+1$，这里 u 是任一正整数. $\sqrt{d}=\langle(uc_s+1),\overline{2,\cdots,2,2(uc_s+1)}\rangle$，其中有 s 个 2.

11. 利用第 4 题，取 $\xi_0=[\sqrt{d}\,]+\sqrt{d}$. $-1/\xi_0'=1/(\sqrt{d}-[\sqrt{d}\,])=\langle\overline{a_1,\cdots,a_{l-1},2[\sqrt{d}\,]}\rangle$. 但由第 4 题知，$-1/\xi_0'=\langle\overline{a_{l-1},\cdots,a_1,2[\sqrt{d}\,]}\rangle$.

习题三十六

1. 见附表 2.

2. 见附表 2.

3. 考虑 Pell 方程 $x^2-a^2dy^2=1$ 的解.

4. 原方程可写为 $(2x+1)^2-2y^2=-1$. 本题是求两直角边为相邻整数的商高三角形.

5. 即解不定方程 $n(n+1)=2y^2$，即 $(2n+1)^2-8y^2=1$.

6. (i) 可由 $x_{n+1}+y_{n+1}\sqrt{2}=(x_n+y_n\sqrt{2})(1+\sqrt{2})$推出.

(ii) 由 $x_{2n+1}+y_{2n+1}\sqrt{2}=(x_n+y_n\sqrt{2})(x_{n+1}+y_{n+1}\sqrt{2})$及(i)推出.

(iii) $1+\sqrt{2}$ 是 $u^2-2v^2=-1$ 的最小正解,一般解是$(u+v\sqrt{2})^{2n+1}$. 另一方面,由第 4 题知,$v^2=((u+1)/2)^2+((u-1)/2)^2$,因此,$y_{2n+1}^2=((x_{2n+1}+1)/2)^2+((x_{2n+1}-1)/2)^2$.

(iv) 利用 $x_m^2-2y_m^2=(-1)^m$,及$(x_n+y_n\sqrt{2})=(x_m+y_m\cdot\sqrt{2})(x_{n-m}+y_{n-m}\sqrt{2})$推出.

(v) 由 $x_{2n+1}+y_{2n+1}\sqrt{2}=(x_{n+1}+y_{n+1}\sqrt{2})(x_n+y_n\sqrt{2})$及(iv)推出.

(vi) 由 $x_{2n}+y_{2n}\sqrt{2}=(x_n+y_n\sqrt{2})^2$ 推出 $y_{2n}=2x_ny_n$,进而由此及(ii)推出所要结论. 这也可直接从二项展开看出,且总有$2\nmid x_n$.

(vii) 由 $x_n^2-2y_n^2=(-1)^n$ 知,这要证明 $u^4-2v^2=\pm1$,除了$u=v=1$外无其他正整数解. $u^4-2v^2=1$ 可改写为$(u^2-1)(u^2+1)=2v^2$,显见,它无正整数解. $u^4-2v^2=-1$ 可改写为 $u^4+(v^2-1)^2=v^4$,由习题九第 12 题就推出它除了 $u=v=1$ 外无其他正整数解.

7. 设 $x_2+y_2\sqrt{p}$ 是 $x^2-py^2=1$ 的最小正解. 由 $py_2^2=(x_2^2-1)$推出 $2\nmid x_2$, $2\mid y_2$,及 p 能且只能整除 x_2+1, x_2-1 中的一个. 因而有 $x_2\pm1=2x_1^2$, $x_2\mp1=2py_1^2$ 成立. 进而得 $x_1^2-py_1^2=\pm1$. 但$x_2+y_2\sqrt{p}$是最小正解,$y_1<y_2$,所以只能取负号.

8. s,t 是 $x^2-dy^2=-1$ 的最小正解的充要条件是$(s+t\sqrt{d})^2=u+v\sqrt{d}$.

参 考 书 目①

[1] R. P. Burn, *A Pathway into Number Theory*, Cambridge, 1982 (于秀源译,《数论入门》,高等教育出版社,1990).

[2] U. Dudley, *Elementary Number Theory*, 2nd ed., W. H. Freeman and Company, 1978 (周仲良译,《基础数论》,上海科学技术出版社, 1980.).

[3] R. K. Guy, *Unsolved Problems in Number Theory*, 2nd ed. Springer-Verlag, 1994.

[4] 华罗庚,《数论导引》,科学出版社,1957.

[5] G. H. Hardy and E. M. Wright, *An Introduction to the Theory of Numbers*, 5th ed., Oxford, 1981.

[6] 柯召、孙琦,《谈谈不定方程》,上海教育出版社,1980.

[7] 闵嗣鹤、严士健,《初等数论》,人民教育出版社,1957.

[8] 潘承洞、潘承彪,《初等数论》,北京大学出版社,1992.

[9] T. Nagell, *Introduction to Number Theory*, Wiley, 1951.

[10] I. Niven and H. S. Zuckerman, *An Introduction to the Theory of Numbers*, 4th ed., Wiley, 1980.

[11] O. Ore, *An Invitation to Number Theory*, Random House, 1967(潘承彪译,《有趣的数论》,北京大学出版社,1985.).

[12] P. Ribenboim, *The New Book of Prime Number Records*, Springer, 1996.

[13] H. E. Rose, *A Course in Number Theory*, Oxford, 1988.

[14] K. H. Rosen, *Elementary Number Theory and Its Applications*, Addison-Wesley, 1984.

[15] W. Sierpinski, *Elementary Theory of Numbers*, PAN, 1964.

[16] И. М. Виноградов, *Основы Теории Чисел* , Изд. Д ев., Hayka, 1981(第五版,裘光明译,《数论基础》,商务印书馆,1952).

---

① [3]和[12]这两本书介绍了许多著名、有趣的数论问题,它们的研究情况和目前最好的结果,值得数论爱好者一读. 其他的是我们在写本书时参考较多的初等数论书.